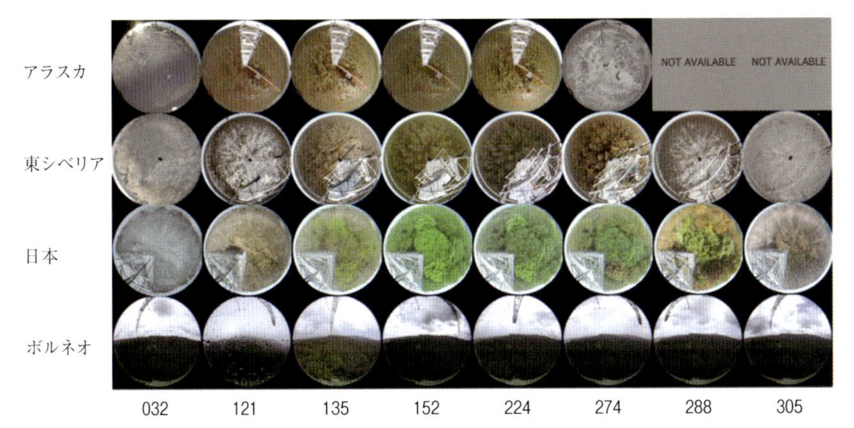

口絵 1　アラスカの黒トウヒ林・東シベリアのカラマツ林・日本の落葉広葉樹林・ボルネオの熱帯多雨林において 2015 年に撮影された植生フェノロジー画像の季節変化

下部の数字は，1 月 1 日を 1 日目とした場合の通算日を示す．観測タワーやクレーンの上部において魚眼レンズを用いて撮影した．アラスカは，229 と 272 に撮影されたフェノロジー画像を示した．これらの森林観測サイトは，Phenological Eyes Network に属しており，毎日撮影される植生フェノロジー画像はウェブサイト上において公開されている（http://www.pheno-eye.org）．

→p. 28

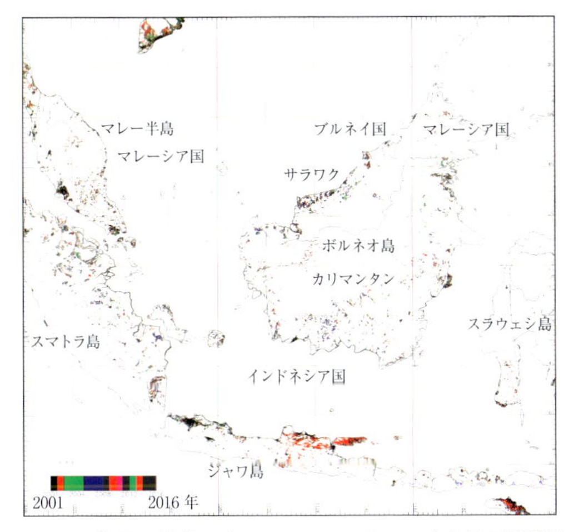

口絵 2　Terra と Aqua 衛星に搭載した MODIS センサーにより毎日観測された植生指数（GRVI）の解析により検出した島嶼アジアにおける森林伐採の年々変動の空間分布

500 m の空間分解能を持つ．森林伐採が行われた年を色分けした．スマトラ島（インドネシア）・ボルネオ島サラワク地方（マレーシア）やカリマンタン地方（インドネシア）の平野部において熱帯多雨林の森林伐採とその後のオイルパームやアカシアのプランテーション化が行われている（Nagai *et al.*, 2014b）．→p. 39

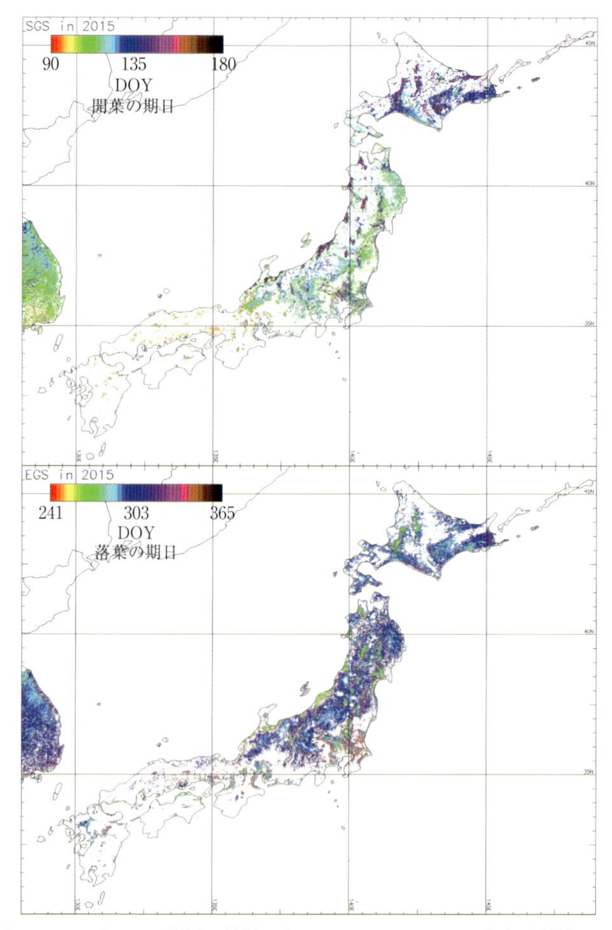

口絵 3　Terra と Aqua 衛星に搭載した MODIS センサーにより毎日観測された植生指数の解析により検出した日本における 2015 年の開葉（上）と落葉の期日（下）の空間分布

本解析では，green red vegetation index（GRVI＝(可視緑－可視赤)／(可視緑＋可視赤)）(Tucker, 1979）が春に 0 以上，秋に 0 未満を示した初日をそれぞれ開葉と落葉の期日として定義した（Nagai *et al.*, 2015b）．落葉性の植生が分布する地域を着色した．DOY：1 月 1 日からの通算日．ロシア沿海地方や中国などは解析対象範囲外．→p. 34

口絵４　冷温帯落葉広葉樹林における樹木の枝葉，林冠，景観のフェノロジー
写真提供：Phenological Eyes Network（協力：永井信氏）．→p. 63

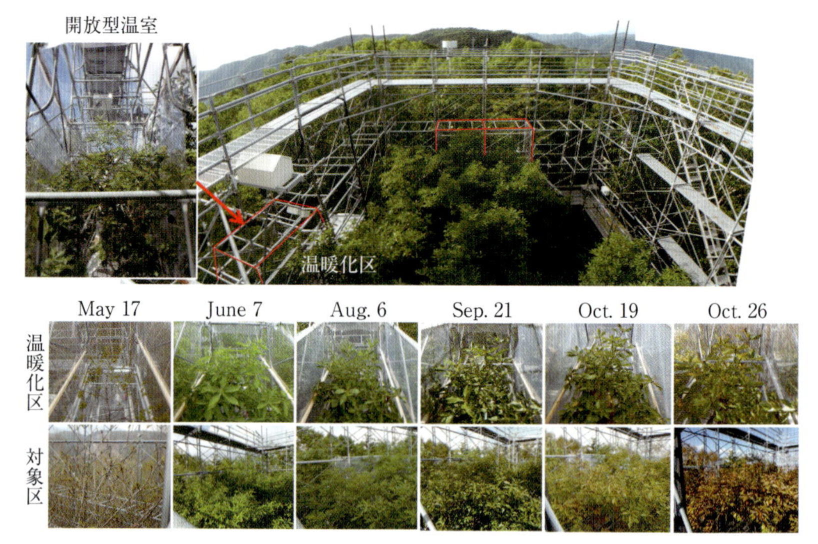

口絵 5　冷温帯落葉広葉樹林の樹木の温暖化実験

タワーの上で樹木の枝葉に開放型温室を設置して葉の光合成やフェノロジーに対する温度上昇の効果を調べる．温暖化区では開葉が早く，黄葉化が遅れる．→p. 68

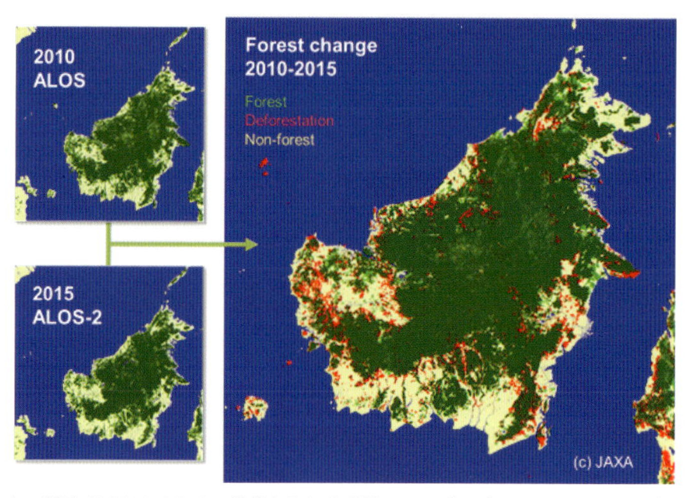

口絵 6　人工衛星 ALOS/ALOS-2 に搭載された合成開口レーダー（PALSAR/PALSAR-2）によって分類されたボルネオ島の 2010 年と 2015 年の森林域（左側の図の緑色の部分）および森林域の変化

右側の図の赤色の部分が伐採等による森林消失を表す．本岡・林（2017）より．→p. 101

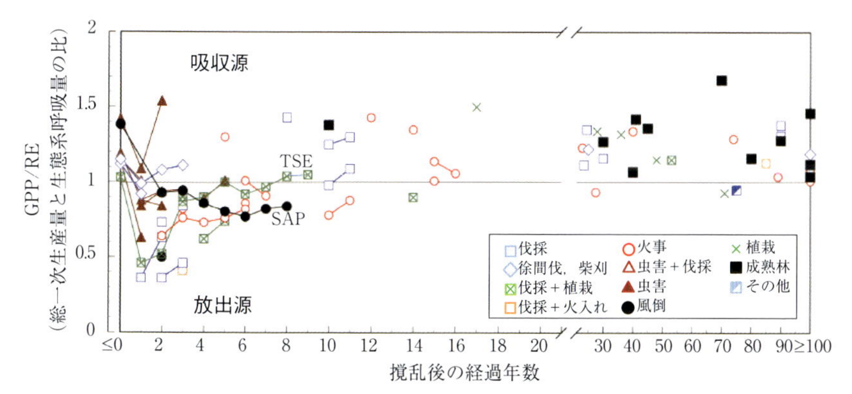

口絵 7　撹乱後の経過年数に伴う，森林の炭素吸収効率（GPP / RE）の変化

北方林と温帯林に加え，熱帯林も若干サイト含まれている．撹乱要因は各シンボルで表している．撹乱後 20 年以降のデータについては複数年の平均値を掲載．TSE（Aguilos *et al.*, 2014）と SAP（Yamanoi *et al.*, 2016）サイトは 10 年以上の長期変動を掲載．Yamanoi *et al.*（2016）を加筆修正．→p. 130

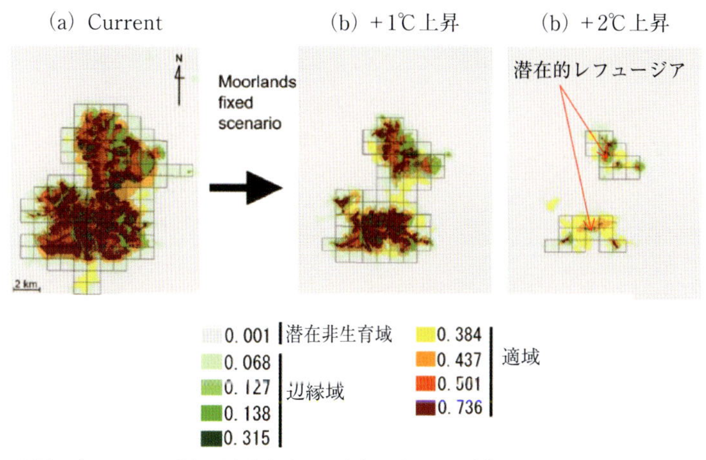

口絵 8　八甲田山における（a）現在気候条件，（b）1 度昇温，（c）2 度昇温条件でのオシラビソの潜在生育域の変化

昇温が進むにしたがって潜在生育域は縮小するが，湿原の周辺には，持続的な潜在生育域（潜在的レフュージア）が残る．Shimazaki *et al.*（2012）をもとに一部改定．→p. 161

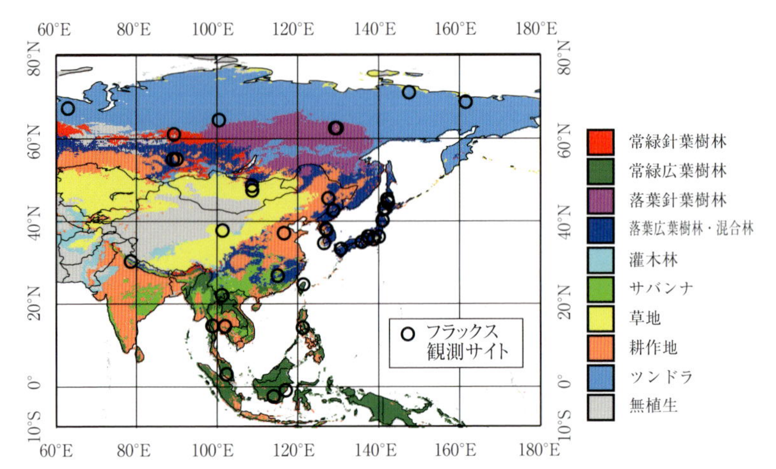

口絵 9　アジア域を対象に構築した渦相関法による観測データベースの観測サイト（フラックス観測サイト）分布の一例

背景は MODIS 土地被覆データ（MCD12Q1；Friedl *et al.*, 2010）を基にした植生区分を示す．Ichii *et al.*（2017）より引用．→p. 170

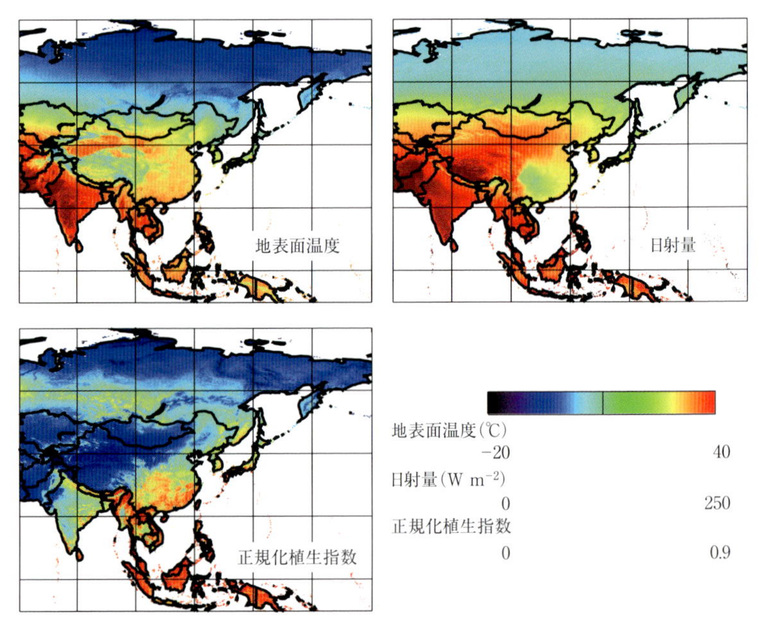

口絵 10　衛星観測データを用いた地表面物理量データの一例

市井・植山（2015）を改変．→p. 179

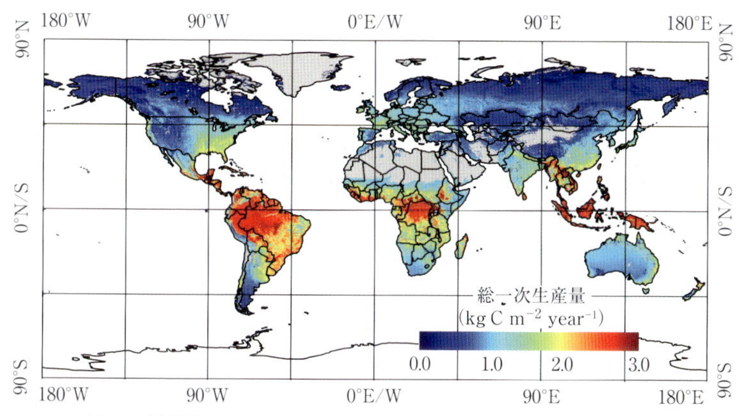

口絵 11　機械学習を用いた広域化手法による全球総一次生産量の推定結果
2001〜2011 年平均．Kondo *et al.*（2015）の結果より．→p. 180

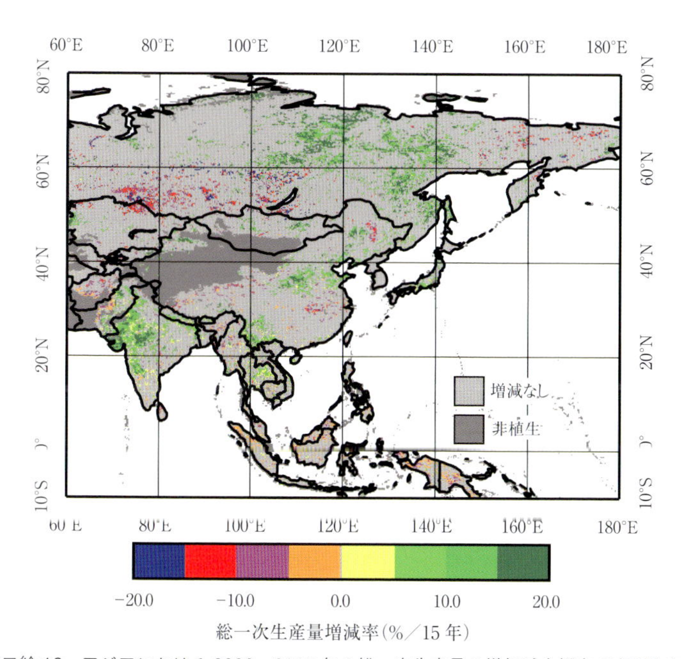

口絵 12　アジアにおける 2000〜2015 年の総一次生産量の増加減少傾向の空間分布
統計的に有意な増減（$p<0.05$）を示す地域のみを色付けした．Ichii *et al.*（2017）より．→p. 181

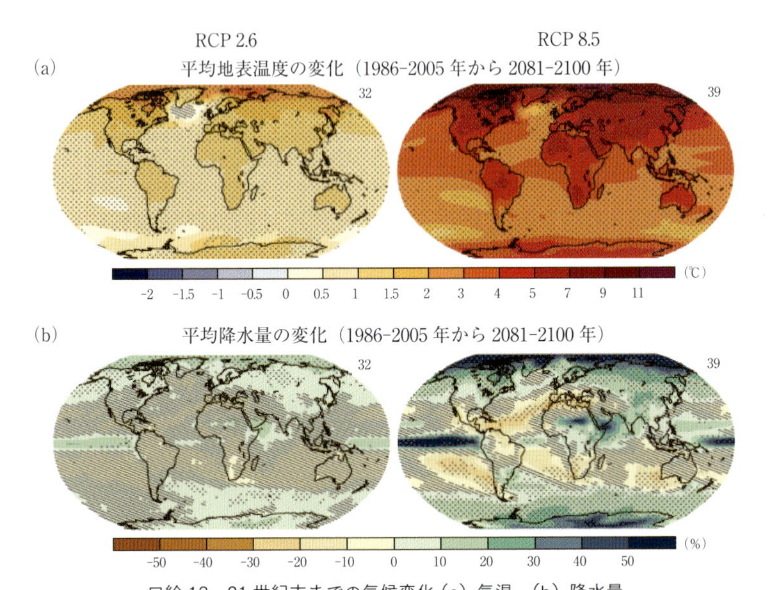

口絵 13　21 世紀末までの気候変化 (a) 気温，(b) 降水量

左が最も濃度上昇が低いシナリオ（RCP 2.6），右が高いシナリオ（RCP 8.5）についての複数気候モデルの平均的結果．IPCC（2013）より．→p. 193

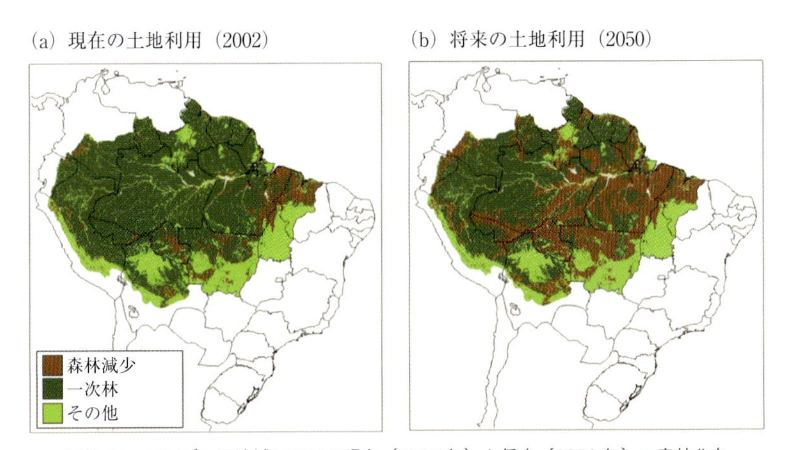

口絵 14　アマゾン河流域における現在（2002 年）と将来（2050 年）の森林分布

Swann *et al.*（2015）より．→p. 196

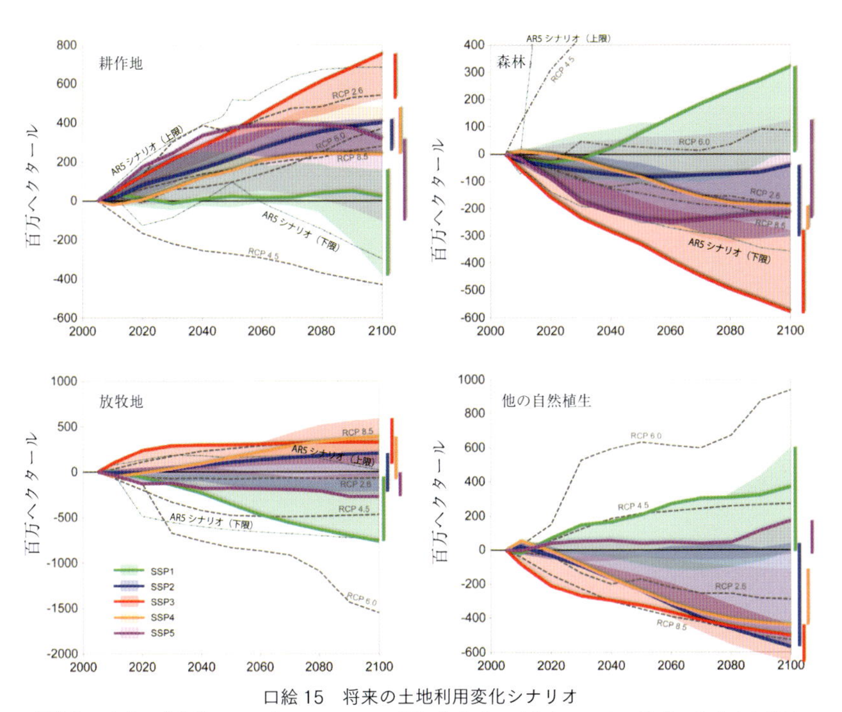

口絵 15　将来の土地利用変化シナリオ

耕作地，森林，放牧地，その他について SSP 別に色分けで示されている．排出シナリオ RCP において想定されている面積変動も点線で示されている．Riahi *et al.*（2017）より．→p. 195

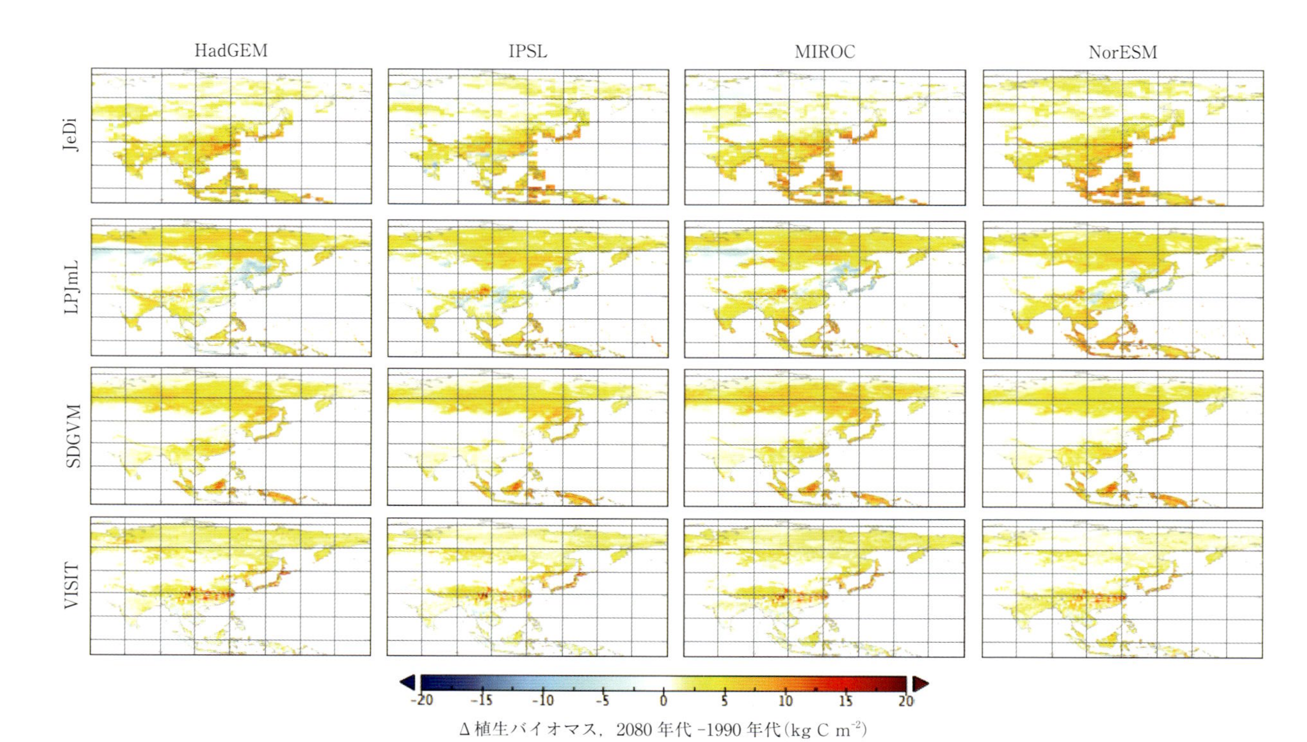

口絵 16　複数の生態系モデルと気象シナリオに基づいて推定されたアジア地域の植生バイオマスの変化分布
代表的な 4 気候シナリオと 4 モデルの結果を示す．Ito *et al.*（2016）より．→p. 205

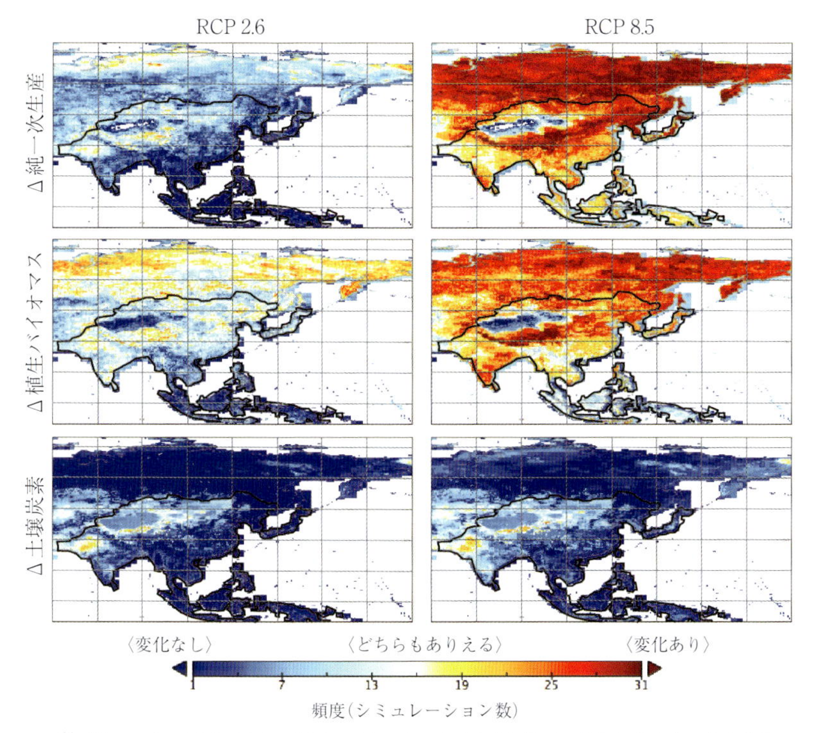

口絵 17　モデル計算に基づいて推定されたアジア地域の生態系に発生しうるリスクの分布
Ito *et al.* (2016) より．→p. 206

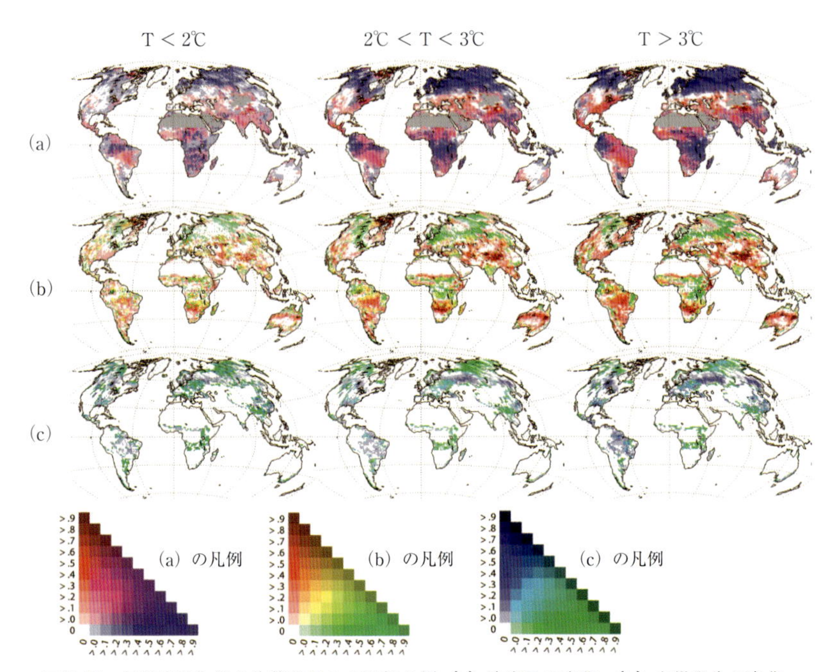

口絵 18　気候変動に伴う生態系リスク評価の例（a）流出量の変化，（b）火災発生の変化，（c）森林から他の植生への変化

凡例の横軸の値は現在から 21 世紀末までに一定以上の増加が起こる確率（リスク），縦軸の値は一定以上の減少が起こる確率（リスク）を示す．Scholze *et al.*（2006）より．→p. 208

森林科学シリーズ

森林と
地球環境変動

三枝信子／柴田英昭 編

Series in Forest Science

6

共立出版

執筆者一覧

三枝信子　国立環境研究所地球環境研究センター（第１章）
柴田英昭　北海道大学北方生物圏フィールド科学センター（第１章）
永井　信　（国研）海洋研究開発機構地球環境部門（第２章）
村岡裕由　岐阜大学流域圏科学研究センター（第３章）
平野高司　北海道大学大学院農学研究院（第４章）
高木健太郎　北海道大学北方生物圏フィールド科学センター（第５章）
中尾勝洋　（国研）森林研究・整備機構森林総合研究所関西支所（第６章）
市井和仁　千葉大学環境リモートセンシング研究センター（第７章）
近藤雅征　千葉大学環境リモートセンシング研究センター（第７章）
伊藤昭彦　国立環境研究所地球環境研究センター（第８章）

『森林科学シリーズ』刊行にあたって

樹木は高さ 100 m，重さ 100 t に達する地球上で最大の生物である．自ら移動することはできず，ふつうは他の樹木と寄り合って森林を作っている．森林は長寿命であるためその変化は目に見えにくいが，破壊と修復の過程を経ながら，自律的に遷移する．破壊の要因としては，微生物，昆虫などによる攻撃，山火事，土砂崩れ，台風，津波などが挙げられるが，それにも増して人類の直接的・間接的影響は大きい．人類は森林から木を伐り出し，跡地を農耕地に変えるとともに，環境調節，災害防止などさまざまな恩恵を得てきた．同時に，自ら植林するなど，森林を修復し，変容させ，温暖化など環境条件そのものの変化をもたらしてきた．森林は人類による社会的構築物なのである．

森林とそれをめぐる情勢の変化は，ここ数十年に特に著しい．前世紀，森林は破壊され，木材は建築，燃料，製紙などに盛んに利用された．日本国内においては拡大造林の名のもとに，奥地の森林までが開発され，針葉樹造林地に変化した．しかし世紀末には，地球環境への関心が高まり，とりわけ温暖化と生物多様性の喪失が懸念されるようになった．それを受けて環境保全の国際的枠組みが作られ，日本国内の森林政策も木材生産中心から生態系サービス重視へと変化した．いまや，森林には木材資源以外にも大きな価値が認められつつある．しかしそれらはまた，複雑な国際情勢のもとで簡単に覆される可能性がある．現に，アメリカ前大統領のバラク・オバマ氏は退任にあたり「サイエンス」誌に論文を書き，地球環境問題への取り組みは引き返すことはできないと遺言したが，それは大統領交代とともに，自国第一の名のもとにいとも簡単に破棄されてしまった．

動かぬように見える森林も，その内外に激しい変化への動因を抱えていることが理解される．私たちは，森林に新たな価値を見い出し，それを持続的に利用してゆく道を探らなくてはならない．

『森林科学シリーズ』刊行にあたって

本シリーズは，森林の変容とそれをもたらしたさまざまな動因，さらにはそれらが人間社会に与えた影響とをダイナミックにとらえ，若手研究者による最新の研究成果を紹介することによって，森林に関する理解を深めることを目的とする．内容は高校生，学部学生にもわかりやすく書くことを心掛けたが，同時に各巻は現在の森林科学各分野の到達点を示し，専門教育への導入ともなっている．

『森林科学シリーズ』編集委員会
菊沢喜八郎・中静　透・柴田英昭・生方史数・三枝信子・滝　久智

まえがき

地球が誕生して以来，生物が生育範囲を海や陸に拡大するにつれて，地球環境はその大気圏・水圏・地圏における物理的・化学的・生物学的プロセスの相互作用によって，さまざまな時間スケールで変動してきた．さらに，産業革命の広がりにともない人間活動が気候に与える影響はかつてない規模で増大し，20 世紀後半以降の地球温暖化の要因が化石燃料の燃焼と森林減少を含む土地利用変化による温室効果ガスの排出量増加であることは否定できない状態になっている．このように人類の活動が地球環境に多大な影響を及ぼすようになった新しい時代区分として，人類世（人新世，Anthropocene）という名称が提唱され，そのような概念や時代区分の根拠についても議論が進められている．

本書，森林科学シリーズ第 6 巻「森林と地球環境変動」では，こうした地球規模で起こる自然および人為的要因による環境変動の影響を受け，森林が過去から現在にかけてどのように変化してきたか，将来の気候変動にどのように応答する可能性があるかについて，近年進展しつつある研究の成果を交えて解説する．まず地球の気候変化に応答してきた，過去から現在までの森林の役割について第 1 部第 1 章で概説し，次に地球規模で時間・空間的に変動する森林の環境を科学的に把握する手法について第 2 章で解説する．続いて，第 2 部では世界の森林にあらわれる環境変動とその影響を，温帯林（第 3 章），熱帯林（第 4 章），北方林（第 5 章）について，近年の研究の進展を交えて解説する．最後に第 3 部では，まず第 6 章において気候変動に伴って時間をかけて空間的に移動する植生帯の問題を，現在も進行しつつある地球温暖化との関係も含めて紹介する．さらに，現在および将来の気候下における世界の森林環境について，地球規模のさまざまな観測データ（第 7 章）や陸域生態系モデル（第 8 章）によって把握し予測する研究とその成果について解説する．

本書では，主に地球の生物地球化学的循環や人間社会に対する森林の役割を，炭素，水，窒素などに関わる視点から解説するが，それを個々の調査地点で研究する手法のみならず，リモートセンシング等を併用して広域に捉える手法や，地球規模で将来予測を行うためのモデルを用いた研究手法についても紹介する．本書によってさまざまな時間・空間スケールで変動する地球環境と森林の関係についての理解が進み，将来の気候下において世界各地の森林がどのように変化する可能性があるかについても想像していただけることを期待する．なお，今後は世界の森林を単に保全するだけでなく，持続可能な地球環境と人間社会を実現するために，森林資源を利用した地球温暖化対策や気候変動への適応策の導入が検討されている．しかし，その効果や限界に関する科学的知見は不足しており，生物多様性保全や食料安全保障を含む他の問題への対応策との競合についても正確な理解が必要である．人類の活動が地球の気候をも変える時代となったいま，本書の読者の中から，こうした新しい課題の解決に取り組み，将来にわたり持続可能な地球環境と人間社会をつくるために貢献していただく方があらわれることも期待したい．

三枝信子・柴田英昭

目　次

第1部 地球規模の環境変動と森林の役割

第１章　気候変動に対する森林の役割

第２章　地球規模での森林環境の現状把握：リモートセンシングによるアプローチ

第2部　世界の森林における気候変動の影響

第3章　温帯林への気候変動の影響

第４章　熱帯林への気候変動および人間活動の影響

第５章　北方林への気候変動の影響

第3部　将来気候下での世界の森林環境

第6章　地球温暖化に伴う植生帯の移動

第7章　地球規模の観測データに基づく森林環境の変化の把握

第8章　陸域生態系モデルに基づく世界の森林環境の将来予測

第 1 部

地球規模の環境変動と森林の役割

気候変動に対する森林の役割

三枝信子・柴田英昭

はじめに

地球は，約46億年といわれる長い歴史の中で絶えず変化し続け，固体地球とそれをとりまく大気，水，生態系に関わる環境をさまざまな時間・空間スケールで変動させてきた.

森林は，地球環境の変化に対し受動的に応答するだけでなく，生育分布の物理的な移動や，光合成・呼吸・蒸散・土壌有機物の活動などを介した生物地球化学的循環の変化を通して地球環境の変化を加速または減速させる場合がある.たとえば，地球温暖化の進行により植物や土壌の呼吸量が増加したり，永久凍土の融解が進んで二酸化炭素やメタンの放出量が増えたりすることにより，地球温暖化をさらに加速させる（正のフィードバック）可能性がある．一方，大気中二酸化炭素濃度の上昇や温暖化の影響で，光合成速度が増加したり現在寒冷な気候下にある森林の面積が拡大したりすれば，大気中二酸化炭素の吸収量が増え温暖化の進行速度を抑えるはたらきをする場合（負のフィードバック）もある.

このような森林の応答は，現象の時間スケールや地球上の位置条件（たとえば気候帯や標高）によって大きく異なる．そこで，本章では地球誕生から現在に至るさまざまな時間スケールで変動する地球環境について概説すると同時に，地球環境変動と森林の関係について，いくつかの例を基礎知識とともに示す.

1.1 地球の誕生と森林の出現：大気組成を変貌させた光合成生物

46億年の時間スケールで地球環境に最も大きな影響を与えたのは，地球の誕生の過程そのものと生物の進化である．誕生したばかりの地球は水素やヘリウムを多く含む大気に覆われ，微惑星の頻繁な衝突に伴うエネルギー放出のため地表はきわめて高温であったと考えられている．やがて水素やヘリウムなどの軽い成分は太陽風（太陽から放出される高温で電離した粒子）によって吹き飛ばされ，代わりに微惑星や地球の内部から放出された二酸化炭素や水蒸気を多く含む大気が形成されたといわれている（田近，2012）．

その後，地表の温度が下がるとともに大気中の水蒸気が雨となって地表に降り注ぎ，少なくとも36億年前頃には海が形成されたと考えられている（多田，2013）．海水は岩石に含まれる成分を溶かし，さらに大気中の二酸化炭素も徐々に溶かし込んで石灰石などとして海底に堆積させたといわれる．やがて地球上に生命が誕生し，中でも光をエネルギー源として利用する光合成細菌が現れると，光合成の廃棄物として大気中に酸素が増加し始め（20数億年前頃），今から数億年前までに現在のように酸素の多い大気（現在の大気中酸素濃度は体積比で約21%）が形成された（及川，2003）．その後，大気中の酸素濃度増加に伴い大気上空にオゾン層が形成され，オゾン層は生物にとって有害な紫外線を上空で吸収する役割を果たすことから，その後の時代に生物が陸上に進出しやすい環境をつくることを助けたと考えられている．

地表に最古の陸上植物が確認されたのは，今から4億9,000万年前頃に始まるオルドビス紀と呼ばれる時代である（田近，2012）．続いて4億2,000万年前頃に始まるデボン紀には森林（異なる植物種から成る群落）が現れたとされ，3億6,000万年前頃に始まる石炭紀には，地球上の広い地域で樹高30〜40 mもの大森林が繁栄したと考えられている（及川，2003）．森林を構成する植物は活発な光合成により大気中二酸化炭素を大量に吸収し，幹や根に炭素として蓄積した．その一部は分解しきらずに地中に堆積し，石炭を多く含む地層（石炭層）をつくったといわれている．また，活発な光合成により大量の酸素が放

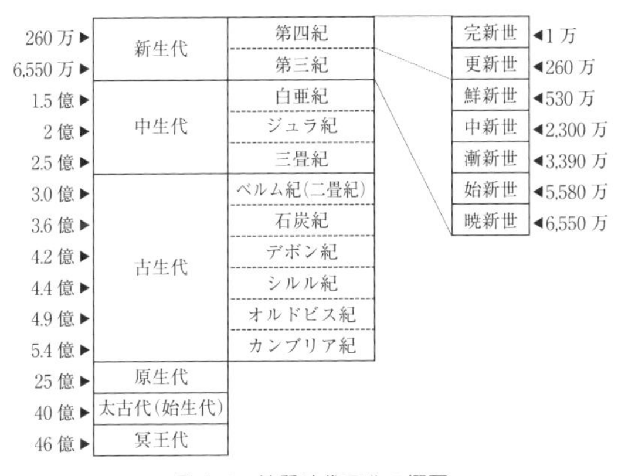

図 1.1　地質時代区分の概要
境界年（現在からさかのぼる年数）は田近（2012）を引用.

出され，大気中酸素濃度は最も高い時で 30～35%（体積比）にも達したといわれる．このように，陸上に進出した植物は大気組成と地表の環境を地球規模で変貌させながら拡大していった.

1.2　大陸移動と森林：気候帯と植生分布の形成

次に，過去 2 億年程度の時間スケールで地球環境の変動を見ると，大きな影響を与えた要因として大陸の分裂と移動が挙げられる．今から約 2 億年前の地球には，一つの大きな大陸（パンゲア超大陸）が存在したと考えられており，この超大陸はその後，北側（ローレシア大陸）と南側（ゴンドワナ大陸）に分裂し，白亜紀（1 億 5,000 万年～6,550 万年前）の終わり頃には，ローレシア大陸は現在の北米とユーラシア（欧州およびヒマラヤ以北の部分）に，ゴンドワナ大陸は，南米，アフリカ，インド亜大陸，南極およびオーストラリアに対応する部分にさらに分裂したとされる．過去に超大陸が存在した影響は，現在の世界の植生分布にも残されている．たとえば，アフリカの熱帯林（熱帯雨林・熱帯季節林）はマメ科が主体であるが，アフリカと同じゴンドワナ大陸にあったとされる中南米の熱帯林と科・属レベルで類似性が高く，フタバガキ科が優占する東南アジア熱帯林などとは様相が異なる（水野，2016).

その後インド亜大陸はユーラシアに向かって北上し，5,000 万年ほど前にユーラシアと衝突してヒマラヤ山脈を隆起させ始めたと推定されている．ヒマラヤ山脈がいつ頃，どのような速さで隆起したか，そしてその影響については未解明の部分もあるが，大規模な地形の隆起が地球の気候やユーラシアの森林分布に与えた影響は大きい（Box 1.1）．

大陸が分裂し海によって隔てられたことは，陸上生物が地理的に隔離されて進化する状況を生み出した．また，山脈の形成は大気の循環に対する障壁となり，特徴ある降水分布（降雨・降雪の発生しやすい場所と発生しにくい場所）を生みだした．これらの影響により，緯度・標高・海陸分布に応じて形作られる気候帯と，各気候帯に適する森林生態系の地理的分布が生み出されたと考えられる．

Box 1.1　ヒマラヤ山脈の隆起が気候や森林に与えた影響

ヒマラヤ山脈の隆起は，大気中の二酸化炭素濃度に対する地球化学的影響と，山脈が大気循環を変えることによる地球流体力学的影響の両方があるが，それらは密接に結びついている．熱帯・亜熱帯にまたがるヒマラヤ山脈が大規模に隆起したことにより，主にインド洋から大陸に吹き込む湿った気流が遮られ，大量の雨が山脈の斜面に降り注ぎ，激しい風化・浸食が引き起こされたことが予想される．その際に岩石の主成分であるケイ酸塩が化学的風化の過程で大気中の二酸化炭素を大量に吸収した．このことがおよそ1,200万年前以降に進行した大気中二酸化炭素濃度の低下と気候寒冷化の要因の一つだったのではないかと示唆されている（Molnar & England, 1990；Raymo & Ruddiman, 1992：安成，2013）．

ヒマラヤ山脈の存在がアジアモンスーン循環を強めていることは，大気大循環モデルを用いた数値実験でも明らかにされている（安成，2013）．モンスーン（季節風）とは，季節によって卓越風の方角が大きく変わる現象をいい，アジアモンスーンは，インド洋から南アジア・東南アジアにかけて夏にみられる湿った南西風，またはそれに伴う雨季をさす．アジアモンスーンがアジアの夏に多量の雨をもたらし，そのことがユーラシア大陸東部において，高緯度のシベリア北方林から東アジア温帯林を経て東南アジア・南アジアの熱帯林にかけて途切れることなく連なる森林地帯に水資源を供給する要素の一つになっていると考えられる．

1.3 過去の温暖な気候下における古環境と森林分布の復元

数千万年の時間スケールで見ると，地球環境変動を引き起こす要因として地球の軌道条件，地磁気，大気組成などが挙げられており，そのメカニズムについて研究が進められているところである．なかでも過去の気候を復元する研究は近年急速に進展している．たとえば，これまでに，新生代（約6,550万年前から現在まで）で最も温暖であった時期は始新世の前・中期（5,500万年～5,000万年前）であるといわれており，約1万年の間に全球平均気温が約5℃上昇し，温暖な気候が約10万年続いたとされる（Higgins & Schrag, 2006）．また，今から300万年ほど前にあたる鮮新世中期も，現在に比べて全球平均気温が2～3℃高い温暖な気候であったと考えられている（吉森ほか，2012）．地球史上，温暖な気候であった時代はそれ以前にもあるが，始新世は現在に近い大陸配置をもつ時代の中で強い温暖化を示した最後の時代である．また，鮮新世中期の古気候学（Box 1.2）的な証拠はそれ以前の時代に比べて多いことから地球環境や植生の状態を詳細に研究することができる．このため，これらの時代について得られる知見は将来温暖化が進行した場合の地球環境を予測する上で役立つ．

復元された鮮新世中期の地形・気象条件・大気組成などを気候モデルや陸域生態系モデルに入力し，当時の気候や植生を再現する実験を行った結果によると，鮮新世中期に北方林と温帯林は高緯度方向へ大幅に拡大しており，ツンドラ植生が縮小していたことがほぼ確からしいことがわかっている（Haywood & Valdes, 2006）．また，中緯度で半乾燥植生や草原が増加した場所もあること（Salzmann *et al.*, 2008；2013），また，温暖な気候下において森林火災の頻度が増加し，火災を起源とする対流圏オゾンやエアロゾルが大気中で増えていた可能性もあることなどが報告されている（Haywood *et al.*, 2016）．

Box 1.2 古気候学

古気候学とは，近代的な気象観測が行われていなかった過去の時代の気候を理解しようとする学問である．過去の気候を復元するため，樹木やサンゴの年輪，氷床コアに含まれる化学成分，海底や湖底堆積物中に含まれる微化石や花粉，歴史文書などの試料を用い，その中に含まれる過去の環境（たとえば気温や海水準）の代替となる指標（プロキシ）を利用して古環境を復元する．近年，地球規模の現象を扱う気候モデル（大気大循環モデル，海洋・氷床・陸域生態系などのモデル，およびそれらを組み合わせたモデルを含む）に過去の大気組成などの条件を与え，モデルによる計算結果と復元された当時の気候や植生状態を比較することによりさまざまな仮説を検証しようとする古気候再現研究が進展している．これまでは氷期・間氷期，最終氷期の再現実験などに多くの注目が集まっていたが，現在ではさまざまな地質時代の現象解明が進んでいる．特に，始新世や鮮新世中期の地球環境を復元することは，温暖化した条件下での地球環境を精度よく予測するために重要とされ，気候変動に関する政府間パネル（Intergovernmental Panel on Climate Change：IPCC）第5次評価報告書（Fifth Assessment Report：AR5）に向けて実施された古気候モデル相互比較計画（Paleoclimate Modelling Intercomparison Project：PMIP）（Haywood *et al*., 2010）においても詳しく検討された．

1.4 氷期・間氷期の環境変動と森林：急激で大きな環境変動の時代

第四紀（約260万年前から現在まで）の地球は氷期と間氷期を繰り返す大きな環境変動の時代であり，地球上で人類が活動を開始し拡大した時代とも重なる．氷期・間氷期のサイクルを生む要因としては，地球の公転軌道の離心率，地軸の傾き，公転軌道に対する地軸の歳差運動の変化による日射量分布の変化が10万年，4万年，2万年という周期で起こり，これら地球軌道要素の変化が日射量を周期的に変化させたという考え方（ミランコビッチ理論；Milankovitch, 1941）が基本となる．近年では，この日射変動（ミランコビッチ・サイクル）に大気中二酸化炭素濃度や氷床の影響を併せて考慮することにより，変動メカニズムの定量的な解明が進んでいる（Abe-Ouchi *et al*., 2013）．

第四紀最後の氷期である最終氷期，中でも2万1,000年前から1万9,000年前の最も寒冷な時代（最終氷期最盛期）には，陸上に大量の氷が氷床として存在し，海面水位は現在より約130 m も低かったと考えられている（日本気象学会地球環境問題委員会，2014）．この時代の気温や植物の分布は花粉や植物組織の化石を用いて推定が進められており，グリーンランドや南極の気温は現在より7〜8℃も低く，ツンドラが拡大して北半球の亜寒帯林と温帯林は現在より低緯度側にあったとされる．ヨーロッパでは，多くの落葉広葉樹がアルプス山脈に阻まれて南下できず，絶滅したといわれる．日本では，大陸氷河に覆われなかったこともあり多くの種は最終氷期最盛期を生きのびたが，山岳における森林限界（森林が生育できる限界の標高）は現在に比べて1,200〜1,400 m も低く，現在北海道や亜高山帯に生育する針葉樹林・針広混交林が現在の本州に相当する部分を広く覆うなど，森林帯は現在と比べてかなり下降または南下していた（日本生態学会，2011）．

近年の氷床コア分析に基づく研究によると，最終氷期にミランコビッチ・サイクルよりはるかに短い周期（数百年〜数千年）で繰り返す大振幅の環境変動（ダンスガード＝オシュガー・サイクル）があったことも明らかになっている．このように急激な気候変化を引き起こすメカニズムはまだ解明されていないが，日射や大気中二酸化炭素濃度だけでなく氷河の崩壊と大量融解，淡水の流れ込みと海洋循環の変化などの相互作用が関係すると推測されている．氷期・間氷期のサイクルや最終氷期最盛期以降の急速な環境変動に植生がどう応答したかを明らかにすることは，将来の気候と植生分布の予測，特に植生帯が移動できる速さを予測する上で重要な根拠を示すことになる．たとえば，約9,000年〜6,000年前にあたる温暖な時期（ヒプシサーマル期；日本では縄文海進と呼ばれる温暖な時期と重なる）には，現在のサハラ砂漠は温暖湿潤で草木で覆われていたと推測され（いわゆる「緑のサハラ」），日本では本州中央部付近まで常緑広葉樹林が拡大していたとされる（安田・三好，1998）．この時代の地球環境の大きな変化は，人類の歴史とも深く関わることから気候と植生の復元に注目が集まっている．しかし，現状の気候モデルにはまだ不確実性（モデル間の差など）が大きいため，当時の地球環境と植生の関係を高い信頼性をもって説明するには多くの問題が残されており，さらに研究が進められている（O'ishi & Abe-Ouchi, 2011）．

1.5　過去2,000年の地球環境変動と森林：人間の影響が顕在化する時代

過去1,000年～2,000年の時間スケールになると，樹木の年輪や古文書を含む多様な情報を活用した地球環境と森林の応答の詳細な研究が可能である．この時間スケールでは，太陽活動（日射量）の変化に加え，最近の100～150年間においては地球全体の気候に与える人間活動の影響が顕著に見え始める．人間活動が地球規模の環境に影響をおよぼすようになった時代を人類世（もしくは人新世，Anthropocene）とよび，新しい地質時代に入ったととらえる考え方も提唱されている（Crutzen, 2002；安成，2012）．

古環境に関する国際的な研究計画「古環境の変遷研究計画（Past Global Change：PAGES)」では，過去2,000年間における世界各地の気候変動や，植生を含む地球環境の変化を年または季節の単位で復元する取組みを進めている（横山ほか，2015）．具体的には世界を8つの地域に分けて過去の気候を復元すると同時に，樹木年輪幅のデータベースを構築して復元された気候との対応関係を調べる．この手法でアジアにおいては西暦800年以降の広域夏季平均気温の変動を1年単位で復元した（PAGES 2k Consortium, 2013；Cook *et al.*, 2013）．

復元された気温変化によると，西暦950年～1100年頃に「中世の温暖期」と呼ばれる比較的温暖な時期があり，西暦1500年～1900年頃の「小氷期」と呼ばれる寒冷な時期を経て，その後は南極を除く全地域で温暖化に転じている．中世の温暖期と小氷期は地球の軌道要素などの自然の外力（太陽活動の強弱に伴う日射量変化）を反映したものと考えられるが，最近100～150年間の温暖化は自然要因では説明できず，主に人為起源による温室効果ガスの濃度増加によって生じたものであると推測されている（Mann *et al.*, 2008）．

日本においては，過去1,200年間におよぶ京都の文献に基づいてヤマザクラの満開日を調査し，過去の気温を復元する研究が行われた（Aono & Kazui, 2008；青野，2012；Solanki *et al.*, 2004）．その結果によると（図1.2），気温の変化にともなって満開日が変動する様子から過去の毎年3月の平均気温が

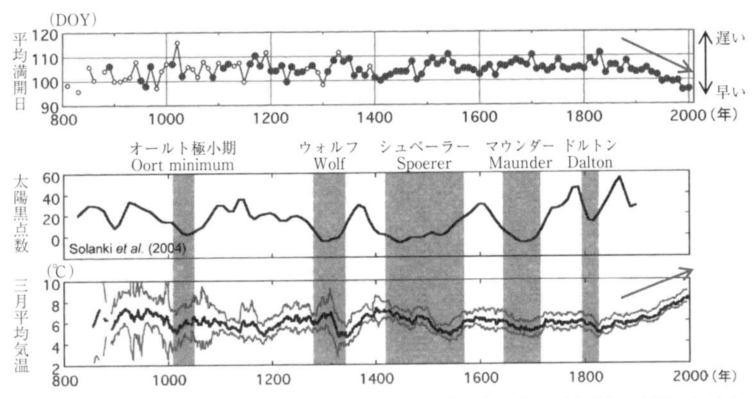

図 1.2　ヤマザクラの平均満開日（上段），太陽黒点数の復元結果（中段），京都における3月平均気温の復元結果（下段）
青野（2012）図5より引用．

明瞭に復元され，最近 100～150 年間に満開日の早期化と気温上昇が急速に進んだことが明らかである．

1.6　現在進行中の地球環境変化と森林の応答 

現在進行する地球温暖化に対する生態系の応答を調べるため，植生帯が高緯度もしくは高標高の場所に移動する速度を明らかにする取組みが進められている．たとえば，欧州・北米・チリ・マレーシアで，1,367 種の動植物の分布域の変化を文献調査に基づきまとめた結果によると（最古の文献は 1880 年のもの），分布域は 10 年で高緯度へ約 17 km（水平方向），高標高へ約 11 m（垂直方向）の速さで移動していた（Chen *et al.*, 2001；図 1.3）．水平移動に比べて垂直移動のほうが難しい理由には，山岳地において高標高の場所へ移動する場合，山頂に向かうほど土地面積は一般に減少すること，土壌が未発達である傾向があること，また，地形・微地形の影響で植物の移動が阻まれる場合があることなどが挙げられる．欧州の主要な山岳地域においては，将来温暖化と降水量低下が同時に起こる地域で 2100 年までの間に多くの種が絶滅するという予測結果（Engler *et al.*, 2011）もあり，植生帯の移動と同時に種組成が大きく変わる可能性も示唆されている（植生帯の移動に関する詳しい解説は第 6 章を

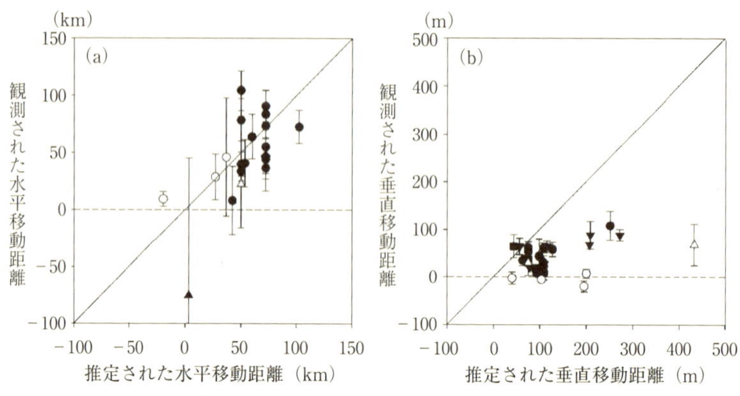

図1.3 気温上昇の影響として推定された生物の高緯度または高標高への移動距離と実際に観測された移動距離の関係
(a) 水平方向, (b) 垂直方向. ○鳥類, △哺乳類, ●節足動物, ▼植物, ■爬虫類, ◆魚類, ▲軟体動物.

参照).

現在進行中の大気中二酸化炭素濃度上昇が及ぼす森林への影響として,「施肥効果」も重要な要素の一つである. 施肥効果とは, 光合成の原料である大気中二酸化炭素の濃度が高いほど植物は二酸化炭素を吸収しやすいため, 光合成が促進される効果をいう. もし森林への施肥効果が大きければ, 地球温暖化の進行に負のフィードバックがはたらくことになるが, これまでに行われた主に屋内環境での実験によれば, 植物は高二酸化炭素濃度の環境で長期間生育させると光合成の促進効果が認められなくなる (馴化または順化) ことが知られている. ただし地球規模で現実の森林がどれだけの施肥効果を受けているか, 馴化があるとすればそれがどの程度であるかはまだよく確認されていない. 野外で樹木に二酸化炭素の濃い空気を吹きかけて植物の反応を調べる FACE (Free-Air CO_2 enrichment Experiment：開放系大気二酸化炭素増加実験) とよばれる実験が世界各地で行われているが, 大がかりで長期の実験であることから世界中の森林への施肥効果を総合的に明らかにするまでには至っていない.

そこで, 世界各地の森林などで二酸化炭素の正味吸収量を長期連続観測している熱・水・二酸化炭素フラックス観測ネットワーク (Box 1.3) のデータを用いて施肥効果を検出しようとする研究が行われている. これまでの研究によると，水利用効率（森林生態系全体が消費（大気へ放出）した水蒸気量に対する純生態系生産量（正味二酸化炭素吸収量）の比）の長期的変化を調べたところ，温帯や北方林では過去十数年間で水利用効率が上昇しており，施肥効果が認められる可能性があると示唆された（Keenan *et al.*, 2013）．ただし，陸域生態系モデルや衛星データを用いて地球規模で水利用効率の長期的変化を調べると，水資源が十分でない乾燥した生態系や，土地被覆・土地利用変化が大きい地域で水利用効率が低下しているとの報告（Ito & Inatomi, 2012：Tang *et al.*, 2014）もある．将来の気候変化や水資源利用に関する予測精度を上げるため，施肥効果や水利用効率の変化を正確に把握する研究が引き続き必要とされている．

Box 1.3　微気象学的方法による熱・水・二酸化炭素フラックス観測ネットワーク（FLUXNET）

FLUXNETとは，世界各地の陸域生態系（農耕地，沿岸，都市なども含む）において，気象観測用のタワーを用いて微気象学的方法により熱・水・二酸化炭素フラックス（単位時間・単位面積当たりの輸送量）を長期連続観測する観測ネットワークである（https://fluxnet.ornl.gov/）．渦相関法（乱流変動法ともよぶ）を標準的な測定方法としている．観測タワーでは一般気象観測を行うと同時に，三次元超音波風速計と赤外分析計を用いた乱流観測を行い，気温・水蒸気密度・二酸化炭素密度などと鉛直風速の相関の高さから，熱・水・二酸化炭素などの鉛直フラックスを求める．2016年現在，世界に数百点の観測地点がある．

FLUXNETの観測サイトでは，生態系の上で二酸化炭素フラックスを

図　フラックス観測サイトにおける機器設置風景（国立環境研究所富士北麓フラックス観測サイト）
（左）観測タワー，（右上）三次元超音波風速計と赤外分析計，（右中）土壌呼吸測定用チャンバー，（右下）一般気象観測のうち日射計・赤外放射計・光量子計．

連続観測し，生態系の単位土地面積あたりの熱収支・水蒸気収支・二酸化炭素収支（正味の吸収・放出量）を求める．同時に，土壌中の温度・水分・栄養塩などの環境の観測，土壌呼吸速度の観測，植物の葉面積や光合成の観測，二酸化炭素以外の温室効果ガス（メタンなど）や，生物起源揮発性微量有機化合物などのフラックスを測定している場合もある．観測タワー周辺に調査区を設け，生産量を測定するための毎木調査を行う場合もある．森林の構造や機能に関するこうした分野横断的な長期観測データを世界各地で収集・整備することにより，地球環境変化に対する陸域生態系の応答を総合的に把握することをめざしている．

1.7　突発的な環境変動と森林：撹乱と極端現象

森林環境の年々変動に注目すると，突発的な影響を与える要因として，自然または人為の撹乱が挙げられる．生態学における撹乱（disturbance）の定義は「生態系，群集，個体群の構造を破壊し，資源・基質の獲得可能量あるいは物理的環境を改変する，時間的にやや不連続なあらゆるできごと」とされる（日本生態学会，2011）．自然の撹乱には，火山噴火，森林火災，台風や豪雨等に伴う土砂災害や風倒害，雪氷害，病虫害などが挙げられる．人為的撹乱には，森林施業に伴う皆伐・間伐，森林から農地への転換を含む土地利用変化などがある．撹乱および撹乱からの回復過程における森林環境の変化や気候への影響は，撹乱の種類や大きさ，過去に受けた撹乱の履歴，気候帯や土壌環境などの条件に応じて個別に異なるため，インパクトが大きく重要であるにもかかわらず正確な現状把握と予測の難しい問題である．

一方，気象学にもdisturbanceという概念があり，一般に擾乱（じょうらん）と訳される．擾乱は主に大気の流れや乱れに関わる現象を指し定常状態からの乱れをいうが，広義に用いられることもあり，竜巻のような短時間の現象から，台風のような数日～十日程度の現象，数か月間におよぶ地球規模での大気循環の乱れに関わる現象まで含む．これに対し，生態学のdisturbanceに近い意味をもつ気象学的な現象はextreme（weather）event（極端現象または極端気象）とよばれる．極端現象は，特定の地域における統計的に稀な現象を指し，洪水や豪雪，干ばつ，極端な冷夏や猛暑などを含み，一部は生態学のdisturbanceとも共通する．

火山噴火は，大規模な撹乱および極端現象の重要な要素の一つである．たとえば，1991年に起こったピナツボ火山噴火の影響は噴火後およそ2年間におよび，地球の平均気温がわずかに下がり，同時に大気中二酸化炭素濃度の上昇速度が低下した（Robock, 2003；気象庁，2016）．これは，大気に放出された大量の火山性エアロゾルが地球全体に広がって地表に届く日射量を減少させたことが影響しているとされる．エアロゾルとは空気中に浮遊する微粒子をさし，火山性エアロゾルとは噴火によって直接噴出される一次粒子と，大気中で火山性ガスから二次的に生成される粒子を含む．特に熱帯の森林で平均気温が低下したことで，土壌有機物分解や呼吸による広域での二酸化炭素放出速度が弱まり，これが地球規模での二酸化炭素濃度の上昇速度を低下させた要因の一つと推定されている（Robock, 2003；Rothenberg *et al.*, 2012）．

将来の気候下における極端現象の強度や頻度を予測することは，森林環境の将来予測のみならず，防災，水資源，食料生産といった社会的側面からも重要である．たとえば，北米大陸で温暖化が進行した場合，極端な干ばつの頻度が上がる．すると現状では正味で大気中二酸化炭素濃度の吸収源となっている北米の森林が，今世紀末に予測されている気候条件下では高温と乾燥ストレスにより二酸化炭素の吸収源ではなくなる可能性があると指摘されている（Schwalm *et al.*, 2012）．

また，日本付近にしばしば暖冬・冷夏をもたらすエルニーニョ現象の発生は，インドネシアをはじめとする東南アジア熱帯林地域の降水量を極端に低下させ，乾燥による光合成速度の低下や大規模森林火災の発生を引き起こす．このため典型的なエルニーニョ発生時には，地球規模で大気中二酸化炭素濃度の上昇速度が顕著に上がる傾向があることも指摘されている（気象庁，2016；Betts *et al.*, 2016）．エルニーニョに伴う大規模森林火災の発生は，二酸化炭素の吸収・貯蔵源としての熱帯林を失うことに加え，熱帯林に生育する数多くの生物の生育地を奪い，さらに大気に放出される多量の火山性噴出物が農業被害・健康被害・交通障害などを引き起こすことから，その監視と将来予測が急務とされている（熱帯林における気候変動や大規模撹乱の影響については第4章で詳しく解説される）．

ほかにも，日本付近に極端現象をもたらす要因として，太平洋10年スケール振動（Pacific Decadal Oscillation：PDO）や，北極振動（Arctic Oscillation）などの大気と海洋の相互作用によって引き起こされる現象があり（Thompson *et al.*, 1998；He & Gao, 2017）冬季の豪雪などと関係があるといわれる．エルニーニョ現象をはじめ，こうした地球規模の大気循環が引き起こす顕著な気象偏差は，その影響が時に何千，何万 km も離れた別の場所におよび，地理的に遠い場所であるにもかかわらず気温や降水量が正または負の相関をもって大きく変動することがある（テレコネクション）．変動する地球環境下の森林の応答を明らかにする際，世界の生態系が一見ばらばらに応答しているように見えて，実は共通のメカニズムをもつ環境変動への応答であることが判明する場合もあるので興味深い．

1.8　森林の季節変化・日変化：主に大気中二酸化炭素濃度への影響

大気中二酸化炭素の濃度には明瞭な季節変化が見られ，北半球の夏の終わりに極小となり冬の終わりに極大となる．二酸化炭素濃度の季節変化振幅は北半球で大きく，南半球に行くほど小さい．この季節変化をつくる最大の要因は，夏季に活発な光合成を行って二酸化炭素を吸収する中・高緯度の陸域生態系（主に森林）である（中・高緯度の森林における二酸化炭素収支については第５章で詳しく解説される）．中・高緯度の森林面積は南半球に比べて北半球の方が圧倒的に大きいことから，北半球の夏に二酸化炭素濃度が低下する季節変化が形成される．

気候変動がもたらす樹木の季節的変化（フェノロジー）への影響については，古くから開花・展葉・紅葉・落葉などの時期の変化として関心をもたれているが，近年では，FLUXNET のデータ，定点撮影型カメラ，衛星画像などを組み合わせた新たな研究が進んでいる（Richardson *et al.*, 2010；Keenan & Richardson, 2015，フェノロジーに関わる詳細な解説は第２章を参照）．一般に，温暖化により中・高緯度の森林は春の展葉開始を早期化する傾向にあるが，水資源の限られた森林などでは夏または秋の光合成や蒸散速度が乾燥ストレスにより低下することもあり，必ずしも生育期間（正味で二酸化炭素を吸収する期間）の延長につながらない場合がある．地球規模での樹木フェノロジーおよび生育期間の変化については，各種陸域生態系モデル（Box 1.4）を用いた生物地球化学循環の現状把握や将来予測（詳細は第7章，第8章を参照）を精緻化するうえで正確な把握が必要とされている．

日変化（日内変動）についてみると，植物の葉は昼間に太陽の光を利用して光合成を行って二酸化炭素を吸収し，植物や土壌に棲む微生物は，呼吸または有機物分解により昼夜を通し二酸化炭素を放出する．このため森林は一般に日中に二酸化炭素を正味で吸収し，夜間に放出する．また，植物は光合成に必要な二酸化炭素を葉の気孔を通して吸収する際に水蒸気を大気に放出する（蒸散）．二酸化炭素の吸収・放出量および蒸散量は，日射量・気温・大気湿度・土壌水分量・樹種・樹齢・葉面積などの条件に応じて異なる（光合成の日変化および変化のメカニズムについては第3章で解説される）．

森林はまた，モノテルペン，イソプレンなどとよばれるさまざまな揮発性有機化合物を大気に放出している．揮発性有機化合物の放出量は熱帯で特に多く，地球全体でみると全植物の純一次生産量（光合成による二酸化炭素の総吸収量から植物の呼吸を引いた量）のおよそ2%にあたる．これらの物質は大気上空に運ばれ，二次有機エアロゾルとなって太陽放射を散乱したり雲の凝結核となる．このようにエアロゾルが太陽光を直接散乱・吸収することで日傘のような役割を果たし，地表を冷却する効果を「直接効果」とよぶ．一方，吸湿性のエアロゾルが雲の凝結核となり雲粒を成長させることで，雲の分布や寿命，降水の生成に与える影響を「間接効果」とよぶ．こうしたエアロゾルの効果は，特に雲を介するプロセスにおいてその効果を定量的に把握することは難しく，より信頼性の高い将来予測のためにさらに研究が必要とされている分野である．

Box 1.4　陸域生態系のモデリング

1980年代後半，主に気象学の分野から大気大循環に与える植生の効果を取り入れるため，植生による日射の反射率・粗度・蒸発散の効率などを考慮に入れた陸面モデル（またはパラメタリゼーションスキーム）が開発され，地球規模での大気-植生相互作用の研究に利用された．続いて陸域生態系における炭素や窒素などの循環プロセスを考慮に入れた生物地球化学モデルが開発され，植生を介した熱・水・

二酸化炭素収支をより詳細に把握できるようになった.

一方，生態学の分野では，地球規模での植生分布などを再現するために，さまざまな植生分布モデルが開発され，気候変化に対する植生帯の移動などが研究されはじめた．この流れを発展させ，植物の個体同士の光や栄養をめぐる競争をも考慮し

表　さまざまな陸域生態系モデル
モデルの分類については伊藤ほか（2004），佐藤（2009）を参照.

陸域モデルの種類	モデルの名称	引用文献
陸面パラメタリゼーションスキーム（LPS）	バケツモデル	Manabe（1969）
	SiB	Sellers *et al.*（1986）
	BATS	Dickinson *et al.*（1993）
	SiB2	Sellers *et al.*（1996）
	LSM	Bonan（1996）
	BAIM	Mabuchi *et al.*（1997）
	MATSIRO	Takata *et al.*（2003）
生物地球化学モデル	BIOME-BGC	Running & Hunt（1993）
	CENTURY	Parton *et al.*（1993）
	Sim-CYCLE	Ito & Oikawa（2002）
	VISIT	Ito & Inatomi（2012）
（現状把握型）	CASA	Potter（1997）
	BEAMS	Sasai *et al.*（2011）
	BESS	Ryu *et al.*（2011）
植生分布モデル	OBM	Esser（1987）
	TEM	Raich *et al.*（1991）
	MAPPS	Neilson（1995）
	BIOME3	Haxeltine & Prentice（1996）
	BIOME4	Kaplan *et al.*（2003）
動的全球植生モデル（DGVM）	IBIS	Foley *et al.*（2005）
	LPJ	Sitch *et al.*（2003）
	VECODE	Brovkin *et al.*（2002）
	SDGVM	Woodward *et al.*（1995）
	TRIFFID	Cox *et al.*（2000）
	ORCHIDEE	Krinner *et al.*（2005）
	CLM-DGVM	Levis *et al.*（2004）
	SEIB-DGVM	Sato *et al.*（2007）
	JULES	Best *et al.*（2011）; Clark *et al.*（2011）
	JeDi	Pavlick *et al.*（2013）
動的モデル	HYBRID3	Friend *et al.*（1997）
	MINoSGi	Watanabe *et al.*（2004）
広域化手法・機械学習型モデル	第7章7.3.2（表7.1）および7.3.3参照	

て植生の遷移などを再現できるよう開発された個体ベースモデル（動的全球植生モデル）やサイズ構造を再現するモデルが開発された（表）．陸域生態系モデルを用いた森林環境の現状把握と将来予測については第7章・第8章で詳しく解説される．

おわりに　未来の地球：気候変動対策と森林

人為的要因により変化しつつある気候を安定化させ，その悪影響を防ぐため，京都議定書にかわる気候変動対策の新たな国際的枠組み「パリ協定」が2016年11月に発効した．パリ協定が京都議定書と異なる点は，先進国のみならず発展途上国を含むすべての国が温室効果ガスの削減目標を立てる対象になったことである．また，協定の目的を達成するために各国は削減目標を国連に提出し，その後も5年ごとにその目標を見直すこととなった．パリ協定の新規的な点は，世界の平均気温上昇を産業革命前と比較して2℃より十分低く保ち，1.5℃に抑える努力をするという明確な目標を記載したことである．しかし，気温上昇を2℃未満に抑えるには各国の削減目標はまだ十分ではなく，厳しい温室効果ガス排出削減策を実行することが必要不可欠であること，加えて，積極的な吸収源をつくりだすことも必要とされている．

吸収源はネガティブエミッション（負の排出）とも呼ばれ，大気中にすでにある温室効果ガスを取り除くことを意味する．森林（植物）を使うネガティブエミッションとしては，たとえば大規模植林により二酸化炭素を吸収・固定させる方法や，バイオマス燃料を使った発電所などで燃焼により発生する二酸化炭素を大気中に放出させずに回収貯留する方法などが考えられている．ただし，大規模なバイオマス燃料の生産には広大な土地や水資源が必要であること，土地の劣化や二酸化炭素回収技術にかかるコストなどを考慮すると重大な制約があるとも予想されている．結果として，ネガティブエミッション技術を補完的に開発することは必要であるが，第一に積極的な温室効果ガス排出削減対策を実行に移すことが最重要であるということができる．

引用文献

Abe-Ouchi, A., Saito F. *et al.* (2013) Insolation-driven 100,000-year glacial cycles and hysteresis of ice-sheet volume. *Nature*, **500**, 190-193. doi: 10.1038/nature12374

青野靖之 (2012) 植物季節の長期変化と気候変化. 地球環境, **17**, 21-29.

Aono, Y. & Kazui, K. (2008) Phenological data series of cherry tree flowering in Kyoto, Japan, and its application to reconstruction of springtime temperatures since the 9th century. *Int. J. Clim.*, **28**, 905-914. doi: 10.1002/joc.1594

Best, M. J., Pryor, M. *et al.* (2011) The Joint UK Land Environment Simulator (JULES), model description——Part 1: energy and water fluxes. *Geosci. Model Dev.*, **4**, 677-699.

Betts, R. A., Jones, C. D. *et al.* (2016) El Niño and a record CO_2 rise. *Nat. Clim. Change*, **6**, 806-810. doi: 10.1038/nclimate3063

Bonan, G. B. (1996) A land surface model (LSM version 1.0) for ecological, hydrological, and atmospheric studies: technical description and user's guide. *NCAR Technical Note NCAR/TN-417+STR*, January 1996, 1-150.

Brovkin, V., Bendtsen, A. *et al.* (2002) Carbon cycle, vegetation, and climate dynamics in the holocene: Experiments with the CLIMBER-2 model. *Glob. Biogeochem. Cycles*, **16**, 1139. doi: 10.1029/2001GB001662

Chen, I. C., Hill, J. K. *et al.* (2001) Rapid range shifts of species associated with high levels of climate warming. *Science*, **333**, 1024-1026. doi: 10.1126/science.1206432

Clark, D. B., Mercado, L. M. *et al.* (2011) The Joint UK Land Environment Simulator (JULES), model description——Part 2: carbon fluxes and vegetation dynamics. *Geosci. Model Dev.*, **4**, 701-722.

Cook, E. R., Krusic, P. J. *et al.* (2013) Tree-ring reconstructed summer temperature anomalies for temperate East Asia since 800 C.E. *Clim. Dyn.*, **41**, 2957-2972. doi: 10.1007/s00382-012-1611-x

Cox P. M., Betts R. A. *et al.* (2000) Acceleration of global warming due to carbon-cycle feedbacks in a coupled climate model. *Nature*, **408**, 184-187.

Crutzen, P. J. (2002) Geology of mankind: the Anthropocene. *Nature*, **415**, 23.

Dickinson, R. E., Henderson-Sellers, A. *et al.* (1993) Biosphere-Atmosphere Transfer Scheme (BATS) Version 1e as Coupled to the NCAR Community Climate Model. *NCAR Technical Note TN-387+STR*, August 1993, 1-72.

Engler, R., Randin, C. F *et al.* (2011) 21st century climate change threatens mountain flora unequally across Europe. *Glob. Change Biol.*, **17**, 2330-2341. doi: 10.1111/j.1365-2486.2010.02393.x

Esser, G. (1987) Sensitivity of global carbon pools and fluxes to human and potential climatic impacts. *Tellus*, **39B**, 245-260.

Foley, J. A., Kucharik, C. J. *et al.* (2005) *Integrated Biosphere Simulator Model (IBIS), Version 2.5.* ORNL DAAC, Oak Ridge. https://doi.org/10.3334/ORNLDAAC/808

Friend, A. D., Stevens, A. K. *et al.* (1997) A process-based, terrestrial biosphere model of ecosystem dynamics (Hybrid v3.0). *Ecol. Model.*, **95**, 249-287.

Haywood, A. M., Dowsett, H. J. *et al.* (2010) Pliocene Model Intercomparison Project (PlioMIP): experimental design and boundary conditions (Experiment 1). *Geosci Model Dev.*, **3**, 227-242.

Haywood, A. M., Dowsett, H. J. *et al.* (2016) Integrating geological archives and climate models for the mid-Pliocene warm period. *Nat. Commun.*, **7**, 10646. doi: 10.1038/ncomms10646

Haywood, A. M. & Valdes, P. J. (2006) Vegetation cover in a warmer world simulated using a dynamic global vegetation model for the Mid-Pliocene. *Palaeogeogr. Palaeoclimatol. Palaeoecol.*, **237**, 412–427. doi: 10.1016/j.palaeo.2005.12.012

Haxeltine A. & Prentice, I. C. (1996) BIOME3: An equilibrium terrestrial biosphere model based on ecophysiological constraints, resource availability, and competition among plant functional types. *Glob. Biogeochem. Cycles,* **10**, 693–709.

He, S., Gao, Y. *et al.* (2017) Impact of Arctic Oscillation on the East Asian climate: A review. *Earth-Sci. Rev.*, **164**, 48–62.

Higgins, J. A. & Schrag, D. P. (2006) Beyond methane: Towards a theory for the Paleocene-Eocene Thermal Maximum. *Earth Planet. Sci. Lett.*, **245**, 523–537.

伊藤昭彦・市井和仁 ほか (2004) 地球システムモデルで用いられる陸域モデル：研究の現状と課題. 天気, **51**, 227–239.

Ito, A. & Inatomi, M. (2012) Water-use efficiency of the terrestrial biosphere: a model analysis focusing on interactions between the global carbon and water cycles. *J. Hydrometeor.*, **13**, 681–694.

Ito, A. & Oikawa, T. (2002) A simulation model of the carbon cycle in land ecosystems (Sim-CYCLE): A description based on dry-matter production theory and plot-scale validation. *Ecol. Model.*, **151**, 147–79.

Kaplan, J. O., Bigelow, N. H. *et al.* (2003). Climate change and arctic ecosystems 2: modeling, paleodata-model comparisons, and future projections. *J. Geophys. Res.*, **108**, D19. doi.org/10.1029/2002JD002559

Keenan, T. F., Hollinger, D. Y. *et al.* (2013) Increase in forest water-use efficiency as atmospheric carbon dioxide concentrations rise. *Nature,* **499**, 324–327. doi: 10.1038/nature12291

Keenan, T. F. & Richardson, A. D. (2015) The timing of autumn senescence is affected by the timing of spring phenology: implications for predictive models. *Glob. Change Biol.*, **21**, 2634–2641. doi: 10.1111/gcb.12890

気象庁 訳 (2016) WMO 温室効果ガス年報：2015 年 12 月までの世界の観測結果に基づく大気中の温室効果ガスの状況, 第 12 号, 1–8.

Krinner, G., Viovy, N. *et al.* (2005) A dynamic global vegetation model for studies of the coupled atmosphere-biosphere system. *Glob. Biogeochem. Cycles*, **19**, GB1015. doi:10.1029/2003GB002199

Levis, S., Bonan, G. B. *et al.* (2004) The Community Land Model's Dynamic Global Vegetation Model (CLM-DGVM). Technical description and user's guide. *NCAR Technical Note NCAR/TN-459+IA*. doi:10.5065/D6P26W36

Mabuchi, K. *et al.* (1997) A Biosphere-Atmosphere Interaction Model (BAIM) and its primary verifications using grassland data. Papers in *Meteorol. Geophys.*, **47**, 115–140.

Manabe, S. (1969) Climate and the ocean circulation: 1. The atmospheric circulation and the hydrology of the earth's surface. *Mon. Weather Rev.*, **97**, 739–805.

Mann, M. E., Zhang, Z. *et al.* (2008) Proxy-based reconstructions of hemispheric and global surface temperature variations over the past two millennia. *PNAS*, **105**, 13252–13257. doi: 10.1073/pnas.0805721105

Milankovitch, M. (1941) *Canon of Insolation and the Ice-Age Problem* (*in German*). *Special Publications of the Royal Ser-bian Academy, Vol. 132.* Israel Program for Scientific Trans-lations, pp. 484.

水野一晴（2016）気候変動で読む地球史――限界地帯の自然と植生から．pp. 283，NHK 出版．

Molnar, P. & England, P. (1990) Late Cenozoic uplift of mountain ranges and global climate change: chicken or egg? *Nature*, **346**, 29–34. doi: 10.1038/346029a0

Neilson, R. P. (1995) A model for predicting continental-scale vegetation distribution and water balance. *Ecological Applications*, **5**, 362–385.

日本気象学会地球環境問題委員会 編（2014）地球温暖化：そのメカニズムと不確実性．pp. 162，朝倉書店．

日本生態学会 編（2011）森林生態学．シリーズ現代の生態学 第８巻（正木 隆・相場慎一郎 担当編集）．pp. 293，共立出版．

及川武久 監訳（2003）植生と大気の４億年――陸域炭素循環のモデリング．pp. 454，京都大学学術出版会．（原著：Beerling & Woodward (2001) *Vegetation and the Terrestrial Carbon Cycle.* Cambridge University Press）

O'ishi, R. & Abe-Ouchi, A. (2011) Polar amplification in the mid-Holocene derived from dynamical vegetation change with a GCM. *Geophys. Res. Lett.*, **38**, L14702. doi: 10.1029/2011GL048001

PAGES 2k Consortium (2013) Continental-scale temperature variability during the past two millennia. *Nat. Geosci.*, **6**, 339–346. doi: 10.1038/ngeo1797

Parton, W. J., Scurlock, J. M. O. *et al.* (1993) Observations and modeling of biomass and soil organic matter dynamics for the grassland biome worldwide. *Glob. Biogeochem. Cycles*, **7**, 785–809.

Pavlick, R., Drewry, D. T. *et al.* (2013) The Jena Diversity-Dynamic Global Vegetation Model (JeDi-DGVM): a diverse approach to representing terrestrial biogeography and biogeochemistry based on plant functional trade-offs. *Biogeosciences*, **10**, 4137–4177.

Potter, C. S. (1997) An ecosystem simulation model for methane production and emission from wetlands. *Glob. Biogeochem. Cycles*, **11**, 495–506.

Raich, J. W., Rastetter, E. B. *et al.* (1991) Potential net primary productivity in south America: application of a global model. *Ecol. Appl.*, **1**, 399–429.

Raymo, M. E. & Ruddiman, W. F. (1992) Tectonic forcing of late Cenozoic climate. *Nature*, **359**, 117–122. doi: 10.1038/359117a0

Richardson, A. D., Black, T. A. *et al.* (2010) Influence of spring and autumn phenological transitions on forest ecosystem productivity. *Philos. Trans. R. Soc. Lond. B. Biol. Sci.*, **365**, 3227–3246. doi: 10.1098/rstb.2010.0102

Robock, A. (2003) Introduction: Mount Pinatubo as a Test of Climate Feedback Mechanisms. In: *Volcanism and the Earth's Atmosphere, Vol. 139* (*Geophysical Monograph Series*). pp. 364, American Geophysical Union. doi: 10.1029/139GM01.

Rothenberg, D., Mahowald, N. *et al.* (2012) Volcano impacts on climate and biogeochemistry in a coupled carbon――climate model. *Earth Syst. Dynam.*, **3**, 121–136. doi: 10.5194/esd-3-121-2012

Running, S. W. & Hunt, E. R. (1993) Generalization of a forest ecosystem process model for other biomes, BIOME-BGC, and an application for global-scale models. In: *Scaling Physiological Processes: Leaf to Globe*. (eds. Ehleringer, J. R. & Field, C. B.) pp. 141–158, Academic Press.

Ryu, Y., Baldocchi, D. D. *et al.* (2011) Integration of MODIS land and atmosphere products with a coupled-process model to estimate gross primary productivity and evapotranspiration from 1 km to global scales. *Glob. Biogeochem. Cycles*, **25**, GB4017. doi:10.1029/2011GB004053

Salzmann, U., Dolan, A. M. *et al.* (2013) Challenges in quantifying Pliocene terrestrial warming revealed by data——model discord. *Nat. Clim. Change*, **3**, 969–974. doi: 10.1038/nclimate2008

Salzmann, U., Haywood, A. M. *et al.* (2008) A new global biome reconstruction and data——model comparison for the middle Pliocene. *Glob. Ecol. Biogeogr.*, **17**, 432–447.

Sasai, T., Saigusa, N. *et al.* (2011) Satellite-driven estimation of terrestrial carbon flux over Far East Asia with 1-km grid resolution. *Remote Sens. Environ.*, **115**. doi:10.1016/j.rse.2011.03.007

佐藤 永（2009）生物地球化学モデルの現状と将来——静的モデルから動的モデルへの展開——．日本生態学会誌，**58**，11–21.

Sato, H., Itoh, A. *et al.* (2007) SEIB-DGVM: a new dynamic global vegetation model using a spatially explicit individual-based approach. *Ecol. Model.*, **200**, 279–307.

Schwalm, C. R., Williams, C. A. *et al.* (2012) Reduction in carbon uptake during turn of the century drought in western North America. *Nat. Geosci.*, **5**, 551–556. doi: 10.1038/ngeo1529

Sellers, P. J., Mintz, Y. *et al.* (1986) A simple biosphere model (SiB) for use within general circulation models. *J. Atmospheric Sci.*, **43**, 505–531.

Sellers, P. J., Randall, D. A. *et al.* (1996) A revised land surface parameterization (SiB2) for atmospheric GCMs, Part I: model formulation, *J. Clim.*, **9**, 676–705.

Sitch, S., Smith, B. *et al.* (2003) Evaluation of ecosystem dynamics, plant geography and terrestrial carbon cycling in the LPJ dynamic global vegetation model. *Glob. Change Biol.*, **9**, 161–185.

Solanki, S. K., Usoskin, I. G. *et al.* (2004) Unusual activity of the Sun during recent decades compared to the previous 11,000 years. *Nature*, **431**, 1084–1087. doi: 10.1038/nature02995

多田隆治（2013）気候変動を理学する——古気候学が変える地球環境観．pp. 287，みすず書房，日立環境財団（協力）.

田近英一（2012）地球・生命の大進化．pp. 223，新星出版社.

Takata, K., Emori, S. *et al.* (2003) Development of minimal advanced treatments of surface interaction and runoff. *Glob. Planet. Change*, **38**, 209–222.

Tang, X., Li, H. *et al.* (2014) How is water-use efficiency of terrestrial ecosystems distributed and changing on Earth? *Scientific Reports*, **4**, 7483, doi: 10.1038/srep07483

Thompson, D. W. J. & Wallace, J. M. (1998) The Arctic Oscillation signature in the wintertime geopotential height and temperature fields. *Geophys. Res. Lett.*, **25**, 1297–1300.

Watanabe, T., Yokozawa, M. *et al.* (2004) Developing a multilayered integrated numerical model of surface physics-growing plants interaction (MINoSGI), *Glob. Change Biol.*, **10**, 963–982.

Woodward, F. I., Smith, T. M. *et al.* (1995). A global land primary productivity and phytogeography model. *Glob. Biogeochem. Cycles*, **9**, 471–490.

安田喜憲・三好教夫 編（1998）図説日本列島植生史．pp. 302，朝倉書店．
安成哲三（2012）地球環境変化研究における国際的枠組みの重要性．学術の動向，**17**，54–55．
安成哲三（2013）「ヒマラヤの上昇と人類の進化」再考――第三紀末から第四紀におけるテクトニクス・気候生態系・人類進化をめぐって――．ヒマラヤ学誌，**14**，19–38．
横山祐典・中塚 武 ほか（2015）将来の気候・環境変動理解のための近過去復元研究．地球環境，**20**，189–194．
吉森正和・横畠徳太 ほか（2012）気候感度 Part 3：古環境からの検証．天気，**59**，143–150．

地球規模での森林環境の現状把握
リモートセンシングによるアプローチ

永井 信

はじめに

第1章で述べたように，森林は炭素・水・熱・窒素などの物質の循環を通して，地球の環境変動に大きな影響を及ぼしている．たとえば，森林の減少は光合成による二酸化炭素の吸収の減少・蒸発散による水の放出の減少・アルベドの増加による地表面からの反射熱の増加などを引き起こす．これらの森林が持つ機能（光合成や蒸発散など）の変化は，局所的あるいは全球的に大気の組成や循環に影響を与え，その結果，地球温暖化が加速する．また，森林は人間を始めとする様々な生き物に対して多様な恩恵（サービス）を提供している．たとえば，森林は生き物の住処や食料を提供し（供給），洪水を防ぎ（調整），精神の拠り所となり（文化的），二酸化炭素を固定する（基盤）．一度森林が破壊されてしまうと，そこを住処とする様々な生き物の被食と捕食の絶妙なバランス関係が崩れ，生物の多様性は損失する（環境省生物多様性及び生態系サービスの総合評価に関する検討会，2016）．このため，森林が持つ機能やサービス・生物多様性の時間・空間分布の変動を広域的に評価することは，地球環境の変動とその要因を深く理解するために重要な課題の一つとなる．

この課題を解決するためには，開花・開葉・紅葉・落葉などの植物季節（植生フェノロジー）と，その影響を受ける森林の生産量や現存量（バイオマス）の時間・空間分布の変動を長期的かつ広域的にモニタリングすることが第一に必要である．たとえば，炭素を介した植生と大気の対応関係について言及すると，植生フェノロジー（葉の寿命と関連する）は，光合成の潜在的な能力を司る葉の形質（大きさ，強度や葉内の窒素含有量など）や気候条件（年平均気温や年平均降水量）と相関性が高いと考えられる．葉の形質は葉群バイオマスに，光合成による生産量は一年間で増加する地上部バイオマス（幹や枝）にそれぞれ影響を与える．気候変動による植生フェノロジーの変化は，潜在的に光合成が可能な期間を変化させ，その結果，森林が一年間を通して吸収する二酸化炭素の量と炭素として蓄積されるバイオマスの量が変化する．言い換えると，植生フェノロジーの時間・空間分布の変動は，炭素のフローとストックに大きな影響を及ぼす．また，大規模な森林伐採や植生遷移に関連した森林バイオマスの時間・空間分布の変動は，森林が蓄える炭素の量や，光合成による二酸化炭素の吸収と微生物の分解や根の呼吸などによる二酸化炭素の放出のバランス（炭素固定量）を著しく変化させる．

植物フェノロジーやバイオマスの時間・空間分布の変動を長期的かつ広域的にモニタリングするためには，リモートセンシングが有用である．リモートセンシングとは，「遠隔探査．観測対象物に触れずに遠隔からカメラやセンサなどで観測する技術」（宇宙航空研究開発機構（JAXA）・用語集；http://www.sapc.jaxa.jp/glossary/ より引用，参照 URL は 2019 年 10 月 4 日アクセス確認，以下同様）として定義される．ここでは，具体的には衛星・航空機・ドローン（無人航空機）などのプラットフォームに搭載したデジタルカメラ・分光放射計・全方位レーザーなどのセンサーにより森林の様子を遠隔的に観測することを指す．本章では，炭素を介した植生と大気の相互作用の理解の深化にとって重要である植生フェノロジー・生産量・バイオマスに着目し，最新の研究事例を踏まえた，森林生態系を対象としたリモートセンシング観測に関する解説を行う．

2.1　植生フェノロジー観測

森林生態系の植生フェノロジーを広域的かつ長期連続的に観測するためには，①地上の多地点においてデジタルカメラにより撮影した植生フェノロジー画像の解析や，②衛星に搭載した可視・近赤外分光放射計により観測した分光反射

率から計算される植生指数の解析が有用である．本節では，これらの観測手法の概要・成果・問題点について解説する．

2.1.1 デジタルカメラによる植生フェノロジー観測

森林のみならず世界中の様々な生態系観測サイトにおいてデジタルカメラによる植生フェノロジーの自動定点観測が行われている．観測サイトはアラスカや東シベリアの北方林からアマゾンやボルネオの熱帯多雨林に至るまで広く分布している．これらの観測サイトでは，市販のデジタルカメラや防犯用のビデオカメラが観測タワーやクレーンの上部および林床に設置され，コンピューターやリモートコントローラーにより撮影が自動制御されている．

植生フェノロジー画像の一部は，各観測サイトが所属する植生フェノロジー観測ネットワークのウェブサイト上において（準）リアルタイムで公開されている．主にアジアを中心とするPhenological Eyes Network（http://www.phenoeye.org；Nasahara & Nagai, 2015），南北アメリカ大陸を中心とするPHENOCAM（http://phenocam.sr.unh.edu/webcam/；Brown *et al.*, 2016），オーストラリアを中心とするAustralian Phenocam Network（https://phenocam.org.au；Moore *et al.*, 2016），ブラジルを中心とするe-phenology（http://www.recod.ic.unicamp.br/ephenology/client/index.html#/）が代表的である．ヨーロッパでは，様々な生態系を対象とした50地点以上のフラックス観測サイトにおいて植生フェノロジー観測が行われている（Wingate *et al.*, 2015）．

デジタルカメラにより撮影した画像は，CCD（電荷結合素子）やCMOS（相補性金属酸化膜半導体）などの映像素子に受光したときに生じる電荷を0から255で示される赤色・緑色・青色の輝度値に変換して記録される．このため，毎日撮影される植生フェノロジー画像の関心領域（群落全体や個体）における赤色・緑色・青色の輝度値の各割合や，赤色・緑色・青色の輝度値から計算される指数（例えば，緑色超過指数（Green Excess Index）=(緑色の輝度値−赤色の輝度値)+(緑色の輝度値−青色の輝度値)）および，明度・色相・彩度の時系列変化を調べることにより，開花・開葉・紅葉・落葉の様式の特徴を評価することが可能である．

たとえば，図2.1に植生フェノロジー画像を示した日本の落葉広葉樹林：

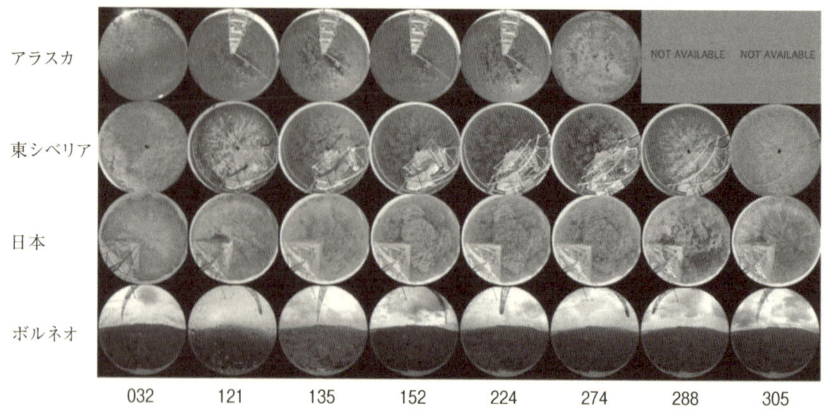

図 2.1　アラスカの黒トウヒ林・東シベリアのカラマツ林・日本の落葉広葉樹林・ボルネオの熱帯多雨林において 2015 年に撮影された植生フェノロジー画像の季節変化

下部の数字は，1 月 1 日を 1 日目とした場合の通算日を示す．観測タワーやクレーンの上部において魚眼レンズを用いて撮影した．アラスカは，229 と 272 に撮影されたフェノロジー画像を示した．これらの森林観測サイトは，Phenological Eyes Network に属しており，毎日撮影される植生フェノロジー画像はウェブサイト上において公開されている（http://www.pheno-eye.org）．→口絵 1

高山サイト（標高 1,420 m）では，5 月中旬から下旬にかけて各樹種が開葉するため，緑色の輝度値の割合や緑色超過指数が急激に増加する．一方，10 月上旬から下旬にかけて各樹種が黄葉または紅葉・落葉するため，赤色の輝度値の割合が急激に増加し，ピークをむかえると急激に減少する．すると緑色の輝度値の割合や緑色超過指数が急激に減少する（図 2. 2）．このような新葉の開葉や開花にともなう赤色・緑色・青色の輝度値の各割合や緑色超過指数の時系列変化は，落葉林と比べて植生フェノロジーが不明瞭であるアマゾンやボルネオの熱帯多雨林においても検出されている（Nagai *et al.*, 2016；Lopes *et al.*, 2016）．なお分光放射計では樹種ごとを対象とした長期連続的な分光特性の観測は困難である一方，デジタルカメラは樹種ごとの植生フェノロジーの特徴を安価に検出可能である利点をもつ．

従来の指標木を対象とした目視観測（たとえば，日本の各気象台におけるイチョウやイロハモミジの黄葉・紅葉日の観測）では，観測者の習熟度や癖・観測者の交代などを原因として，植生フェノロジーを定量的に評価することは困難であった．これに対して，赤色・緑色・青色の輝度値の割合や緑色超過指数

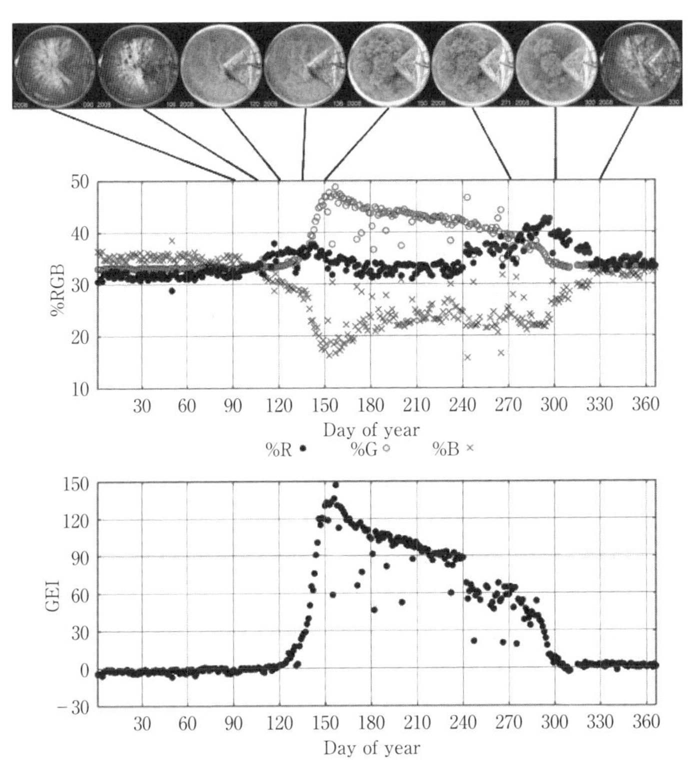

図 2.2　落葉広葉樹林：高山サイト（標高 1420 m）における赤色（%R）・緑色（%G）・青色の輝度値の割合（%B）と緑色超過指数（GEI）の季節変化
Day of year：1 月 1 日からの通算日．

の時系列データを対象として，ある閾値を超えた日を調査するという方法により，開葉や落葉などの期日の年々変動を定量的に検出することが可能となった．この利点を活かして，開葉や落葉の期日と日平均気温の対応関係を長期的に調査することにより，有効積算温度を用いた開葉や落葉の期日を推定する半経験的な統計モデルが開発されている（Nagai *et al.*, 2013）．

しかしながら，各閾値における植生フェノロジーは，撮影条件の差異（デジタルカメラと対象となる植物との距離や光源をあわせた位置関係・デジタルカメラの設定など）を原因として，同じ樹種や生態系であっても常に同じ状態をとらえているとは限らない問題点がある．ただし Sonnentag *et al.*（2012）は，米国の落葉広葉樹林において複数のデジタルカメラにより紅葉季節を観測した結果，赤色・緑色・青色の輝度値から計算される指標の季節変化パターンは，デジタルカメラの機差の影響をほとんど受けないことを報告している．

一方，日本の落葉広葉樹林において赤色・緑色・青色の輝度値から計算される指標の季節変化と樹種ごとに分別したリター（落葉量）の時間・空間分布の対応関係を調査した結果によると，群落や樹種ごとを対象とした赤色・緑色・青色の輝度値から計算される指標は，観測サイトにおいて代表性のある植生フェノロジーをとらえているとは限らないことを報告している（Nagai *et al.*, 2015a）．これは，デジタルカメラがとらえている個体が，ある樹種の平均的な植生フェノロジーを示すとは限らないためである．開葉と比べて，紅葉・落葉では，同一樹種間での個体差が大きい．この問題を解決するためには，一つの観測サイトにおいてデジタルカメラを複数台設置すればよい．たとえば，前述の落葉広葉樹林：高山サイトでは，約10台のデジタルカメラが設置されている．けれども，デジタルカメラの設置場所は，現実的には観測タワーやクレーンの有無・既に設置された他の観測機器の位置・電源の有無など様々な物理的な制約を受ける．このため，代表性のある植生フェノロジー観測手法の指針を標準化することはなかなか難しい．

撮影条件や撮影範囲に起因した植生フェノロジー観測の不確実性や空間代表性の問題点を解決するためには，比較的近傍に位置する複数の観測サイトにおける結果との比較や，後述する衛星リモートセンシングによる植生フェノロジー観測などの結果を統合的に評価することが重要である．対象となる観測サイトを増やすためには，地球環境変動研究を目的とした観測ではないものの，たとえば，日本の環境省・生物多様性センターによりリアルタイムで公開されている日本の各国立公園において撮影されている植生景観画像（インターネット自然研究所：https://www.sizenken.biodic.go.jp；Ide & Oguma, 2010）は有用である．

赤色・緑色・青色の輝度値の割合や緑色超過指数の時系列変化に関して，生態学的な解釈を得るためには，タワー観測で得られた総一次生産量（GPP）・気象値・葉面積指数（LAI）・葉内の生化学物質・個葉の分光特性などとの対応関係を調査することが重要である．赤色・緑色・青色の輝度値は，個葉や林冠の形態や色の変化をとらえていると考えられる．個葉の形態や色の季節変化は，光合成に関連した葉内の生化学物質（クロロフィル・アントシアニン・カロテノイドなど）の含有量の変化により生じる（Sims & Gamon, 2002）.

開葉の時期，葉内に青や赤の可視光線をよく吸収するクロロフィルの増加にともない，相対的に緑の可視光線の反射が増加し，葉は緑に見える．一方，紅葉・落葉の時期，葉の老化プロセスが進行するにつれて，クロロフィルが減少し，葉内に含まれるカロテノイドの割合が相対的に増加する，もしくは，葉内に青と緑の可視光線をよく吸収するアントシアニンが生成される．これらの結果，葉の色は前者では黄に，後者では赤に変化する．また，個葉の大きさや角度分布（葉の付き方）の季節変化は，林冠の色の変化に影響を与える．

このような個葉や林冠の形態や色の変化は，「潜在的な」光合成能力の変化と相関関係があると考えられる．このため，赤色・緑色・青色の輝度値の割合や緑色超過指数の季節変化は，タワー観測で得られたGPPの季節変化と強い相関関係を持つことが様々な森林生態系サイトにおいて報告されている．たとえば，常緑ではあるものの，冬季の低温により林冠の色が深緑色から赤緑色へ変化する（葉内のロドキサンチンの生成に起因する）スギ林では，緑色の輝度値の割合や緑色超過指数の季節変化パターン（釣鐘型）と，タワー観測で得られたGPPの季節変化パターンがよく一致する事実は興味深い（Saitoh *et al.*, 2012）.

しかしながら，タワー観測で得られたGPPは，毎日あるいは日内の天候や光環境の変化に伴い生じた「実際の」光合成能力をとらえている点を忘れてはならない．緑色の輝度値の割合や緑色超過指数とタワー観測で得られたGPPの対応関係を調査し，緑色の輝度値の割合や緑色超過指数からGPPを推定する半経験的な統計モデルを作る．このとき，たとえば，雨や曇りの日に推定されるGPPは，光合成があまり行われないため，実際のGPPと比べて過大に評価されるであろう．

2.1.2　衛星による植生フェノロジー観測

衛星に搭載された可視・近赤外分光（光学）センサーが観測した分光反射率データから計算される植生指数は，全球上の植生の時間・空間分布の変動の評価を可能としている．衛星観測が可能である植生指数には，たとえば，可視赤と近赤外の分光反射率データから計算される正規化植生指数（Normalized Difference Vegetation Index：NDVI），可視赤・可視青・近赤外の分光反射率データから計算される EVI（Enhanced Vegetation Index；Huete *et al.*, 2002），可視赤・可視緑の分光反射率データから計算される GRVI（Green-Red Vegetation Index；Tusker, 1979；Motohka *et al.*, 2010）などがある．各植生指数の定義式は，式（2.1）から（2.3）に示され，−1 から 1 の値をとる．このとき，可視赤・可視緑・可視青・近赤外の分光反射率データは，ある一定のスペクトルのバンド値として観測される．たとえば，AVHRR（Advanced Very High Resolution Radiometer）センサーでは，可視赤は 550〜680 nm，近赤外は 725〜1,100 nm のバンド値をとる（表 2.1）．

$$\mathrm{NDVI} = (\text{近赤外} - \text{可視赤}) / (\text{近赤外} + \text{可視赤}) \quad (2.1)$$

$$\mathrm{EVI} = G \times \{(\text{近赤外} - \text{可視赤}) / [\text{近赤外} + (C_1 \times \text{可視赤}) - (C_2 \times \text{可視青}) + L]\} \quad (2.2)$$

$$\mathrm{GRVI} = (\text{可視緑} - \text{可視赤}) / (\text{可視緑} + \text{可視赤}) \quad (2.3)$$

このとき，定数 $G=2.5$，$C_1=6$，$C_2=7.5$，$L=1$ である．

NDVI は，1981 年 6 月に打ち上げられた米国の NOAA-7 衛星に搭載された AVHRR センサー（表 2.1）の登場以降，現在まで約 37 年間の毎日のデータが蓄積されている．NDVI の長期連続的な観測は，7 号から 19 号まで打ち上げられた複数台の NOAA 衛星により可能となった．AVHRR センサーでは，

表 2.1　衛星に搭載されたセンサーのまとめ

観測方式	衛星名	センサー名	運用期間	空間分解能*1	時間分解能
光学センサー	NOAA シリーズ	AVHRR	1981 年〜	1100 m	毎日
	Terra	MODIS	1999 年〜	250 m	毎日
	Aqua	MODIS	2002 年〜	250 m	毎日
	SPOT-4	VEGETATION	1998 年〜	1165 m	毎日
	ひまわり 8 号	AHI	2014 年〜	500 m	2.5 分*2
	Landsat-8	OLI	2013 年〜	15 m	16 日
	ALOS	AVNIR-2	2006〜2011 年	10 m	46 日
マイクロ波合成開口レーダー	ALOS	PALSAR	2006〜2011 年	7〜44 m	46 日
	ALOS-2	PALSAR-2	2014 年〜	3 m	14 日

＊1　観測バンドにより空間分解能は異なる．最も高解像度なものを表記．
＊2　日本周辺では 2.5 分．東アジアやオーストラリアでは 10 分．

可視青や可視緑の分光観測は不可能であったが，21 世紀前後に打ち上げられた米国の Terra（1999 年 12 月）および Aqua 衛星（2002 年 5 月）に搭載された MODIS（MODerate resolution Imaging Spectroradiometer）センサーや仏国の SPOT-4 衛星（1998 年 3 月）に搭載された VEGETATION センサーの登場により可能となった（表 2.1）．EVI は，NDVI が持つ高いバイオマスでは飽和しやすく，背景土壌の影響を受けやすいという特徴を改善した指標であり，可視青のバンドを用いることにより雲被覆や大気の影響に起因した体系的なノイズを低減できる特徴を持つ（Huete *et al.*, 2002）．GRVI は，NDVI や EVI と比べて，機能的な着葉期間の終了日（潜在的な光合成期間の終了日）を高精度に検出できる特徴を持つ（Nagai *et al.*, 2014）．

さて，最も長期連続的な観測データと豊富な既存研究が存在する NDVI を例にとり，衛星による植生フェノロジーの解析手法について解説する．NDVI は，植生は可視赤の光をよく吸収し，近赤外の光をよく反射する性質を利用した指標であり，植生の現存量（バイオマス）が大きければ NDVI は大きな値を，植生のバイオマスが小さければ NDVI は小さな値を示す．たとえば，前述の落葉広葉樹林：高山サイトにおいて観測タワーの上部に設置した分光放射計により観測された NDVI の時系列データを図 2.3 に示した（Nagai *et al.*, 2010）．NDVI は積雪期では 0.1 程度を示し，融雪期および開葉期に急激に増

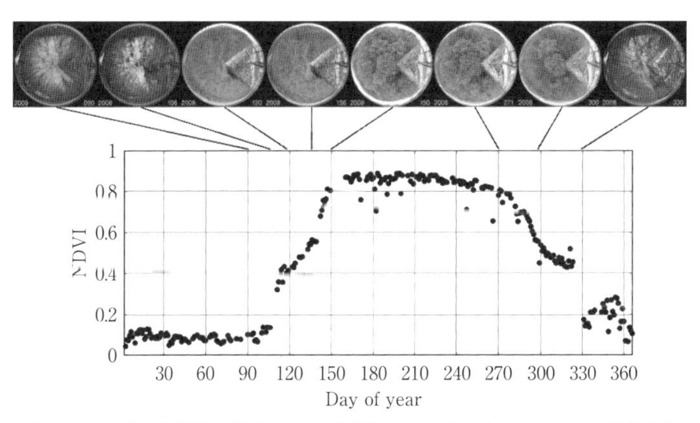

図 2.3　落葉広葉樹林：高山サイト（標高 1420 m）における NDVI の季節変化
Day of year：1 月 1 日からの通算日．典型的な植生フェノロジー画像を上部に示した（Nagai *et al.*, 2014a）．

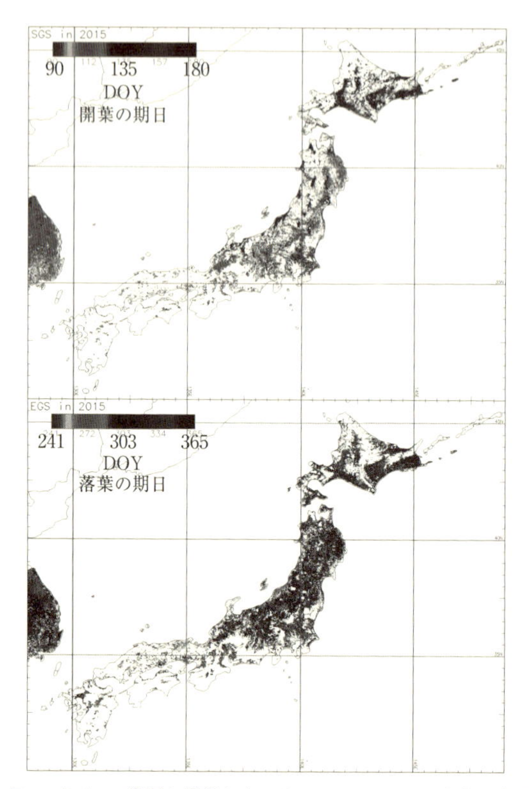

図 2.4　Terra と Aqua 衛星に搭載した MODIS センサーにより毎日観測された植生指数の解析により検出した日本における 2015 年の開葉（上）と落葉の期日（下）の空間分布

本解析では，green red vegetation index（GRVI＝(可視緑－可視赤)／(可視緑＋可視赤))（Tucker, 1979）が春に 0 以上，秋に 0 未満を示した初日をそれぞれ開葉と落葉の期日として定義した（Nagai *et al.*, 2015b）．落葉性の植生が分布する地域を着色した．DOY：1 月 1 日からの通算日．ロシア沿海地方や中国などは解析対象範囲外．→口絵 3

加し，開葉後は 0.9 程度の値を示す．その後，紅葉・落葉期では徐々に減少し，落葉後には 0.1 程度に戻る（ただし，各値はセンサーの感度や観測条件により異なると考えられる）．

このような NDVI の季節変化の特徴を利用して，落葉林では開葉や落葉の期日の時間・空間分布が検出可能である（図 2.4）．過去の研究では主に，次の四つの手法により，開葉と落葉の期日が検出されている．すなわち，①

NDVIの年最大値と年最小値の中間値を開葉と落葉の期日として定義する手法（White *et al.*, 1997），②NDVIの増加と減少の傾きが最も大きい日を開葉と落葉の期日としてそれぞれ定義する手法（Studer *et al.*, 2007），③NDVIのある閾値を開葉と落葉の期日として定義する手法（Suzuki *et al.*, 2003），④NDVIの時系列を非線形的な関数によりフィッティングさせ，関数の変曲点を開葉と落葉の期日として定義する方法（Eklundh & Jönsson, 2015）である．なお過去の研究では，「成長期間の開始と終了の期日」など様々な表現が見られるが，本章では「開葉と落葉の期日」という表現を統一して用いる．

以上の方法を用いた解析により，たとえば，ヨーロッパの多くの気候帯では，1982年から2011年の間に，開葉の期日の早期化と落葉の期日の晩期化により着葉期間が0.18〜0.24日／年長くなったこと（Garonna *et al.*, 2014），北半球高緯度地域（北緯40度以北）では，1982年から2002年の間では，開葉の期日が0.22日／年早期化し，落葉の期日がわずかながら0.08日／年晩期化した一方，2003年から2013年の間では，開葉の期日が0.32日／年晩期化し，落葉の期日が0.45年／日早期化したこと（Zhao *et al.*, 2015）などが報告されている．また，チベット高原では，1982年から1999年の間では，開葉の期日が0.88日／年早期化した一方，1999年から2006年の間では，開葉の期日は晩期化傾向が見られたなど地域的な特徴も報告されている（Piao *et al.*, 2011）．

このようにNDVIの時系列データの解析により開葉と落葉の期日の長期的なトレンドを解析することが可能であるが，衛星観測データには様々な問題点が含まれている．主な問題点として，（A）衛星データに含まれる体系的なノイズ・（B）衛星データに含まれる雲被覆・（C）衛星観測データのフットプリント（1画素当たりの観測範囲）があげられる．以下ではこれらの問題点をそれぞれ探っていく．

A. 衛星データに含まれる体系的なノイズの問題

リモートセンシング観測では，ある地点を，毎回ほぼ同一時刻に同じ方向から観測することが望ましい．対象となる森林・太陽の高度と方位・観測センサーの方位の三つの位置関係が異なれば，同日であっても，異なる分光反射率が観測されてしまう．この現象は具体的には，太陽に向かった場合（逆光）と背にした場合（順光）では，林冠や樹冠（葉）の色は，異なって見えることから説明される．色の違いは，分光反射率の違いに相当する．

さて，20世紀に打ち上げられたNOAAシリーズ衛星は，経年劣化に伴いある地点における観測時刻が徐々に遅れてしまい（衛星がドリフトしてしまう），観測条件が一定ではないという問題点があった（Jin & Treadon, 2003）．このため，無植生である砂漠において，NDVIの時系列データは，衛星の交代前に増加する変動を示した．また，20世紀は，エルチチョン山（メキシコ・1982年3月）やピナツボ山（フィリピン・1991年6月）などにおいて大規模な噴火が生じ，全球上を被覆した噴煙が衛星観測のノイズとなった．

これらの体系的なノイズは，観測データの補正により改善が試みられている．我々は一般的に，オリジナルの衛星観測データではなく，上述の体系的なノイズの除去・大気補正・幾何補正が施された高次プロダクトデータを利用した解析を行う．例えば，NASA（米国航空宇宙局）より無料公開されているAVHRR NDVI 3gデータセット（https://ecocast.arc.nasa.gov/data/pub/gimms/）を利用する．高次プロダクトデータは定期的に改善・更新されるため，できる限り最新版を利用することが好ましい．けれども，最新版のデータが真値に限りなく近いという保証は必ずしもない点は忘れてはならない．

その後の技術発展により，TerraおよびAqua衛星に搭載されたMODISセンサーやSPOT衛星に搭載されたVEGETATION センサーでは，衛星観測時刻の遅れの問題は改善された．たとえば，TerraとAqua衛星では，現地時刻10：30と13：30にそれぞれ観測された毎日のデータが蓄積されている（厳密には，10：30と13：30のそれぞれ前後50分の間である）．

B. 衛星データに含まれる雲被覆の問題

AVHRR・MODIS・VEGETATIONなど光学センサーは，雲被覆の影響を受ける．Terra衛星に搭載されたMODISセンサーにより観測された高品質な衛星データ（雲被覆や大気のノイズなどの影響がない好条件における観測データ）の取得頻度は，ロシア沿海州・中国北東部・チベット高原・韓国・日本では，月あたり3〜7日程度であること（Nagai *et al.*, 2011），ボルネオでは，月あたり0〜5日程度であること（Nagai *et al.*, 2014a）が報告されている．モンスーンなど気候条件を要因として，取得頻度は季節ごとに異なる空間分布を示す．このため，衛星観測が毎日行われていても解析に適しているデータは非常に限られている．

過去の多くの研究では，毎日の観測データではなく，8・10・16日のコンポジットデータ（各画素において，それぞれの期間に観測された最も好条件のデータを合成したもの）が利用されている．つまりは，隣同士のデータの取得日が，1〜31日隔てている可能性がある．開葉や紅葉・落葉の植生フェノロジーは1〜4週間程度の短期間で急激に生じるため，8・10・16日のコンポジットデータの解析により検出された開葉や落葉の期日は，データコンポジットの時間的な精度に起因した不確実性を含んでいる．

一方，MODISやVEGETATIONセンサーの登場により，2000年前後以降では雲被覆や大気の影響に起因した体系的なノイズを低減できる特徴を持つEVIによる植生フェノロジーの解析が行われるようになった．しかしながら，衛星観測データに含まれる雲被覆による体系的なノイズを低減するためには，TerraとAqua衛星に観測された両方のデータを利用するなど，可能な限り多くのデータを用いることが重要である．2014年10月に打ち上げられた日本のひまわり8号に搭載されたAHI（Advanced Himawari Imager）センサーは，日本周辺では2.5分ごとに，東アジアとオーストラリアでは10分ごとに可視域と近赤外のバンドを観測している（表2.1）．今後，AHIセンサーにより観測した植生指数データによる解析が期待される．

C. 衛星観測データのフットプリントの問題

衛星観測データの1画素は，250 m〜約1.1 km四方に存在する植生の平均値をとらえている．この事実は，衛星観測データの解析により検出された開葉や落葉の期日が，実際に地上で観測された開葉や落葉の状態やその期日とは異なる可能性を示唆する．1画素内の植生が不均一に被覆する場合（例えば，落葉広葉樹林と農地が混在する）や，開葉や落葉の様式や期日が異なる多様な樹種から構成される森林であれば，衛星観測データのフットプリント（1画素あたりの観測範囲）に起因した植生フェノロジーの不確実性は増大する．また，日本の山岳地域では，1画素内の地形が複雑であるため，標高に起因した開葉や落葉の期日の空間分布の違いが体系的なノイズの原因となる．

AVHRRセンサーと比べて，MODISセンサーにより観測した植生指数は，空間分解能が向上した．しかしながら，植生フェノロジーの時間・空間分布を高精度に観測するためには，10〜30 m あるいは，それ以上の高空間分解能を持つセンサーが必要である．たとえば，米国の Landsat-8 衛星に搭載された OLI（Operation Land Imager）センサーや日本の ALOS 衛星に搭載された AVNIR-2（Advances Visible and Near Infrared Radiometer type 2）センサーが有用である（表 2. 1）．

けれども，これらの高空間分解能を持つ衛星センサーでは，1 周回あたり（北極／南極域—赤道域—南極／北極域への通過．極軌道衛星では，約 100 分の周回時間を要する）の観測幅が狭いため（OLI：185 km・AVNIR-2：70 km），全球上の観測には，16 日（OLI）および 46 日（AVNIR-2）を要する．このため，AVHRR・MODIS・VEGETATION など空間分解能が粗い一方で時間分解能が高い（毎日）センサーと比べて，OLI や AVNIR-2 センサーは，植生フェノロジーの観測には不向きである．前述の衛星データに含まれる雲被覆の問題もあり，高時間分解能を持つセンサーでは，同一地点において 1 年間に数回程度しか高品質な衛星データを取得できない．これらの事実は，様々なセンサーが持つ利点と欠点を補完する統合的な解析の必要性を示唆する．

2. 2　植生バイオマスの観測

森林生態系のバイオマスの時間・空間分布の変動を広域的に評価するためには，衛星に搭載された光学センサーやマイクロ波合成開口レーダーにより観測したデータの解析が有用である．衛星観測データは，主に地上部のバイオマスをとらえており，その変動は，植生遷移や人為的な土地利用変化により生じる．森林生態系の樹高やバイオマスの空間分布を詳細に評価するためには，航空機やドローン（無人航空機）に搭載された三次元レーザーによる観測が有用である．本章では，衛星による広域的な観測手法の概要・成果・問題点について解説する．

2. 2. 1　光学センサーによる植生バイオマスの観測

光学センサーとは，可視光・近赤外域の波長（350〜1,300 nm 程度）を観測する受動型センサーであり，雲被覆や大気のノイズの影響を受ける．前述の

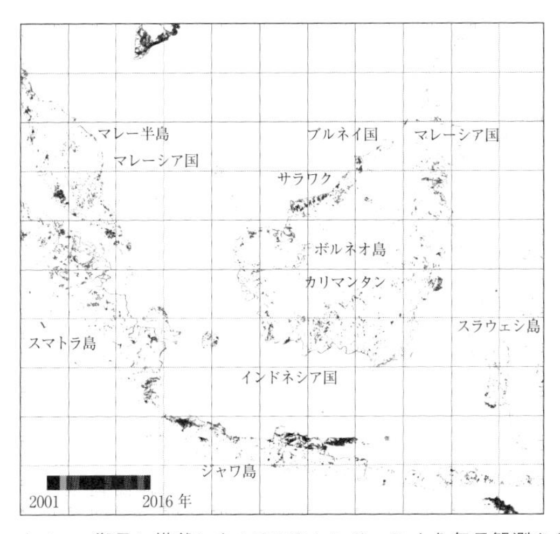

図 2.5　Terra と Aqua 衛星に搭載した MODIS センサーにより毎日観測された植生指数（GRVI）の解析により検出した島嶼アジアにおける森林伐採の年々変動の空間分布
500 m の空間分解能を持つ．森林伐採が行われた年を色分けした．スマトラ島（インドネシア）・ボルネオ島サラワク地方（マレーシア）やカリマンタン地方（インドネシア）の平野部において熱帯多雨林の森林伐採とその後のオイルパームやアカシアのプランテーション化が行われている（Nagai *et al.*, 2014b）．→口絵 2

AVHRR・MODIS・VEGETATION・OLI・AVNIR-2 は光学センサーである．植生バイオマスが増加すれば NDVI や EVI は増加し，植生バイオマスが減少すれば NDVI や EVI は減少する特徴を利用して，全球や地域を対象に NDVI や EVI の時間・空間分布の変動が調査されている．植生バイオマスの増加や減少の主な要因としては，自然起源もしくは人為起源の植生遷移・森林火災・砂漠化や，森林伐採・植林・プランテーションや田畑への転換など土地利用変化があげられる．

AVHRR や VEGETATION センサーにより観測された NDVI による解析は，1982 年から 2011 年にかけて東シベリア・中国・インドにおいて植生バイオマスの増加傾向が見られること（Ichii *et al.*, 2013），エルニーニョに起因した森林火災の発生前後の植生バイオマスの変動（Segah *et al.*, 2013）などを報告している．また，MODIS センサーにより観測された衛星データによる解析は，熱帯多雨林の森林伐採とその後のオイルパームのプランテーションへの転換に起因した植生バイオマスの変動が見られること（Nagai *et al.*, 2014b；図 2.5），中国北東部において，植林により植生バイオマスの増加が見られること(Zhang & Liang, 2014) などを報告している．

上述の事例は，衛星観測データの空間分解能が粗い (500 m〜8 km) 一方，(8日から30日コンポジットデータを利用している場合が多いにも関わらず) 時間分解能は高いという利点を活かした研究であった．これに対して，時間分解能が低く (16日や46日) 雲被覆や大気のノイズの影響を受けるため，解析に必要な衛星観測データを揃えるための期間や調査対象とする時期の間隔が長くなる欠点を持つ一方，高い空間分解能を持つ衛星観測データを利用した調査も有用である．たとえば，Hansen *et al.* (2013) は，30 m の空間分解能を持つ Landsat シリーズ衛星データの解析により，2000年から2012年にかけて全球上で230万 km^2 の森林が消失した一方で80万 km^2 の森林が増加したこと，森林の消失はブラジルでは減少傾向であったのに対して，インドネシアでは増加傾向であったことを報告している．

植生バイオマス (厳密には葉群バイオマス) の時間・空間分布の変動を評価する指標として，LAI は最も有名であり，生態系の機能や構造を評価するための基盤情報を提供する．LAI は，単位土地面積当たり投影された個葉の片面の葉面積の総和として定義される (単位は $m^2\,m^{-2}$ である)．同じ常緑林であっても，ボルネオのフタバガキ林のように林冠が鬱閉し，葉群バイオマスが多い熱帯林では LAI は高く，アラスカのクロトウヒ林のように林冠が完全に開き，葉群バイオマスが少ない北方林では LAI は低い (図 2. 6)．地上で観測された LAI の文献調査によれば，熱帯林の平均は 4.13 (0.70〜22.40 に分布)，極域の森林の平均は 3.17 (0.72〜9.68 に分布) であることが報告されている (Iio *et al.*, 2014)．また，LAI は NDVI や EVI などの植生指数と同様に，生態系ごとに異なる季節変化のパターンを示す．

衛星観測では，LAI は次の二つの手法により推定される．すなわち，①LAI と NDVI が強い相関関係を示すという特徴を利用した，半経験的な統計モデルにより NDVI から LAI を推定する方法 (Potithep *et al.*, 2013)．そして，②対象となる森林・衛星センサーの方位・太陽の高度と方位・衛星観測により得られた分光反射率データとの対応関係を調査することにより理論的に LAI を推定する (放射伝達モデルにより分光反射率データから LAI を逆推定する)

図 2.6　ボルネオのフタバガキ林（左，観測クレーン上部より撮影；観測クレーンの高さは 85 m）とアラスカのクロトウヒ林（右，林床において撮影；観測タワーの高さは 18 m）の様子
樹高は，フタバガキ林が 30〜50 m 程度（Kenzo *et al.*, 2015），クロトウヒ林が 1.3〜3.5m 程度（Nakai *et al.*, 2013）である．

方法である（Kobayashi & Iwabuchi, 2008）．

これらの手法により AVHRR や MODIS センサーで観測された NDVI や分光反射率データを用いて，全球を対象に LAI の時間・空間分布の変動が評価されている（Zhu *et al.*, 2013）．LAI は重要な植生パラメータの一つであるため，衛星観測データの標準プロダクトとして，植生指数や分光反射率データと共にウェブサイト上において無料で公開されている．たとえば，米国ボストン大学 R. Myneni 博士らの研究グループによる AVHRR センサーに基づく LAI 3g データセット（1981 年から 2011 年，http://cliveg.bu.edu/modismisr/lai3g-fpar3g.html）や，NASA による MODIS センサーに基づく MOD15 データセット（2000 年から現在，https://modis.gsfc.nasa.gov/data/dataprod/mod15.php；図 2.7）は有名である．しかしながら，LAI は，植生指数と同様に，雲被覆や大気のノイズの影響に起因した体系的なノイズを含んでおり，LAI の地上検証も未だに不十分である．このため，LAI の推定アルゴリズムは日々改善され，新しいデータセットが不定期に公開されている．

2.2.2　マイクロ波合成開口レーダーによる植生バイオマスの観測

マイクロ波合成開口レーダーとは，可視・近赤外域の波長を観測する光学センサーよりも波長が長いマイクロ波（1 mm〜1 m）を観測する能動型センサ

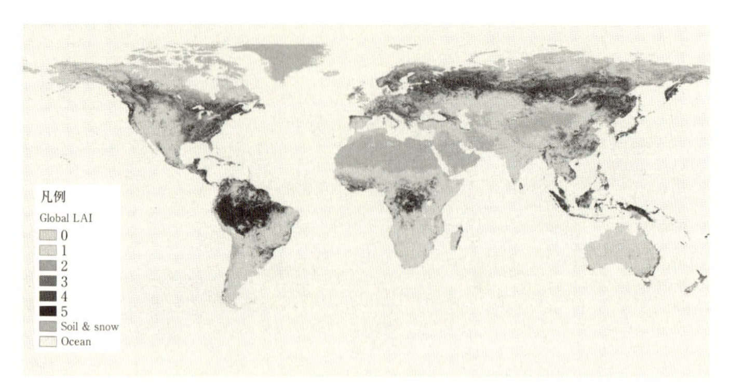

図 2.7　2010 年の 201 通算日（1 月 1 日を起算日とする）において，Terra 衛星に搭載した MODIS センサーで観測された分光反射率データの解析により推定された全球 LAI の空間分布
MOD15 データセット（https://modis.gsfc.nasa.gov/data/dataprod/mod15.php）．小林秀樹博士より提供．

ーである．雲被覆や大気のノイズの影響を受けずに昼夜の観測が可能である．衛星に搭載されたアンテナからマイクロ波を地球表面に照射し，地表面から反射したマイクロ波を衛星に搭載されたアンテナで受信する．このとき，地表面で散乱される電波の強度や位相，偏波（電磁波の振動する方向）の状態から地表面の形状に関する情報を得ることが可能であり，この情報から森林などのバイオマスを推定する方法が考案されている．たとえば，2006 年 1 月に打ち上げられた日本の ALOS 衛星に搭載された PALSAR（フェーズドアレイ方式 L バンド合成開口レーダー）では，40～70 km の観測幅において，水平と垂直方向の偏波の送受信により 14～88 m の空間分解能を持って観測が行われた（http://www.eorc.jaxa.jp/ALOS/about/jpalsar.htm；表 2. 1）．ALOS 衛星は 2011 年 3 月に運用を停止し，現在では 2014 年 5 月に打ち上げられた ALOS-2 衛星に搭載された PALSAR-2 センサーにより，PALSAR と比べて高い波長分解能と観測可能領域を持って観測が行われている．マイクロ波合成開口レーダーに関するさらに詳しい解説は，『地球環境変動の生態学』（シリーズ現代の生態学 2）第 3 章を参照されたい．

上述のセンサーの特徴を活かし，地震・土砂災害・台風・噴火などの被害調査が迅速に行われている．これらの衛星観測データの解析事例は，日々最新のものが公開されるため，日本の JAXA・地球観測センターのウェブサイトを是

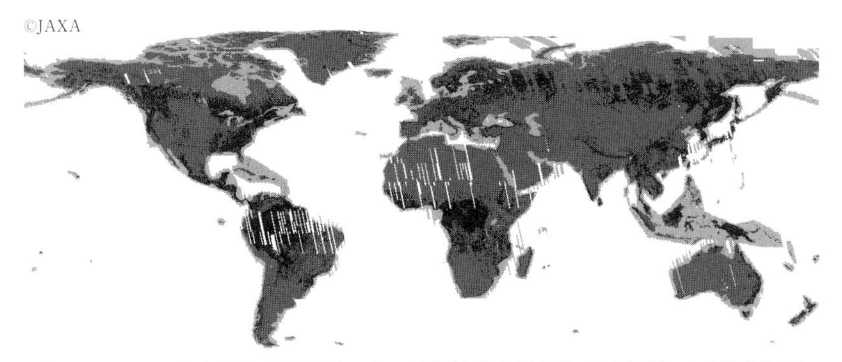

図 2.8　PALSAR および PALSAR-2 センサーで観測された偏波データの解析により推定された全球上の森林・非森林域の空間分布
全球 PALSAR-2/PALSAR 森林・非森林マップ，JAXA・地球観測センター（http://www.eorc.jaxa.jp/ALOS/palsar_fnf/fnf_jindex.htm，表 2.1）．図中，黒は森林と判定された画像数の割合が 100 % の地点を示す．1 km の空間分解能をもつ 2015 年のモザイク画像を示した．

非参照されたい（http://www.eorc.jaxa.jp/ALOS/gallery/jnew_arr.htm）．森林生態系を対象とした研究では，同センターより公開されている「全球森林・非森林マップ」の成果が目を見張る（図 2.8，http://www.eorc.jaxa.jp/ALOS/palsar_fnf/fnf_jindex.htm）．マイクロ波は可視・近赤外とは異なり地表面まで到達・反射するため，生態系の構造的な特徴を検出することが可能である．ALOS 衛星に搭載された PALSAR による観測データの解析は，オイルパーム・ゴム・アカシアのプランテーションを 50 m の空間分解能を持って判別可能であることを報告している（Miettlen & Liew, 2011）．生態系の種類の詳細な判別とその空間分布の地図化は，植生バイオマスを推定するための有用な基盤情報を提供するであろう．

おわりに

以上のように，衛星リモートセンシング観測技術の発展は，気候変動や人間活動下における，森林生態系の機能や構造の時間・空間分布の変動の把握と，その理解の深化に大いに貢献している．しかしながら，いかなる衛星観測データであっても，体系的あるいはランダムなノイズ・不確実性を含んでいることを忘れてはならない．また，衛星観測データ（地上で観測されたリモートセンシングデータであっても）に対する我々の生態学的な理解や知見は未だに不十分であるが，最近では，衛星観測の地上検証に資する研究が徐々に増えている．たとえば，前述の植生フェノロジー観測ネットワーク（Phenological Eyes Network：PEN）はその最たる例である．本章では詳細な取り扱いを行わなかったが，好学的な読者諸兄は，森林以外の生態系を含めたPENの研究事例をまとめた総説（Nasahara & Nagai, 2015）を是非参照されたい．

さて，「地球規模での森林環境の現状を，現在よりも高精度に把握するためにはどうしたらよいであろうか？」．その答えは第一に，次章以降解説する地上観測サイトにおいて得られた地道な「地上真値」の蓄積と，新たに獲得した科学的な知見や観測データの公開に尽きると考えられる．このとき，地上観測といえども不確実性やノイズを含むため，究極的な地上真値の取得は，なかなか難しい．目的を達成するための観測の「精密さ」（precision）と「正確さ」（accuracy）の許容範囲を真摯に考慮することの重要性は言うまでもない．筆者は幸いにもアラスカやロシアの北方林・日本の複数の森林・ボルネオの熱帯多雨林において衛星観測の地上検証に資する研究を日々行っている．その結果，一つのサイトのみでの観測研究では発想できなかったに違いない新たな発見やアイデア，そして今後のリモートセンシング観測の開発に対する新たな挑戦的課題を得た．その一方で，高々数地点において得られた観測データや科学的な知見に基づいて，大陸や全球規模を対象とした植生フェノロジーやバイオマスの時間・空間分布の変動とその要因を普遍的に理解することが可能であろうか？　という核心的な課題も突きつけられた．

リモートセンシングは決して魔法の道具ではない．森林生態系を対象としたある観測の目的と目標を達成するためには，どれくらいの精度（許容範囲）で，どのような波長を，どのように計測したら良いのか？という最適な観測デザインの設計と，取得した観測データに対する生態学的な解釈の蓄積と検証が必要不可欠である．残念ながら現時点では，高解像度な波長・時間・空間分解能をもつ観測を一度に行うことは技術的に困難である．

最近では，ドローンやウェアラブル・アクションカメラの目ざましい技術革新により，森林生態系を対象とした安価で柔軟性に富む観測方法が可能となりつつある．これらは森林の生態系観測を目的に開発された道具ではないにも関わらず，研究者の独創的な発想と着眼点により，リモートセンシング研究を大いに発展させることが期待される．また，国際宇宙ステーション「きぼう」の暴露部に搭載する植生ライダーにより樹高計測を行うなど萌芽的な衛星観測も計画されている（http://www2.nict.go.jp/res/lidar/p5.html）．このようなリモートセンシングの技術革新が今後継続的に生じようとも，森林の「ありのままの姿」とその変動を真摯に観察する我々の五感と，関連する研究者間コミュニティーの発展と各連携（第 1 章 Box 1. 3，第 3 章 Box 3. 1，第 6 章 6. 2 節を参照）は必要不可欠であることは言うまでもない．

引用文献

Brown, T. B., Hultine, K. R. *et al.* (2016) Using phenocams to monitor our changing Earth: toward a global phenocam network. *Front. Ecol. Environ.*, **14**, 84–93.

Eklundh, L. & Jönsson, P. (2015) TIMESAT: A software package for time-series processing and assessment of vegetation dynamics. In: *Remote Sensing Time Series.* (eds. Dech, K. S., Wagner W.) pp. 141–158, Springer International Publishing.

Garonna, I., De Jong, R. *et al.* (2014) Strong contribution of autumn phenology to changes in satellite-derived growing season length estimates across Europe (1982–2011). *Glob. Change Biol.*, **20**, 3457–3470, doi: 10.1111/gcb.12625

Hansen, M. C., Potapov, P. V. *et al.* (2013) High-resolution global maps of 21st-century forest cover change. *Science*, **342**, 850–853.

Huete, A., Didan, K. *et al.* (2002) Overview of the radiometric and biophysical performance of the MODIS vegetation indices. *Remote Sens. Environ.*, **83**, 195–213.

Ichii, K., Kondo, M. *et al.* (2013) Recent changes in terrestrial gross primary productivity in Asia from 1982 to 2011. *Remote Sens.*, **5**, 6043–6062.

Ide, R. & Oguma, H. (2010) Use of digital cameras for phenological observations. *Ecol. Inform.*, **5**, 339–347.

Iio, A., Hikosaka, K. *et al.* (2014) Global dependence of field-observed leaf area index in woody species on climate: a systematic review. *Glob. Ecol. Biogeogr.*, **23**, 274–285.

Jin, M. & Treadon, R. E. (2003) Correcting the orbit drift effect on AVHRR land surface skin temperature measurements. *Int. J. Remote Sens.*, **20**, 4543–4558.

環境省生物多様性及び生態系サービスの総合評価に関する検討会（2016）生物多様性及び生態系サービスの総合評価報告書，pp. 157.

Kenzo, T., Inoue, Y. *et al.* (2015) Height-related changes in leaf photosynthetic traits in diverse Bornean tropical rain forest trees. *Oecologia* **177**, 191–202.

Kobayashi, H. & Iwabuchi, H. (2008) A coupled 1-D atmosphere and 3-D canopy radiative transfer model for canopy reflectance, light environment, and photosynthesis simulation in a heterogeneous landscape. *Remote Sens. Environ.*, **112**, 173–185.

Lopes, A. P., Nelson, B. W. *et al.* (2016) Leaf flush drives dry season green-up of the Central Amazon. *Remote Sens. Environ.*, **182**, 90–98.

Miettinen, J. & Liew, S. C. (2011) Separability of insular Southeast Asian woody plantation species in the 50 m resolution ALOS PALSAR mosaic product. *Remote Sens. Lett.*, **2**, 299–307.

Moore, C. E., Brown T. *et al.* (2016) Reviews and syntheses: Australian vegetation phenology: new insights from satellite remote sensing and digital repeat photography. *Biogeosciences*, **13**, 5085–5102.

Motohka, T., Nasahara, K. N. *et al.* (2010) Applicability of green-red vegetation index for remote sensing of vegetation phenology. *Remote Sens.*, **2**, 2369–2387.

Nagai, S., Saitoh, T. M. *et al.* (2011) The necessity and availability of noise-free daily satellite-observed NDVI during rapid phenological changes in terrestrial ecosystems in East Asia. *Forest Science and Technology*, **7**, 174–183.

Nagai, S., Saitoh, T. M. *et al.* (2013) Detection of bio-meteorological year-to-year variation by using digital canopy surface images of a deciduous broad-leaved forest. *SOLA*, **9**, 106–110.

Nagai, S., Inoue, T. *et al.* (2014a) Relationship between spatio-temporal characteristics of leaf-fall phenology and seasonal variations in near surface- and satellite-observed vegetation indices in a cool-temperate deciduous broad-leaved forest in Japan. *Int. J. Remote Sens.*, **35**, 3520–3536.

Nagai, S., Ishii, R. *et al.* (2014b) Usability of noise-free daily satellite-observed green-red vegetation index values for monitoring ecosystem changes in Borneo. *Int. J. Remote Sens.*, **35**, 7910–7926.

Nagai, S., Inoue T. *et al.* (2015a) Uncertainties involved in leaf fall phenology detected by digital camera. *Ecol. Inform.*, **30**, 124–132.

Nagai, S., Saitoh, T. M. *et al.* (2015b) Spatio-temporal distribution of the timing of start and end of growing season along vertical and horizontal gradients in Japan. *Int. J. Biometeorol.*, **59**, 47–54.

Nagai, S., Ichie, T. *et al.* (2016) Usability of time-lapse digital camera images to detect characteristics of tree phenology in a tropical rainforest. *Ecol. Inform.*, **32**, 91–106.

Nakai, T., Kim, Y. *et al.* (2013) Characteristics of evapotranspiration from a permafrost black spruce forest in interior Alaska. *Polar Sci.*, **7**, 136–148.

Nasahara, K. N. & Nagai, S. (2015) Review: development of an in-situ observation network for terrestrial ecological remote sensing—the Phenological Eyes Network (PEN). *Ecol. Res.*, **30**, 211–223.

Piao, S., Cui, M. *et al.* (2011) Altitude and temperature dependence of change in the spring vegetation green-up date from 1982 to 2006 in the Qinghai-Xizang Plateau. *Agric. For. Meteorol.*, **151**, 1599–1608.

Potithep, S., Nagai, S. *et al.* (2013) Two separate periods of the LAI-VIs relationships using in situ measurements in a deciduous broadleaf forest. *Agric. For. Meteorol.*, **169**, 148–155.

Saitoh, T. M., Nagai, S. *et al.* (2012) Assessing the use of camera-based indices for characterizing canopy phenology in relation to gross primary production in a deciduous broad-leaved and an evergreen coniferous forest in Japan. *Ecol. Inform.*, **11**, 45–54.

Segah, H., Tani, H. *et al.* (2010) Detection of fire impact and vegetation recovery over tropical peat swamp forest by satellite data and ground-based NDVI instrument. *Int. J. Remote Sens.*, **31**, 5297–

5314.

Sims, D. A. & Gamon, J. A. (2002) Relationships between leaf pigment content and spectral reflectance across a wide range of species, leaf structures and developmental stages. *Remote Sens. Environ.*, **81**, 337–354.

Sonnentag, O., Hufkens, K. *et al.* (2012) Digital repeat photography for pheno- logical research in forest ecosystems. *Agric. For. Meteorol.*, **152**, 159–177.

Studer, S., Stöckli, R. *et al.* (2007) A comparative study of satellite and ground-based phenology. *Int. J. Biometeorol.*, **51**, 405–414.

Suzuki, R., Tomoyuki, T. *et al.* (2003) West-east contrast of phenology and climate in northern Asia revealed using a remote sensed vegetation index. *Int. J. Biometeorol.*, **47**, 126–138.

Tucker, C. J. (1979) Red and photographic infrared linear combinations for monitoring vegetation. *Remote Sens. Environ.*, **8**, 127–150.

White, M. A., Thornton, P. E. *et al.* (1997) A continental phenology model for monitoring vegetation responses to interannual climatic variability. *Glob. Biogeochem. Cycles*, **11**, 217–234.

Wingate, L., Ogée, J. *et al.* (2015) Interpreting canopy development and physiology using a European phenology camera network at flux sites. *Biogeosciences*, **12**, 5995–6015.

Zhang, Y. & Liang, S. (2014) Changes in forest biomass and linkage to climate and forest disturbances over Northeastern China. *Glob. Change Biol.*, **20**, 2596–2606.

Zhao, J., Zhang, H. *et al.* (2015) Spatial and temporal changes in vegetation phenology at middle and high latitudes of the northern hemisphere over the past three decades. *Remote Sens.*, **7**, 10973–10995.

Zhu, Z., Bi, J. *et al.* (2013) Global data sets of vegetation leaf area index (LAI) 3g and fraction of photosynthetically active radiation (FPAR) 3g derived from global inventory modeling and mapping studies (GIMMS) normalized difference vegetation index (NDVI 3g) for the period 1981 to 2011. *Remote Sens.*, **5**, 927–948.

第2部

世界の森林における気候変動の影響

第3章 温帯林への気候変動の影響

村岡裕由

はじめに

温帯地域は地球の中緯度地域に分布し，温暖で降水量に恵まれ，四季の変化が明瞭であることが特徴である．ドイツの気候学者ケッペン（W. P. Köppen）の気候区分によれば最寒月の平均気温が摂氏18℃からマイナス3℃の間で，最暖月の平均気温が摂氏10℃以上とされる．南北に長く，標高差の大きい日本国土では，温帯は冷温帯（cool-temperate）と暖温帯（warm-temperate）に区分される．温帯域の湿潤な地域に成立する生態系を温帯林とよぶ．冷温帯には針広混交林や落葉広葉樹林（夏緑樹林とも呼ばれる），暖温帯には常緑広葉樹林が広く分布し，照葉樹林とも呼ばれる．冷温帯の針広混交林はモミ属やトウヒ属，ナラ類，カエデ類などによって形成される．ブナやナラ類，カバノキ属などが落葉広葉樹林を形成する．マツ林も冷温帯地域の代表的な森林である．暖温帯ではシイやカシなどの樹木が森林を形成する．森林のほかに，日本ではススキ草原が分布する地域もあるが，人間による管理がされなければ森林に遷移する（林，2003）．

温帯地域の森林生態系は，その生物多様性の高さと多様な生態系サービス，気象環境の明瞭な季節性などから，地球環境変動の観点でもよく注目されている．本章では生態系の生態学的プロセスに着目して森林生態系の機能とその環境応答について具体的な研究事例を紹介しながら解説する．また，フィールドでの長期的な観測，野外操作実験，モデルシミュレーションなどを組み合わせた研究から見えてきたことと，今度の研究課題について考察する．

3.1　温帯林の構造と機能

3.1.1　森林の生態学的構造と機能

生態系とは生物と物理学的，化学的環境の相互作用によって成り立つ系であり，生態系の構造と機能は常に深く関係しあっている（オダム，1973）．生態系の構造と機能を関連づける基本的な生態学的仕組みには，植物による資源（光，栄養塩，水）の獲得とそれによる物質生産（一次生産）がある．森林を構成する樹木の枝葉や幹，根の成長は葉での光合成による物質生産に依存し，新たに生産され拡大する葉や根などの器官によってその樹木はさらに土壌中の栄養塩や水を吸収し，光を受けて光合成をする．植物の成長におけるこのような生理生態学的なプロセスを「物質生産・拡大再生産」という（黒岩，1990）．植物個体の成長は生態系に影響をもたらす．樹木の枝葉における受光量，または根による栄養塩や水の吸収量は器官のサイズにともなって変化し，森林内の光環境や土壌環境を変化させる．このとき森林を構成する植物どうしの間には光や栄養塩などの資源をめぐる相互作用が生じ，その結果として，個々の植物の成長量や個体群の密度，または種組成が変化する．

森林の生態学的構造の変化に伴って，植物の光合成や呼吸量，吸水や蒸散の量が変化する．地球環境の観点では，陸上生態系の光合成や呼吸，土壌からの吸水や蒸発散による水蒸気の放出は，それぞれ炭素循環や水循環などの「生態系機能」と捉えることができる．光合成や呼吸，蒸散などの植物の生理生態学的機能は日射や気温，湿度などの微気象環境に反応し，同時にこれらの影響を受ける．また光合成の環境応答や成長様式は植物の生育型や生活型によって異なる（Larcher, 2004；Lambers *et al.*, 2008）．植物の葉や個体の生理生態学的特性は多様であり，生態系を構成する植物の種組成や密度，バイオマス，または気候環境によって生態系機能は異なることが示唆されており（依田，1971），生態学や微気象学，気象水文学などの多様な分野での研究が遷移段階や撹乱強度の異なる様々な植生を対象として進められてきた（及川・山本，2013）．

本書が主題としている地球環境変化と炭素循環に関する研究では，生態系の時空間変動の解明や将来の変化の予測が重要な目的となる．ここでは次の2点を念頭に置いておきたい．すなわち，①生態系とその炭素収支の時間的変動と空間分布の定量的な解明，②生態系の炭素循環機構とその多様性をもたらす生物的・物理環境的要因の時間変動と空間分布の在り方の解明である．生態系に見られる炭素循環は，植物の光合成による一次生産（＝植物バイオマスの生産）を基礎とした食物連鎖（エネルギー流）による炭素の移動も密接に関わっている（Chapin *et al.*, 2000；鞠子・小泉，2005）．そのため，生態系の構造と機能，およびそれらの環境条件との相互作用に着目することが，生態系の機能を理解し，さらにその変化をメカニズムとともに明らかにし，将来を予測する鍵となる．

3.1.2　森林生態系の炭素収支

本節で言う「炭素循環」には二つの見方があることに留意しておきたい．一つは生態系の葉が光合成によって生産した有機物に含まれる炭素が，転流や落葉などによって植物体内あるいは生態系内で移動して最終的には植物や従属栄養生物の呼吸によって放出される（一部は植物バイオマスや土壌に留まる）系である．もう一つは大気と生態系の間で起こる循環，すなわち大気中の二酸化炭素が生態系により吸収，または生態系から大気に二酸化炭素が放出される系である．上述のような植生を構成する個々の植物の光合成や呼吸，または従属栄養生物による呼吸は，生態系と大気の間の二酸化炭素のフラックスとして捉えられる．すなわち，生態系の生物の営みが地球環境における生態系機能の源である．

「炭素収支」とは，炭素循環における生態学的プロセスである光合成や呼吸を，それぞれ炭素の収入や支出と捉えたときのこれらの収支を意味し，植物の葉や個体，生態系など様々なスケールで見ることができる．生態系のスケールでは，大気中の二酸化炭素の吸収量と放出量の収支を意味する．炭素収支がプラスであれば生態系は炭素を植物体あるいは土壌中に多く蓄積して大気に対する炭素の吸収源（シンク）として機能しており，マイナスであれば放出源（ソース）であることを意味する．図3.1に森林生態系の炭素循環の模式的に表

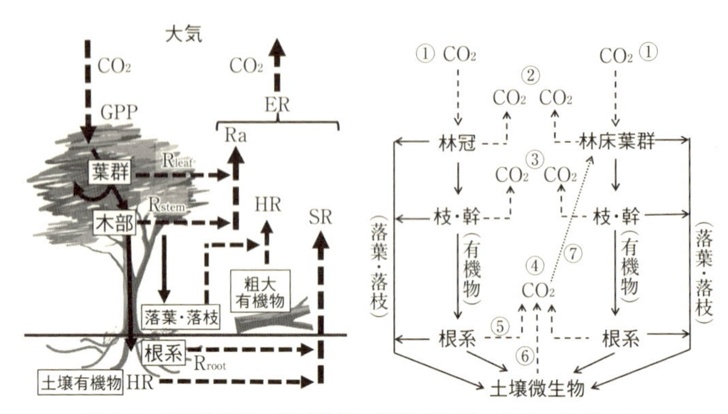

図３.１　森林生態系の炭素吸収・循環（分配）・放出の各プロセス
左図で四角で囲まれた部分が炭素のプール，実戦の矢印は有機物のフロー，破線の矢印は CO_2 のフローを表す．①光合成，②葉呼吸，③枝・幹呼吸，④土壌呼吸，⑤根呼吸，⑥微生物呼吸，⑦呼吸起源 CO_2 の系内再吸収．生態系呼吸は②③④の総和である．

した．このように生態学的プロセスに注目して炭素循環や炭素収支を表した理論を「炭素循環のコンパートメントモデル」と呼ぶ．コンパートメントモデルでは，炭素の蓄積部を「プール」，炭素の流れを「フロー」と呼ぶ．

森林生態系全体での炭素収支は，純生態系生産量（Net Ecosystem Production：NEP）と呼ばれ，植物による総光合成量または総一次生産量（Gross Primary Production：GPP）と呼吸（Autotrophic Respiration：AR），従属栄養生物による有機物（落葉落枝，枯死木＝粗大有機物，根からの浸出物など）の分解に伴う呼吸（微生物呼吸，Heterotrophic Respiration：HR）によって表すことができる．すなわち，

$$\mathrm{NEP} = \mathrm{GPP} - \mathrm{AR} - \mathrm{HR} \qquad (3.1)$$

植物による純一次生産量（Net Primary Production：NPP）は，

$$\mathrm{NPP} = \mathrm{GPP} - \mathrm{AR} \qquad (3.2)$$

と表すことができる．

また，土壌表面からは植物根の呼吸と従属栄養生物の呼吸による二酸化炭素が放出され，これを土壌呼吸（Soil Respiration：SR）と呼ぶ．上述の AR には根呼吸（Rr）が含まれているため，植物地上部の呼吸を Ra とすると，

$$NEP = GPP - Ra - SR \qquad (3.3)$$

または,

$$NEP = GPP - AR - (SR - Rr) \qquad (3.4)$$

と表すこともできる. なおこれらの式では, 生食連鎖による炭素フラックスが無視できる量であると仮定している. (大塚ほか, 2004).

地球環境という観点で一般的によく注目されるのは図3.1に示したように大気と森林の間での二酸化炭素の交換 (=森林による吸収と放出) 量であり, 渦相関法と呼ばれる微気象学的な手法によって観測される (詳細は第1章Box 1.3を参照). 渦相関法によって観測できるのは純生態系 CO_2 交換量 (生態系全体の二酸化炭素フラックス, Net Ecosystem Exchange : NEE) である. 観測対象とする範囲の森林から溶脱炭素などによる炭素流出のフラックスが大気との CO_2 交換に比べて十分に小さい場合には, NEE = −NEP と見ることができる. すべての炭素フラックスを考慮した場合の生態系の炭素貯留量の時間的変動は Net Ecosystem Carbon Balance (NECB) と呼ばれ, NEE, 一酸化炭素フラックス, メタンフラックス, 揮発性有機化合物 (VOC) フラックス, 溶脱炭素フラックス, 微粒炭素フラックスから求められる (Chapin *et al.*, 2009).

光合成が生じている場合には森林生態系全体の正味の二酸化炭素吸収量が観測され, 夜間や葉の無い季節には生態系呼吸 (Ecosystem Respiration : ER) が観測される. 着葉期間の日中の光合成量 (総一次生産量, GPP) を求める場合には, 夜間の生態系呼吸速度の温度依存性 (温度反応曲線によって推定される) が日中も維持されると仮定して, 以下の式により推定される.

$$GPP = NEP - ER \qquad (3.5)$$

ただし日中の生態系呼吸を推定する際には, 光照射下の葉の暗呼吸速度が暗黒条件下の場合よりも低下すること (Atkin *et al.*, 2000) を留意すべきとの指摘もある (Wehr *et al.*, 2016).

渦相関法を用いた観測では比較的細かい時間分解能で連続的に二酸化炭素フ

ラックスを調べることができるため，生態系全体の炭素吸収と放出の量（または速度）と日射や気温などの微気象学的要因との関係を数時間から数年という広い時間的スケールで明らかにすることができる（図3.2，p.61参照）．なお，撹乱のような非周期的な影響を考慮した長期平均的なNEPは「純生物相生産量（Net Biome Production：NBP)」と呼ばれる（詳細は第5章参照）．

炭素循環のコンパートメントモデルに従うと，森林の一次生産量を落葉量と非同化器官（幹・枝・根）のバイオマス成長量から推定することができる．森林内に一定面積（たとえば1ヘクタール）の調査区を設定し，その範囲内のすべての樹木の胸高直径（Diameter at Breast Height：DBH）を計測し，あらかじめ求めておいたアロメトリー式（DBHと各器官バイオマスの関係式）を用いて非同化器官のバイオマスを推定する．また，リタートラップ（たとえば面積1 m^2 のものを必要数，調査区内に設置する）によって落葉量（乾燥重量）を計測する．これらの調査を一定の時間間隔（たとえば1年）で行うことによって一定期間における純一次生産量を推定することができる．

$$NPP = \Delta B + L(+G) \qquad (3.6)$$

ここで ΔB は2回の測定の間の森林現存量の増加量，Lは枯死・脱落量，Gは被食量である．このような生態学的プロセスの計測による純一次生産量の推定方法を「積み上げ法」と呼ぶ（大塚ほか，2004；Ohtsuka *et al.*, 2015）．

生態系を構成する植物や微生物の光合成や呼吸，成長などの生態学的プロセスに注目して詳細に調べることにより，森林全体の炭素の吸収・放出・蓄積量の時間的な変化がどの生態学的プロセスによって生じているかを知ることができる．次節では，日本中部の冷温帯地域の落葉広葉樹林を例として，森林生態系の炭素循環と炭素収支の時間的変動のメカニズムに関する最新の知見を紹介する．

3.2　落葉広葉樹林の炭素循環・収支の時間的変動

3.2.1　冷温帯落葉広葉樹林の炭素循環の長期観測

上述のように森林生態系の炭素循環および炭素収支を解明する主要な研究手法には微気象学的観測と生態学的プロセス観測がある．岐阜県高山(たかやま)市郊外の乗鞍岳南西斜面の標高約1,000～1,500 mの周辺にはミズナラ（*Quercus crispula*）やダケカンバ（*Betula ermanii*），シラカンバ（*Betula platyphylla*）などが優占する冷温帯落葉広葉樹林，カラマツ（*Larch kaempferi*）が形成する落葉針葉樹林，針広混交林が広がっている．このうちミズナラやダケカンバ，シラカンバが高木層を優占し，常緑性のクマイザサ（*Sasa senanensis*）が林床植生を形成する約60年生の落葉広葉樹林では，森林生態系の炭素循環と炭素収支の総合的な研究が続けられている（Muraoka *et al.*, 2015）．1993年には高さ25 mの観測タワーが建設されて，それ以来，大気と森林の間の二酸化炭素フラックスの観測が続けられている（Yamamoto *et al.*, 1999）．タワーの周辺では生態学的な調査もすぐに開始された．1998年からは1ヘクタールの永久調査区内に生育する高木，亜高木，低木種を含めて約1300本の樹木を対象とした個体の生死，バイオマス蓄積量，リタートラップを用いた調査区内の落葉落枝量の調査とともに，土壌呼吸量の観測が開始された（Ohtsuka *et al.*, 2007, 2009；Mo *et al.*, 2005）．2004年には標高約800mの常緑針葉樹林でも観測が始まり，二酸化炭素フラックスが明らかにされている（Saitoh *et al.*, 2010）．

これらの研究サイト（調査地）は総じて「高山サイト」と呼ばれ，陸上生態系のフラックス研究ネットワーク（AsiaFlux，FLUXNET）や長期生態学研究ネットワーク（JaLTER，ILTER）の重点サイトとして国内外の生態系機能研究の発展に貢献している．

Box 3.1　生態系のネットワーク研究

地球の気候変動が長期的な観測によって明らかになってきたように，現在の生態系の状態を科学的に解明するためには過去からの変化から学ぶことが有用であり，また将来の状態を予測するためには，今後も生態系を長期的に観察すること，すなわち生態系モニタリングを継続することが重要である．これらの生態系の時間的な変化には，生態系を構成する生物の成長や種の入れ替わりなどによる生態系の更新や遷移，および，気象環境や生物地球化学的な要素の影響を受けたものが含まれる．また，生態系の成り立ちや機能は気候や地形などの地理的な要因の影響も受けるため，それらは空間的にも異なる．時間軸や空間軸によって変化する環境に対する生態系の応答と，それらの地球環境へのフィードバックを明らかにするためには，長期モニタリングに加えて，複数の異なる環境での生態系を調査することや，似た環境に分布する齢の異なる生態系の機能や生物多様性を調査して，時間軸や環境勾配にそれらを配置して広範な理解を深める方法もある．

世界には，国・地域・地球規模で多様な研究ネットワークが存在している．たとえば「長期生態学研究ネットワーク（Long-Term Ecological Research：LTER network)」は生態系の生物学的構造と機能の長期的変動に着目している．「フラックス研究ネットワーク」は陸上生態系の炭素・水循環に関する微気象学的・水文学的な研究を推進している．「生物多様性観測ネットワーク（Biodiversity Observation Network：BON)」は生物多様性と生態系サービスに関する研究やモニタリングを展開している．これらのネットワークは国や地域ごとに形成され，グローバルな広がりを持っている（表)．これらの地域や国際的ネットワークのほかに，モニタリングサイト1000（日本)，CERN（Chinese Ecosystem Research Network，中国)，NEON（National Ecological Observatory Network，アメリカ)，TERN（Terrestrial Ecosystem Research Network，オーストラリア）のように国ごとの環境研究の計画に基づいた分野横断的観測ネットワークもある．

ネットワーク研究によるデータや知見は地球環境の変化の要因を明らかにすることに加えて，生態系・生物多様性，およびこれらのサービスの保全に役立てられる．さらにフィールドでの観測と衛星リモートセンシング観測との連動，および地理情報を用いたデータベース構築やマップ化を進め，気候変動・生態系機能・生態系サービス・人間活動の時間的・空間的関連性を検出し，環境保全と持続的な資源利用に有用な情報として社会に提供することは国際的な課題である．「地球観測に関する政府間会合（Group on Earth Observations：GEO，http://www.earthobservations.org/index.php)」は，気候変動や災害，持続可能な開発など人類の課題解決に，地球観測情報を最大限活用する仕組みを構築している．

表　日本・アジア・地球規模での生態系観測ネットワークの概要

地球規模	ILTER 国際長期生態学研究ネットワーク*1	FLUXNET フラックス研究ネットワーク*4	GEO BON 生物多様性観測ネットワーク*6
地域・大陸規模	ILTER-EAP (東アジア太平洋地域) LTER-Europe (ヨーロッパ地域) Americas（アメリカ地域）	AsiaFlux（アジア）*5 CarboAfrica（アフリカ） CarboEurope（ヨーロッパ） (historical) OzFlux（オセアニア） など	APBON（アジア太平洋地域）*7 MBON（海洋）
国・小地域	CERN（中国） JaLTER（日本）*2 SAEON（南アフリカ） TERN-Australia（オーストラリア） TERN-Taiwan（台湾） Thailand LTER（タイ） US LTER（アメリカ） など	AmeriFlux ChinaFlux Canadian Carbon Program (historical) JapanFlux KoFlux THAIFLUX など	Arctic BON Colombia BON French BON J BON Sino-BON
特徴	定点観測サイトを設置して，森林や草原，陸水，沿岸，海洋など多様な生態系の構造と機能を長期にわたり研究し，それらの変化を生態学的要因とともに解明する．対象とする生物は植物や昆虫，動物，魚類，鳥類など幅広い．人間活動の影響や生態系サービスの変化に着目した社会-生態学的研究ネットワーク（LTSER）*3も展開されている．2017年4月現在，世界の44の国・地域にLTERネットワークがあり，約1,000サイトのメタデータがILTER*1レポジトリに登録されている．	陸上生態系（森林，草原，農地，湿地，低灌木地，サバンナなど）の炭素・水・熱フラックスを微気象学，水文気象学的観点から長期連続的に観測して生態系の地球環境応答を解明する．衛星観測やモデルシミュレーション解析とあわせた広範な時空間スケールの研究が進められている．2017年2月現在では914サイトが登録されている．	生物多様性（遺伝子，種，生態系）の現状解明と生態系サービスの評価を目的とした比較的新しいネットワークである．地球規模での生物多様性の変化を把握するためのEssential Biodiversity Variablesや観測手法の標準化にも取り組んでいる．

*1　LTER：Long-Term Ecological Research network. https://www.ilternet.edu/
観測サイト情報（ILTERレポジトリ）https://data.lter-europe.net/deims/
*2　http://www.jalter.org/
*3　LTSER：Long-Term Socio-Ecological Research network
*4　http://fluxnet.fluxdata.org/
*5　http://www.asiaflux.net/
*6　BON：Biodiversity Observation Network. http://geobon.org/
*7　http://www.esabii.biodic.go.jp/ap-bon/index.html

衛星リモートセンシングによる森林観測データの解析や解釈は，地上での林冠反射スペクトルと生理生態学的状態の対応関係の十分な検証を必要とする．これを衛星リモートセンシングの「地上検証」と呼ぶ．植生の葉群バイオマスやフェノロジー，分光特性のリモートセンシングの地上検証に資する長期観測データを蓄積することを目的として，2003年に“Phenological Eyes Network（PEN, http://www.pheno-eye.org/）”が発足した（Nasahara & Nagai, 2015）．米国では森林葉群フェノロジーの視覚的モニタリングを目的としたデジタルカメラによるセンサーネットワーク“PhenoCam”が発足しており，これも国際的な観測網を構築している（Brown *et al.*, 2016）．

3.2.2　冷温帯落葉広葉樹林の炭素循環・炭素収支の季節変化と年変動

図3.2は微気象学的な方法によって観測された大気と落葉広葉樹林の炭素収支の時間的変動を示す．森林の炭素吸収は日射（ここでは光合成有効放射，Photosynthetic Active Radiation：PAR，または光合成有効波長域400～700 nmの光量子束密度，Photosynthetic Photon Flux Density：PPFD）による光合成に依存するため，太陽高度や天候によって顕著な日変化を示す（図3.2a）．毎日のNEPを24時間ごとに積算した場合に見られる季節変化を見てみると（図3.2b），春から秋の着葉期間であれば一般的には日中は総一次生産量（森林の光合成の総量）（GPP）が呼吸の総量（ER）を上回るため，純生態系生産量（正味の二酸化炭素吸収量，NEP）はプラスとなる．一方，着葉期間でも天候が悪く日射が強く遮られるような場合や，冬期に葉が着いていない場合には光合成が呼吸を下回る，または光合成がまったく起こらないため，NEPはマイナス値を示す．図3.2bでは春から夏にかけてNEPが増加し，夏から秋にかけて低下するような明瞭な季節変化が見られる．このような観測を年を通じて長期的に行うと，図3.2cのように毎年のNEPの季節変化を知ることができる（Saigusa *et al.*, 2005）．冬期にはNEPがマイナスを示し，春にプラスとなって夏にかけて増加し，夏から秋にかけて低下するというパターンがありながら，年によって夏のピーク値が異なることに注目したい．

「高山サイト」の落葉広葉樹林では，観測タワーが建つ1ヘクタールの調査区で生態学的な方法によっても炭素循環の調査が行われている．Ohtsuka *et al.* (2009）は積み上げ法によってこの森林の純一次生産量（NPP）の年変動を木部と葉群のそれぞれについて求めている．1999年から2007年の調査（1,051～1,255個体の樹木）の結果によるとNPPは年によって大きく異なり，木部NPPは0.88～1.96 Mg C ha^{-1} yr^{-1}，葉群は1.66～2.03 Mg C ha^{-1} yr^{-1}，全体のNPPは2.54～3.88 Mg C ha^{-1} yr^{-1}であると報告している．

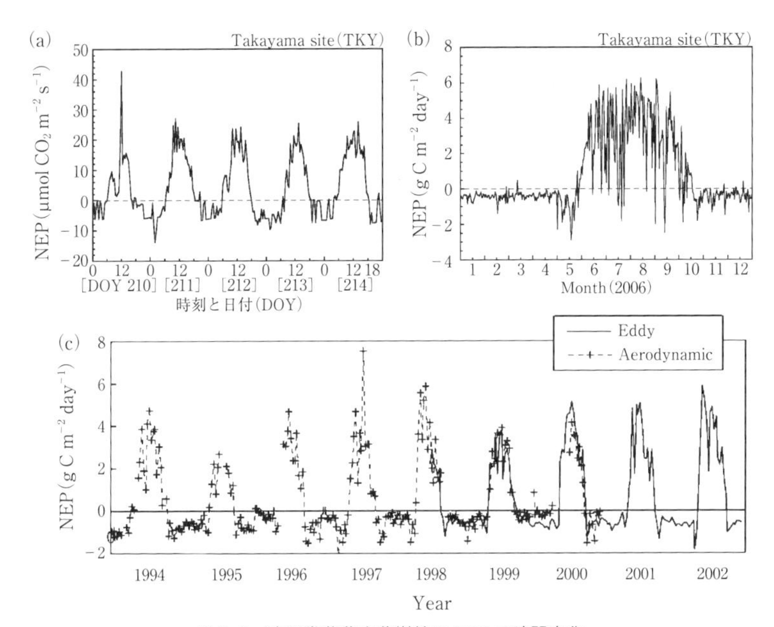

図3.2　冷温帯落葉広葉樹林の NEP の時間変化

夏期の数日の日変化（a），1年間の季節変化（b），1994年から2002年までの季節変化の年変動（c）.（a）と（b）のデータは産業技術総合研究所提供（AsiaFlux データベース），（c）は Saigusa *et al.* (2005) より転載.

図3.3はこれらのNPP，土壌呼吸の観測から推定した従属栄養生物呼吸(HR)，両者から推定したNEPの年変動と，渦相関法によって観測されたNEPの年変動を示している（Ohtsuka *et al.*, 2009）．まず，二つの異なる手法から推定されたNEPは概ね一致しており，また，同様のパターンで顕著な年変動があることがわかる．一方，葉群NPPやHRの年変動は大きくない．しかし木部NPPは顕著な年変動を示しており，そのパターンはNEPのものとよく一致している．これらのことは，①この落葉広葉樹林のNEPの年変動は木部NPPの変動の影響を大きく受けていること，および②NEPには年変動がありながらも葉群の生産と土壌への炭素蓄積はほぼ一定であることを示唆している．このように生態系全体の炭素収支を，その生態学的プロセスとともに詳細かつ長期にわたって調べることにより，森林生態系の物質生産過程および生態系内での炭素循環過程に基づいた理解ができる．

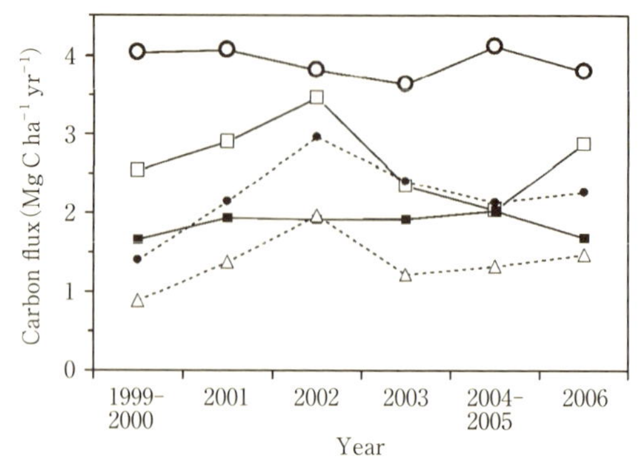

図 3.3　冷温帯落葉広葉樹林の炭素収支とその年変動
○は HR，□は渦相関法による NEP，●は生態学的手法による NEP，
■は葉群 NPP，△は木部 NPP．Ohtsuka *et al.* (2009) より転載．

ここで植物の光合成による物質生産過程をもとに考えると，新たな仮説が見えてくる．葉群 NPP の年変動が小さいということは，この森林では毎年同程度の葉バイオマスが生産されているということである．しかし光合成産物の貯蓄を表す木部 NPP の年変動が大きいのはなぜだろうか？　落葉広葉樹林では春から初夏にかけて開葉・展葉・成熟し，秋に黄葉・落葉するというような生物季節（フェノロジー）が見られる（菊沢，2005；図 3.4）．そして図 3.2 で注目したように NEP は明瞭な季節変化をもつとともに夏期のピークが変動する．個葉や群落の光合成速度は日射や気温，湿度に対して敏感に反応するから（彦坂，2016），葉群が一定量であっても毎年の気象条件の違いが光合成生産量に影響を及ぼす可能性がある．これらのことを総合的に考えると，森林全体での葉の量は毎年ほぼ一定であっても，光合成活性や生産量が年によって変動することが想像される．

この冷温帯落葉広葉樹林の高木層を優占するミズナラとダケカンバ，低木層のノリウツギ（*Hydrangea paniculata*）とオオカメノキ（*Viburnam furcatum*），林床を優占するクマイザサの個葉の光合成能（ここでは光飽和条件下・大気二酸化炭素濃度での最大光合成速度，Amax）と暗呼吸速度を展葉期から落葉直前まで測定した結果の一例を図 3.5 に示す．このデータからは，特にミズナラとダケカンバの光合成能が展葉期から夏期，黄葉期にかけて大きく変化する

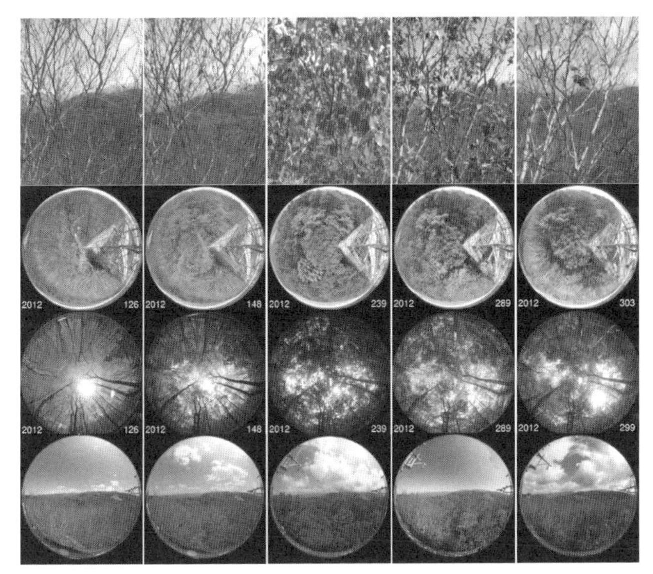

図 3.4　冷温帯落葉広葉樹林における樹木の枝葉，林冠，景観のフェノロジー
写真提供：Phenological Eyes Network（協力：永井信氏）．→口絵 4

ことが見て取れる．

森林の光合成生産力は個々の葉の光合成活性と森林を構成する葉の量に依存する．一般的に森林の葉の量は一定の森林土地面積あたりの葉バイオマス量か，葉面積の総量で表される．後者を葉面積指数（leaf area index：LAI）と呼び，陸上生態系の衛星リモートセンシングや炭素・水循環モデル解析の重要なパラメータの一つである．

LAI はリタートラップによって収集した落葉量（乾燥重量）と樹種ごとの葉の面積と乾燥重量の比（比葉面積，specific leaf area：SLA，単位 $m^2 g^{-1}$，または leaf mass per area：LMA，単位 $g m^{-2}$）から求める方法（Nasahara *et al.*, 2008）と，森林直上の入射光量（PPFDo）と森林内の林床直上の光量（PPFDi）から推定する方法（Monsi & Saeki, 1953）である．季節を通じて PPFDo と PPFDi を観測することにより，次式で LAI の季節変化を求めることができる．

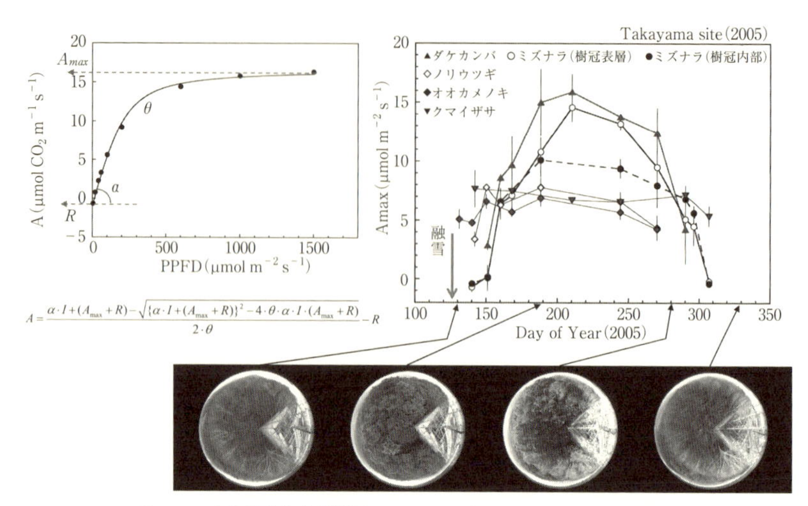

図 3.5　冷温帯落葉広葉樹林の最大光合成速度 Amax の季節変化，およびび春，夏，秋，冬の林冠の様子（写真）

Amax は左図のように光（PPFD)-光合成（A）曲線から求める．

$$\mathrm{LAI} = -\frac{1}{\mathrm{K}} * \ln\left(\frac{\mathrm{PPFDi}}{\mathrm{PPFDo}}\right) \qquad (3.7)$$

ここで K は群落の吸光係数である．

個葉の光合成能や森林の LAI を複数年にわたって調査すると，年によって開葉のタイミングや展葉速度，光合成能の季節的な成長の早さ，黄葉のタイミングや落葉の進行速度が変動すること，しかし夏期の光合成能や LAI には大きな変動がないことが明らかとなった（Muraoka *et al.*, 2010；Noda *et al.*, 2015）．夏期の LAI がほぼ一定であることは，上述の葉群 NPP が複数年にわたってほぼ一定であることと整合的である．これらのデータから日射や気温などの微気象環境データとともにシミュレーションモデルを用いて森林の GPP を推定すると（生態系のモデリングについては第 8 章を参照），展葉期や黄葉期の GPP が年変動することが示された（図 3.6）．また，夏期の天候条件の違いも光合成生産量を変動させることが明らかになった．

以上の例のように微気象学，生態学，生理生態学など手法や時間的・空間的スケールや解像度の異なる学問分野を組み合わせることにより，生態系の炭素循環および炭素収支という生物と物理環境の相互作用を理解することができる．

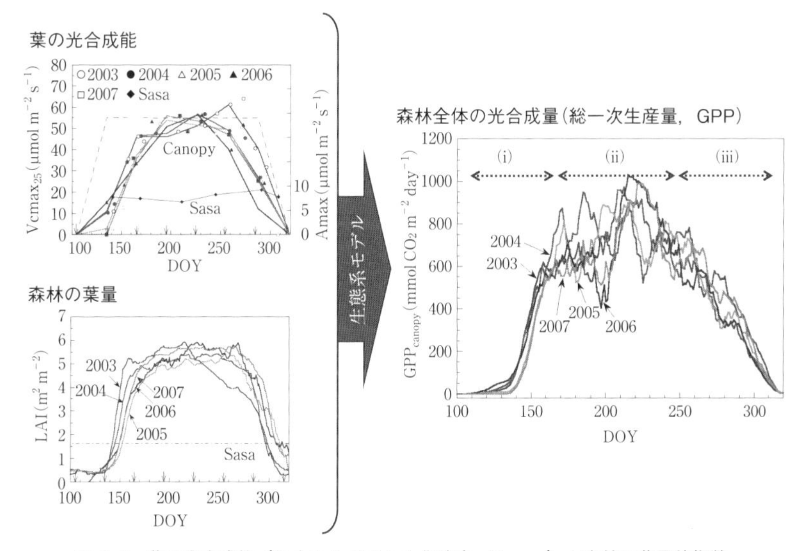

図 3.6　葉の光合成能（最大カルボキシル化速度，Vcmax）と森林の葉面積指数が森林全体の光合成量に及ぼす影響のモデルシミュレーション結果
右図中の（i）は展葉期，（ii）は夏期，（iii）は黄葉・落葉期を示す．
Muraoka *et al.*（2010）より改変．

3.2.3　落葉広葉樹林の個葉光合成と土壌呼吸に対する気象環境の変動の影響

将来の気候変動が森林生態系にもたらす影響を予測することは，炭素循環や水循環など生態系サービスの変化を予測するために重要な研究課題である．前節で紹介した知見は，森林生態系の炭素循環・収支メカニズムの生態学的，微気象学的理解を深めることと気候変動が与える影響の予測精度を高めるためには次のさらなる検討の必要性を示唆している．すなわち，①林冠木個葉の形態的構造（葉面積，葉群バイオマス）と生理的機能（光合成，呼吸）のフェノロジーの生理生態学的理解と予測モデル，②森林葉群の構造と機能の長期・広域的観測を実現する観測技術の開発ならびにそれらの生理生態学的検証である．

このうち①に関しては，樹木葉では冬期からの有効積算気温と低温刺激が芽の休眠打破と開葉を制御することや樹種によっては温度環境と日長が複合的に影響することなどがわかり始めている（Polger & Primack, 2011；Tang *et al.*,

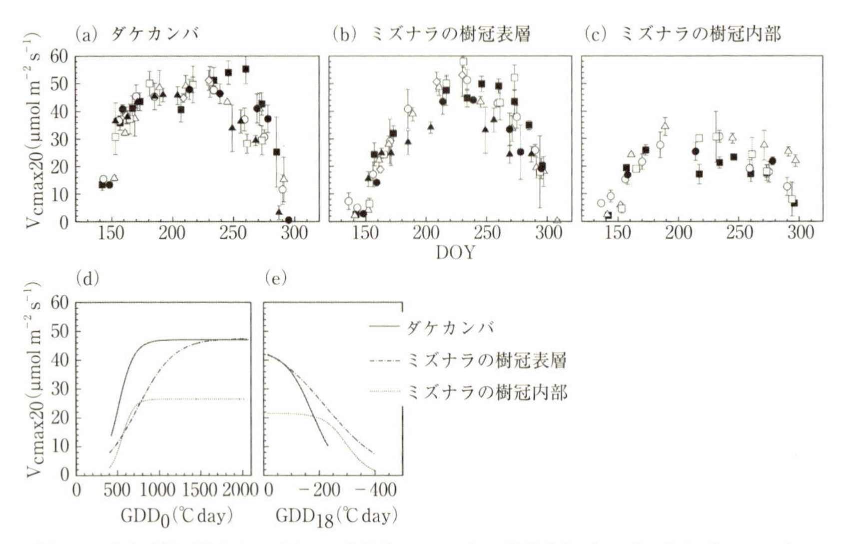

図 3.7　光合成能（最大カルボキシル化速度，Vcmax）の季節変化（a〜c），および Vcmax と積算気温（GDD_0, d）および減算気温（GDD_{18}：気温 18℃ 以上の積算温度，e）との関係
グラフのシンボルは年の違いを表す．Noda *et al.* (2015) より改変．

2016)．たとえば高山サイトにおけるミズナラやダケカンバの光合成能のフェノロジーは年によって変動するが，開葉期から夏までの季節的な成長と晩夏から黄葉期の老化はそれぞれ積算気温または減算気温によって統一的に説明できることが明らかにされている（図 3.7，Noda *et al.*, 2015)．

将来の気候変動（地球温暖化）が植物の葉の光合成生産力やフェノロジー，さらには生態系の炭素吸収能にもたらす影響を予測するためには，上述のような自然環境下での長期・複合的な観測に加えて，温暖化模擬実験などを含めた多様な研究アプローチによる解明が必要とされる．

温帯地域に広く分布する落葉広葉樹林では，気候変動に伴う気温上昇によって葉の光合成能，炭素／窒素含量などの化学的組成，葉のフェノロジー，従属栄養生物の活動，土壌中の栄養塩や炭素の循環が変化し，これらが総合的に光合成生産力や土壌呼吸量に反映されて森林の炭素固定能力に影響を与える可能性が高い（図 3.8)．冷温帯地域では気温が光合成能や着葉期間の制限要因になっているので，気温の上昇により開葉・展葉の早期化や黄葉の遅延が生じることや夏期の光合成能が上がることが予想される（Richardson *et al.*, 2010；

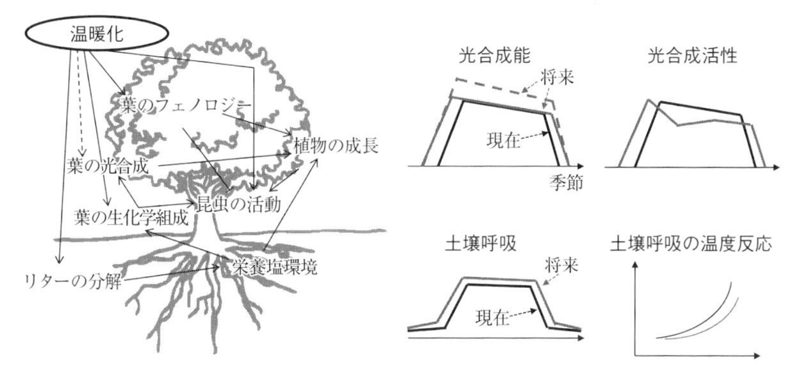

図 3.8　温暖化が森林生態系の生態学的プロセスに及ぼすと考えられる影響（左），および，光合成能や光合成活性の季節変化，土壌呼吸の季節変化と温度反応に及ぼすと考えられる影響（右）
左図は Chung *et al.*（2013）より改変．

Chung *et al.*, 2013）．また，春の融雪が早まることにより植物や従属栄養生物の活動が早まること，および秋の気温低下が遅れることにより，土壌呼吸の活性が高い時期が延びる可能性がある．一方で生物の呼吸は温度環境に強く反応することから，温度馴化が起きる可能性もある（Atkin & Tjoelker, 2003）．

現在の高山サイトの森林の樹種組成や土壌の生物物理化学的組成，上述のような植物や土壌の環境応答特性が大きく変化しないことを前提として，冷温帯落葉広葉樹林をモデルケースとした炭素収支の将来予測計算では，葉群フェノロジーと土壌呼吸速度の長期観測データに基づいたモデル解析をしている．その結果によると 2080 年頃には光合成生産量，土壌呼吸量，NEP はそれぞれ 25%，17%，35% 増加する（Kuribayashi *et al.*, 2016）．しかし光合成や有機物分解などを担う植物や従属栄養生物の環境応答様式は温暖化が進んだ環境では変化する可能性がある．

これらの仮説を検証することを目的として，高山サイトの落葉広葉樹林において林冠木葉群と土壌の模擬温暖化実験を行った研究を以下に紹介する．

樹木の成長や光合成特性に対する温度上昇の影響は稚樹のようにサイズの小さい植物については人工的な制御環境下で調べられている（Way & Oren, 2010）が，森林生態系の反応の解明にあたっては植物体サイズや成長ステージにより生理的な反応が異なる可能性や日射強度など温度以外の環境条件を考

図3.9　冷温帯落葉広葉樹林の樹木の温暖化実験
タワーの上で樹木の枝葉に開放型温室を設置して葉の光合成やフェノロジーに対する温度上昇の効果を調べる．温暖化区では開葉が早く，黄葉化が遅れる．→口絵5

慮する必要がある．そこで最近数年では樹木枝に電熱ケーブルを巻いたり，開放型温室（open-top canopy chamber：OTCC）を枝に設置することによって葉群を加温する樹木の温暖化実験や，地表面下に電熱ケーブルを埋設したり，近赤外線ヒーターを林床に設置することによって土壌を加温する実験が行われている（Chung *et al.*, 2013）．森林でのこのような温暖化実験は北海道大学北方生物圏フィールド科学センター苫小牧研究林の例が先端的である．苫小牧研究林も冷温帯落葉広葉樹林であり，ここではミズナラやコナラ（*Quercus serrate*）の葉群や土壌圏の温暖化実験が早くから実施されていて，葉の光合成特性やフェノロジー，植食性昆虫による被食状況，土壌炭素動態が調べられている（Nakamura *et al.*, 2010, 2014；Noh *et al.*, 2016；Yamaguchi *et al.*, 2016）．

高山サイトでは林冠木葉群には開放型温室を，また土壌には電熱ケーブルを用いてそれぞれ加温して2011年から野外温暖化実験に取り組んでいる（図3.9）．開放型温室を用いて樹高約15 mのミズナラの枝を先端から1.5～2 m程度覆うと，温室内の日中の平均気温は約1.3～1.6℃上昇し，天候によっては5℃程度上昇する．土壌については電熱ケーブルを人工的に制御すること

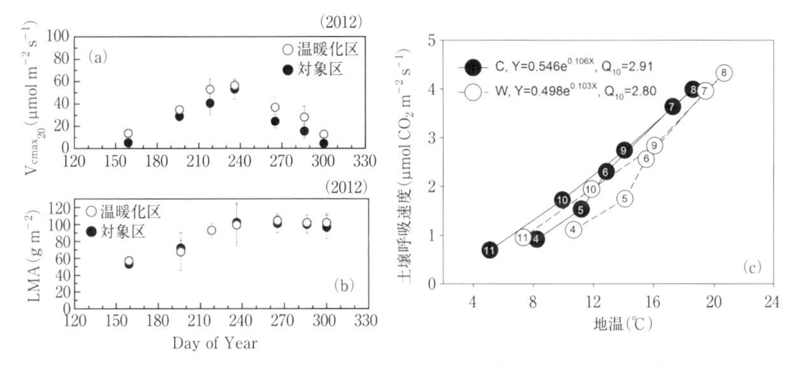

図 3.10　森林での温度上昇が葉の光合成能（Vcmax）(a) と形態的性質（LMA）(b)，
および土壌呼吸速度の地温との関係（c）に及ぼす影響
Noh NamJin・村岡ほか，未発表.

によって周辺土壌よりも常に 3℃ 高くしている．これらの環境制御実験結果の一例を図 3.10 に示した．葉群を加温した結果，開葉は 2〜4 日早まり，黄葉は 2〜7 日遅延した（2012〜2015 年の結果；長尾・村岡，未発表）．これにより着葉期間は 5〜9 日延長したことになる．葉の形態的形質である LMA には温度条件による違いは無いが光合成能（V_{cmax}：最大カルボキシル化速度）は加温により約 10% 増加した．毎日の光合成量が光強度だけに依存する（図 3.5 左）と仮定すると，これらの変化は葉面積あたりの光合成生産量を約 20 % 増加することになる．

土壌呼吸速度を融雪期（4 月後半）から 11 月にかけて観測すると，図 3.10 のような季節変化が見られ（Noh NamJin・村岡ほか，未発表），この傾向は多くの土壌呼吸研究事例と同様である（Mo *et al.*, 2015）．地温–土壌呼吸速度の関係は温暖化区と対象区でパターンは似ているものの，温暖化区の土壌呼吸曲線（一般的に指数関数で回帰する）は高温側にシフトしており，かつ，土壌呼吸速度の温度依存性の強さを示す Q_{10} 値（10℃ の変化に対する土壌呼吸速度の変化率）は温暖化区の方がやや低い．この結果は将来の温度環境では土壌中の炭素動態が変化し，それによって土壌呼吸速度の環境応答が変化することを示唆している．

3.3　森林生態系の林冠光合成のリモートセンシング 

3.3.1　森林の生理生態学的プロセスに着目したリモートセンシング

植生の一次生産力に関する生態学的なメカニズムならびにその気象環境との詳細な関係は，生態学的な植物調査や生理生態学的なモニタリング，および微気象学的な手法による二酸化炭素フラックスのモニタリングによって明らかにされてきた．しかしこのような詳細な研究は研究者が比較的容易にアクセスでき，さらに大型の観測機器を設置できる場所に限られる場合が多い．気候変動が生態系にもたらす影響は地理的な条件により異なることが予想されるのに加えて，気象と生態系の関係は幅広い時間スケールで見られる．したがって，遷移や自然撹乱，または気候変動が生態系にもたらす影響を様々な場所で，広く，長期的に生態学的な観点で観測・推定できるようにするためには，前節3.2.3の②に示したような新たな観測技術の開発が必要とされる．すなわち，地球観測衛星によって得られる分光学的情報（衛星リモートセンシング）の解釈に生理生態学的な視点を導入することが有効だと考えられる．

衛星リモートセンシングは地球規模での陸上生態系の観測を可能にする．たとえば森林の葉量の季節変化や年変動，植生分布や農地，都市，森林伐採など土地被覆状態の変化を検出するのに有効であり，これらの観測に使われるセンサーにはLandsat OLI（Operational Land Imager）やMODIS（MODerate resolution Imaging Spectroradiometer；中分解能撮像分光放射計）などがあり，その空間解像度は30 m四方から500 m（または1 km）四方である．これらの光学センサーを用いた分光反射情報の観測によって陸上生態系の物理量（たとえば葉面積指数）を推定することはできるが，気象条件等によって時々刻々と変化する光合成や呼吸などの生理的機能を定量的に推定することは困難であるとされてきた．筆者らは，広域・時系列観測に優れた衛星リモートセンシングと，生態系機能の詳細な機構解明に優れた生態学的プロセス研究，そして生態系の機能を総合的に観測・解析する微気象学やモデルシミュレーションの融合により，生態系観測・機能解析，生態系サービス評価や変動予測を実現しよう

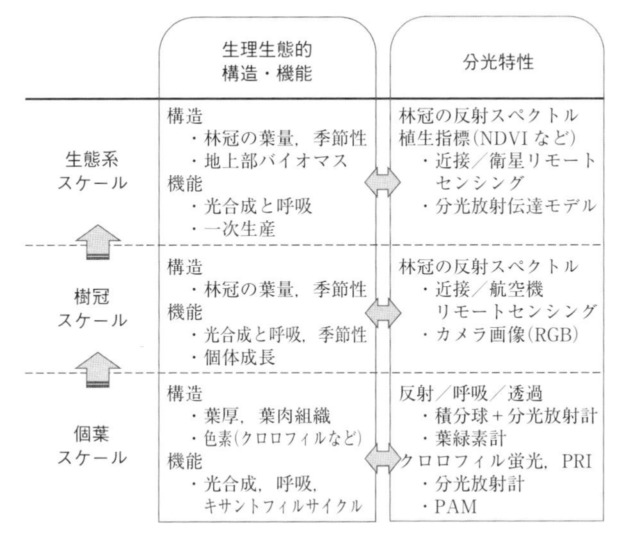

図3.11　森林生態系の生態学的階層ごとの生理生態学的特性と分光特性

とする「広域性と詳細性」を兼ね備えた新たな学際的アプローチとして「衛星生態学」を構想した（リモートセンシングによる生態系観測については第2章を参照）．

衛星リモートセンシングによって植生の構造と機能の時空間的変動を観測・解析するためには，陸上生態系が反射する分光情報を生態学的な情報に置き換える必要があり，そのためには分光学的情報を個葉〜葉群〜林冠というような生態学的スケールで横断的に調べて，生理生態学的な視点で解釈する研究が求められる（図3.11）．葉の分光特性（反射，透過，吸収スペクトル）は，解剖学的構造と生理・生化学的組成（クロロフィルのような色素など）に応じて変化する（Sims & Gamon, 2002；寺島，2002；2013）．葉面積あたりのクロロフィル含量が高いほど，また葉内での光の散乱が多いほど，吸光率は高い（Knapp & Carter, 1998；Sims & Gamon, 2002）．葉の集合である葉群の反射スペクトルは，個々の葉のサイズや数，空間的配置，および生化学的組成によって変化する．このような詳細な検証を生態学的特性の異なる森林や農地で行い，生態系の構造と機能を分光情報に置き換える方法論を構築することによって，衛星リモートセンシングによる広域の観測情報を解釈することや，数値モデル

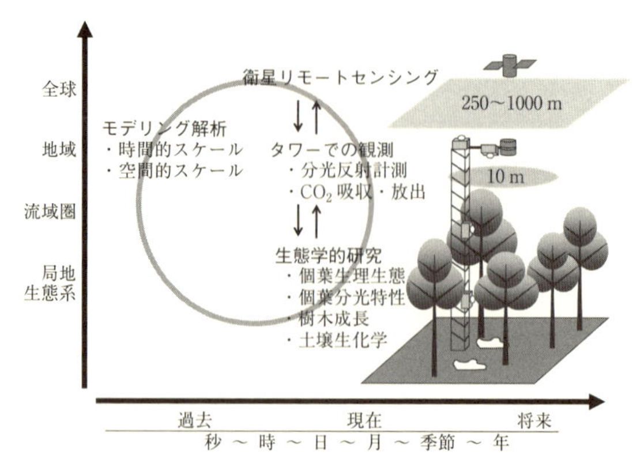

図 3.12　森林生態系における総合的な観測のためのスーパーサイト構想

を用いて分光情報を生態系情報に読み替えることによって，「点」での情報や理解を「面」に展開するのである．また多くの地球観測衛星は定期的に同じ場所を観測しているので，データが存在する過去から現在までの「時間軸」にも展開することができる．このように空間的・時間的スケールを横断する統合的な解析をすることにより，局所スケールと広域スケールでの生態系の構造・機能の変化の関係性や，気候変動の影響を解明することができる．なお，上述の地上での総合的・統合的な検証は，森林生態系の長期・複合的観測調査地（スーパーサイトと呼ばれる）においてすでに始められている（図 3.12）．

3.3.2　林冠の光合成能力の分光指数の検証と適用

光合成速度は光強度や気温，湿度，土壌水分など植物の外的環境条件，および大気－葉間の飽差の変化に対する気孔コンダクタンスの変化によって大きな影響を受けるため，環境が時間的に変化する条件での森林生態系の光合成量（炭素吸収量）を適切にモニタリングするためには，「光合成能（photosynthetic capacity）」と「光合成活性（photosynthetic activity）」を区別して観測することが求められる．本節ではまず「光合成能」のリモートセンシングについて述べる．

森林生態系機能の時間的動態や気候変動への応答を検出・解明するためには，多角的な観測を長期的に継続し，安定的な評価指標を得ることが重要である．

衛星リモートセンシングによる植生観測では，反射スペクトル情報から算出される「植生指数（vegetation index）」が用いられる（中路，2009）．植生指数は長年にわたって陸上生態系の状態を表す情報として使われているが，生態系の機能をそのメカニズムとともに検証する必要がある．高山サイトでは図3.12に示すように林冠観測タワーの頂上に全天候型分光放射計（MS-700，英弘精機株式会社）と魚眼レンズ付きデジタルカメラ（CoolPix4500，FC-E8，ニコン）を設置して，前者により全天からの入射スペクトルと林冠からの反射スペクトルを測り，後者により林冠の写真を撮影している．またこのタワーでは上述のように個葉の生理生態学的特性（葉面積，クロロフィル含量，光合成と呼吸速度）の観測も実施している．これらの観測データを季節や年を通じて比較することにより，林冠の反射スペクトルや林冠写真のRGB情報から生理生態学的状態を推定する手法を開発・検証できる．

葉群の季節性のモニタリングには植生指数としてNDVI（Normalized Difference Vegetation Index）やEVI（Enhanced Vegetation Index），GRVI（Green-Red Vegetation Index）がよく用いられる．これらの植生指数の定義と特徴については第2章に詳しい．

既存の衛星リモートセンシングデータから計算できる上記の3種類の植生指数に加えて，分光解像度の高い計測が必要な2種類の植生指標も提案されている（CI：chlorophyll index，CCI：canopy chlorophyll index，Sims *et al.*, 2006a）．

$$CI = (R_{750} - R_{705})/(R_{750} + R_{705}) \qquad (3.8)$$

$$CCI = D_{720}/D_{700} \qquad (3.9)$$

R_{750}とR_{705}はそれぞれの波長を中心とした10 nm幅の反射スペクトル，D_{720}とD_{700}はそれぞれの波長を中心とした幅10 nmの反射スペクトルの一次微分値である．705nm付近の波長はレッドエッジ（red edge）と呼ばれている（Ustin *et al.*, 2009；Jacquemoud *et al.*, 2009）．レッドエッジとはクロロフィルの吸光帯である赤色光域と葉の反射帯である近赤外域の境界領域であり，クロロフィル含量や光合成能力の指標としての有効性が指摘されている．図3.13に示したように，ミズナラ個葉の反射スペクトルの測定データから705 nm域で

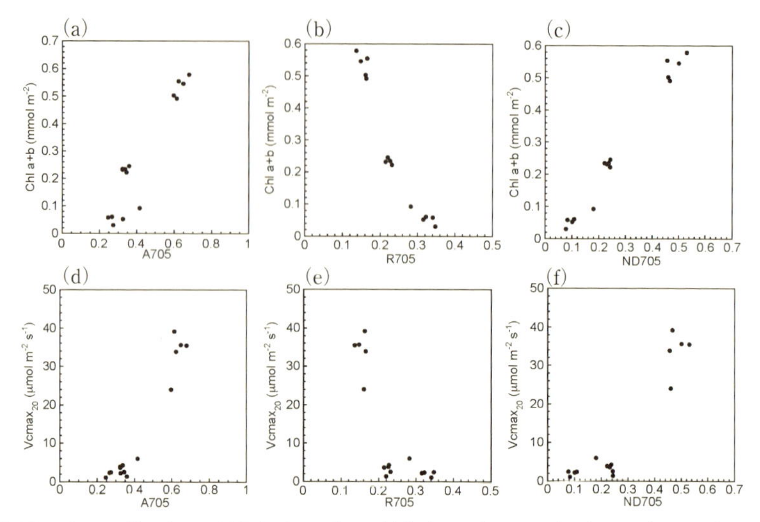

図 3. 13　705 nm 域における吸光率（A705），反射率（R705），および近赤外域（800 nm）に対する正規化植生指数（ND705），と葉のクロロフィル含量（Chl a＋b，a〜c），光合成能（最大カルボキシル化速度，Vcmax，d〜f）の関係

高山サイトにおけるミズナラ成木の日向の葉について，6 月（展葉期），8 月（成熟期），10 月（黄葉期）に測定した．グラフ内の 1 プロットは葉 1 枚を示す．なお，ND705＝(R800－R705)／(R800＋R705) として求めた．データは村岡・野田，未発表．

の反射率と吸収率，および近赤外域である 800 nm を用いた植生指数と，同じ葉のクロロフィル含量と光合成能（最大カルボキシル化速度，Vcmax）は高い相関を有している（村岡・野田，未発表）．

以上のような植生指数により葉群フェノロジーの詳細な変動を計測するためには，十分な地上検証を必要とする．図 3. 14 は冷温帯落葉広葉樹林（TKY サイト）の林冠光合成速度を生態系炭素収支モデルにより計算し，タワー上で計測した林冠反射スペクトルから算出した 5 種類の植生指数との対応関係を調べた結果である（Muraoka *et al.*, 2013）．

NDVI，EVI，GRVI，CI と GPPmax は季節を通じてヒステリシス状の関係を示し，CCI についてはほぼ線形の関係を示した．前者 4 種類の植生指数は反射率値を直接用いているのに対して，CCI はクロロフィル吸収帯のうち特に 710 nm 近辺のレッドエッジと呼ばれるクロロフィル濃度と特に高い相関を持つ波長の微分反射スペクトルによって計算されている．すなわち前者 4 種

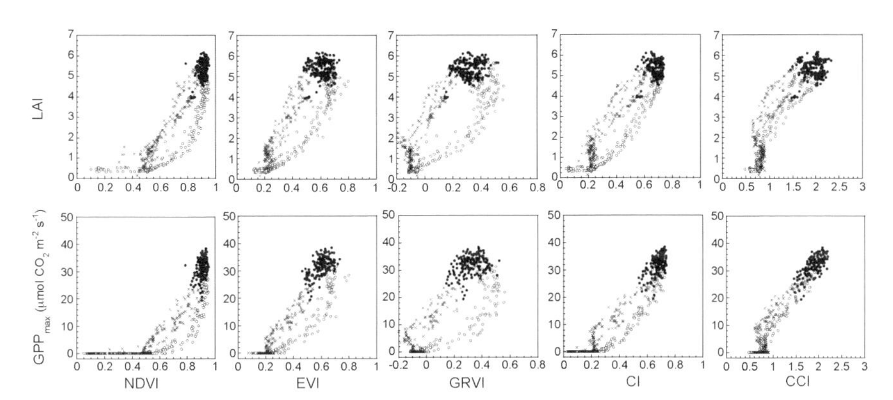

図 3.14　冷温帯落葉広葉樹林の葉面積指数（LAI），および GPP の晴天時の最大値（GPPmax）と植生指標との関係
○：展葉期，●盛夏，×：黄葉期．Muraoka *et al.*（2013）より改変．

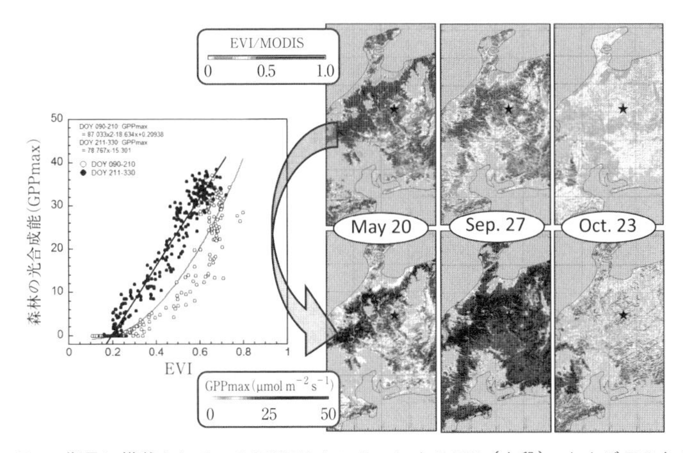

図 3.15　Terra 衛星に搭載されている MODIS センサーによる EVI（上段），および EVI と GPPmax の関係式から推定した GPPmax の空間分布（下段）
Muraoka *et al.*（2013）より改変．

類の植生指数はクロロフィルだけでなくカロチノイドやアントシアニンなど他の色素の含有量の変化にも応じるのに対して CCI は光合成能を直接担うクロロフィル含量にのみ応じると考えられる．植生の光合成能を高精度に観測するためには，CCI のような植生指数の計算が可能な反射スペクトルを衛星リモートセンシングで計測できるようになることが期待される．

衛星リモートセンシングにより森林生態系の葉群構造や機能のフェノロジー，および気候変動がそれらに及ぼす影響を検出し，森林生態系機能と気象環境，地理的環境との関係を見いだすために，図3.14に示した結果のうち光合成能力の季節性を比較的よく推定できるEVIに着目して，広域を対象とした森林の光合成生産力のマッピングを試行した（図3.15）．ここではMODISによるEVIデータに上記のEVIとGPPmaxの対応関係を適用している．この手法によって光合成生産力の時間的・空間的分布をおおまかに把握できるようになった．

3.3.3　林冠の光合成活性のリモートセンシング

前節までに紹介した植生指数の多くは，葉に含まれるクロロフィルなどの色素含量によって可視域の分光反射強度が変化することと植物体による近赤外域の反射率が高いことを利用した方法であり，時々刻々と変化する光強度や気温，湿度などの影響を受けた状態での光合成活性（光合成速度）を測定しているとは言い難い．森林のように多数の葉が構成する林冠の光合成活性をリモートセンシングによって観測することは植生の生理生態学的な環境応答や気候変動影響を明らかにすることに繋がるため，その観測技術の発展が強く期待されている．光合成活性の観測は個葉であれば携帯型光合成測定装置を用いたモニタリングが可能であるが（村岡，2003；彦坂，2016），個葉スケールでの生理生態学的理解を広域の森林生態系スケールでの光合成生産量の推定に適用するためには炭素循環シミュレーションモデルにおける生化学的過程の高度化が求められる．また，一定面積以上の広域を観測する場合には，森林の光合成活性に与える環境条件の時空間的不均一性，および，個々の森林を構成する樹木の生理生態学的特性の地理的分布（緯度，標高勾配）に関する考慮も必要となる．

光合成活性を「光」で測ることができれば，リモートセンシングによる広域観測が可能となるだろう．植物生理学および生理生態学の分野では，クロロフィル蛍光（680 nmを中心とする微弱な光）を測定することにより光合成反応のうち光化学反応の活性を推定する方法が用いられている（寺島，2002）．光合成の光化学反応は，光化学系IIと光化学系Iの二つから成る．葉に入った光（光量子）は光化学系IIの色素に吸収されて，励起状態のエネルギーに変換される．このエネルギーは，①光化学反応（光合成）に使われる，②蛍光として葉外に放出される，③キサントフィルサイクルによって熱に変換されて葉外に放出される，④光化学系Iの色素を励起する，のいずれかとなる（Schreiber *et al.*, 1995）．気孔コンダクタンスの低下などにより光合成速度が低下して光合成に使われるエネルギー量が減ると，蛍光として放出されるエネルギーが増える．したがって蛍光強度のモニタリングによって電子伝達活性を推定することができる（Maxwell & Johnson, 2000；寺島，2002；彦坂，2016）．個葉を対象としたクロロフィル蛍光の測定による光合成の電子伝達活性の環境応答の解析はこれまでに多くの研究事例がある（例えば，Muraoka *et al.*, 2000；Kamakura *et al.*, 2012）．

光合成活性のリモートセンシング手法には，上記③に挙げたキサントフィルサイクルの大きさに着目した植生指数（Photochemical Reflectance Index：PRI，Gamon *et al.*, 1997）が知られている．キサントフィルサイクルは葉が吸収した過剰な光エネルギーの散逸過程として機能する生理学的過程であり（寺島，2002），カロチノイドが関与している（Demmig-Adams, 1992；1996）．カロチノイド含量も葉の吸収・反射スペクトルに影響し（Sims & Gamon, 2002），キサントフィルサイクルの活性は531 nmの反射率に表れる（Gamon *et al.*, 1997；Gamon & Surfus, 1999）．PRIは葉の光化学反応の量子収率との相関が高いため，電子伝達活性のモニタリングに用いられている（Peñuelas *et al.*, 1995；Guo & Trotter, 2004）．森林スケールでの光合成活性や量子収率，PRIや他の植生指数の季節を通じた関係性，およびPRIの有効性についてはNakaji *et al.*（2007；2008；2014）により包括的に議論されている．

最近ではクロロフィル蛍光を指標として広域の陸上植生の光合成生産量（総一次生産量，GPP）を推定しようとする研究が活発になっている．2009年に打ち上げられた日本の温室効果ガス観測技術衛星（GOSAT）の分光反射データから植生のクロロフィル蛍光（太陽光誘起クロロフィル蛍光，Sun-Induced chlorophyll Fluorescence：SIF）に関する情報を検出するというものである（Frankenberg *et al.*, 2011）．彼らの研究では，全球のCO_2フラックス観測サイトのデータから推定されたGPPとGOSATのSIF値の間には正の強い相関があることから，SIFがGPPの指標になる可能性が示唆されている．しかし上述のように蛍光強度は葉面への入射光量と葉内の光エネルギー分配のバランスによって変化するエネルギー量であり（たとえば Hikosaka *et al.*, 2004），蛍光強度がそのまま光合成速度を表すわけではない．したがって SIF を広域の森林生態系の光合成活性の指標として使うためには，植物生理生態学と植生の分光学的な観点を融合しながら森林 CO_2 フラックスが計測されている長期観測サイトとそのネットワークを最大限利用し，個葉や森林スケールでのクロロフィル蛍光と光合成活性，SIF の関係を様々な気象条件や森林タイプについて検証する研究を進めることが重要である．

おわりに

森林は我々にとって景色として身近な生態系であるとともに，生活環境を支え，国土の基盤であり，地球環境の要である．日本国土に広く分布する温帯林は炭素循環や水循環のような生態系機能だけでなく，植物や動物，昆虫，微生物など多様な生物の住環境としても重要である．本章で述べたように，生態系の構造と機能に着目し，生態系を構成するプロセスは生物と物理・化学環境の相互作用によって成立していることを考えると，地球環境や人間活動の変化が直接的，間接的に生態系にもたらす影響をより詳しく理解し，予測することができる．このとき，生態学や微気象学，土壌の生物地球化学，水文気象学，モデルシミュレーションを組み合わせた詳細な解析と，広域・反復観測にすぐれた衛星リモートセンシングを組み合わせた「システムアプローチ手法」（及川・山本，2013）が有効である．

フィールドでの詳細な研究を長期・連続的に進めることは生態系の変化をその周囲の環境の変化とともに詳細に捉えるために重要である．地球環境が急速に変化している現在では，フィールド研究と衛星観測を組み合わせて地球環境と生態系の変化をメカニズムとともに検出することが求められている．衛星リモートセンシングデータを用いた陸上生態系機能の観測は 1990 年代から精力的に進められているが，すでに進行している気候変動が生態系の構造と機能にもたらす影響をいち早く検出し，生態系の環境応答メカニズムに基づいて流域から地域，国土，大陸，地球規模までの広範なスケールでの現象解明に資する研究を発展させることが急務である．

謝辞

本章で紹介した研究事例は高山サイトでの多くの研究者や大学院生の協力によるものです．特に小泉博，山本晋，大塚俊之，秋山侃，近藤裕昭，村山昌平，三枝信子，車戸憲二，岸本文紅，内田雅己，奈佐原顕郎，吉竹晋平，野田響，斎藤琢，永井信，庄司千佳，長尾彩加，Noh NamJin，伊藤昭彦，栗林正俊，日浦勉，中路達郎，John D. Tenhunen の各氏に感謝します．

引用文献

Atkin, O. K. & Tjoelker, M. G. (2003) Thermal acclimation and the dynamic response of plant respiration to temperature. *Trends Plant Sci.*, **8**, 343–351.

Atkin, O. K., Evans, E. R. *et al.* (2000) Leaf respiration of snow gum in the light and dark. Interactions between temperature and irradiance. *Plant Physiol.*, **122**, 915–923.

Brown, T. B., Hultine, K. R. *et al.* (2016) using phenocams to monitor our changing Earth: toward a global phenocam network. *Front Ecol. Environ.*, **14**, 84–93.

Chapin III, F. S., Matson, P. A. & Mooney, H. A. (2000) *Principles of terrestrial ecosystem ecology.* pp. 436, Springer.

Chapin III, F. S., McFarland, J. *et al.* (2009) The changing global carbon cycle: linking plant-soil carbon dynamics to global consequences. *J. Ecol.*, **97**, 840–850.

Chung, H., Muraoka, H. *et al.* (2013) Experimental warming studies on tree species and forest ecosystems: a literature review. *J. Plant Res.*, **126**, 447–460.

Demmig-Adams, B. & Adams III, W. W. (1992) Photoprotection and other responses of plants to high light stress. *Annu. Rev. Plant Physiol. Plant Mol. Biol.*, **43**, 599–626.

Demmig-Adams, B. & Adams III, W. W. (1996) The role of xanthophyll cycle carotenoids in the protection of photosynthesis. *Trends Plant Sci.*, **1**, 21–26.

Frankenberg, C., Fisher, J. B. *et al.* (2011) New global observations of the terrestrial carbon cycle from GOSAT: Patterns of plant fluorescence with gross primary productivity. *Geophys. Res. Lett.*, **38**, L17706. doi: 10.1029/2011GL048738

Gamon, J. A., Serrano, L. *et al.* (1997) The photochemical reflectance index: an optical indicator of photosynthetic radiation use efficiency across species, functional types, and nutrient levels. *Oecologia*, **112**, 492–501.

Gamon, J. A. & Surfus, J. S. (1999) Assessing leaf pigment content and activity with a reflectometer. *New Phytologist*, **143**, 105–117.

Guo, J. & Trotter, C. M. (2004) Estimating photosynthetic light-use efficiency using the photochemical reflectance index: variations among species. *Funct. Plant Biol.*, **31**, 255–265.

林　一六（2003）植物生態学．pp. 227，古今書院．

彦坂幸毅（2016）植物の光合成・物質生産の測定とモデリング．pp. 128，共立出版．

Hikosaka, K., Kato, M. C. *et al.*（2004）Photosynthetic rates and partitioning of absorbed light energy in photoinhibited leaves. *Physiol. Plant.*, **121**, 699–708.

Huete, A., Didan, K. *et al.*（2002）Overview of the radiometric and biophysical performance of the MODIS vegetation indices. *Remote Sens. Environ.*, **83**, 195–213.

Jacquemoud, S. J., Verhoef, W. *et al.*（2009）PROSPECT＋SAIL modes: A review of use for vegetation characterization. *Remote Sens. Environ.*, **113**, S56–S66.

Kamakura, M., Kosugi, Y. *et al.*（2012）Observation of the scale of patchy stomatal behavior in leaves of *Quercus crispula* using an Imaging-PAM chlorophyll fluorometer. *Tree Physiol.*, **32**, 839–846.

菊沢喜八郎（2005）葉の寿命の生態学――個葉から生態系へ――．pp. 212，共立出版．

Kuribayashi, M., Noh, N-M. *et al.*（2016）Current and future carbon budget at Takayama site, Japan, evaluated by a regional climate model and a process-based terrestrial ecosystem model. *Int. J. Biometeorol.*, **61**, 989–1001. doi: 10.1007/s00484-016-1278-9

黒岩澄雄（1990）物質生産の生態学．pp. 147，東京大学出版会．

Lambers, H., Chapin III, F. S. & Pons, T. J.（2008）*Plant Physiological Ecology*. pp. 604, Springer.

Larcher, W. 著，佐伯敏郎・舘野正樹 監訳（2004）植物生態生理学 第２版．pp. 350，シュプリンガー・フェアラーク東京．

鞠子 茂・小泉 博（2005）井蛙地形炭素フラックスの研究と調査法――現状と将来――．日本生態学会誌，**55**，113–116．

Maxwell, K. & Johnson, G. N.（2000）Chlorophyll fluorescence――a practical guide. *J. Exp. Bot.*, **51**, 659–668.

Mo, W., Lee, M-S. *et al.*（2005）Seasonal and annual variations in soil respiration in a cool-temperate deciduous broad-leaved forest in Japan. *Agric. For. Meteorol.*, **134**, 81–94.

Monsi, M. & Saeki, T.（1953）Über den Lichtfaktor in den Pflanzengesellschaften und seine Bedeutung für die Stoffproduktion. *Japanese Journal of Botany*, **14**, 22–52.（英訳：On the factor light in plant communities and its importance for matter production. *Ann. Bot.*, **95**, 549–567.）

村岡裕由（2003）光合成機能の評価１：CO_2 ガス交換．光と水と植物のかたち　植物生理生態学入門（種生物学会 編，村岡裕由・可知直毅 責任編集）．pp. 229–244，文一総合出版．

Muraoka, H., Tang, Y. *et al.*（2000）Contributions of diffusional limitation, photoinhibition and photorespiration to midday depression of photosynthesis in *Arisaema heterophyllum* in the natural high light. *Plant Cell Environ.*, **23**, 235–250.

Muraoka, H., Saigusa, N. *et al.*（2010）Effects of seasonal and interannual variations in leaf photosynthesis and canopy leaf area index on gross primary production of a cool-temperate deciduous broadleaf forest in Takayama, Japan. *J. Plant Res.*, **123**, 563–576.

Muraoka, H. & Koizumi, H.（2009）Satellite Ecology（SATECO）――linking ecology, remote sensing and micrometeorology, from plot to regional scale, for the study of ecosystem structure and function. *J. Plant Res.*, **122**, 3–20.

Muraoka, H., Noda, H. M., Nagai, S. *et al.*（2013）Spectral vegetation indices as the indicator of canopy photosynthetic productivity in a deciduous broadleaf forest. *J. Plant Ecol.*, **6**, 393–407.

Muraoka, H., Saitoh, T. M. & Nagai, S. (2015) Long-term and interdisciplinary research on forest ecosystem functions: challenges at Takayama site since 1993. *Ecol. Res.*, **30**, 197–200.

中路達郎 (2009) 葉群の分光反射と分光植生指数. 光合成研究法 (北海道大学低温科学研究所・日本光合成研究会 共編), pp. 497–506. (以下よりダウンロード可能：www.lowtem.hokudai.ac.jp/lts/LTS67all.pdf)

Nakaji, T., Ide, R. *et al.* (2007) Utility of spectral vegetation index for estimation of gross CO_2 flux under varied sky conditions. *Remote Sens. Environ.*, **109**, 274–284.

Nakaji, T., Ide, R. *et al.* (2008) Utility of spectral vegetation indices for estimation of light conversion efficiency in coniferous forests in Japan. *Agric. For. Meteorol.*, **148**, 776–787.

Nakaji, T., Kosugi, Y. *et al.* (2014) Estimation of light-use efficiency through a combinational use of the photochemical reflectance index and vapor pressure deficit in an evergreen tropical rainforest at Pasoh, Peninsular Malaysia. *Remote Sens. Environ.*, **150**, 82–92.

Nakamura, M., Muller, O. *et al.* (2010) Experimental branch warming alters tall tree leaf phenology and acorn production. *Agric. For. Meteorol.*, **150**, 1026–1029.

Nakamura, M., Nakaji, T. *et al.* (2014) Different initial responses of the canopy herbivory rate in mature oak trees to experimental soil and branch warming in a soil-freezing area. *Oikos*, **124**, 1071–1077.

Nasahara, K. N., Muraoka, H. *et al.* (2008) Vertical integration of leaf area index in a Japanese deciduous broad-leaved forest. *Agric. For. Meteorol.*, **148**, 1136–1146.

Nasahara, K. N. & Nagai, S. (2015) Review: Development of an in situ observation network for terrestrial ecological remote sensing: the Phenological Eyes Network (PEN). *Ecol. Res.*, **30**, 211–223.

Noda, H. M., Muraoka, H. *et al.* (2015) Phenology of leaf morphological, photosynthetic, and nitrogen use characteristics of canopy trees in a cool-temperate deciduous broadleaf forest at Takayama, central Japan. *Ecol. Res.*, **30**, 247–266.

Noh, N-M., Kuribayashi, M. *et al.* (2016) Responses of soil, heterotrophic, and autotrophic respiration to experimental open-field soil warming in a cool-temperate deciduous forest. *Ecosystems*, **19**, 504–520.

オダム E. P. 著, 木村 允 監訳 (1973) 生態系の構造と機能. pp. 229, 築地書館.

及川武久・山本 晋 編 (2013) 陸域生態系の炭素動態. 地球環境へのシステムアプローチ. pp. 414, 京都大学学術出版会.

大塚俊之・鞠子 茂・小泉 博 (2004) 陸上生態系における炭素循環――森林生態系の炭素収支の生態学的な定量化手法に焦点を当てて――. 地球環境, **9**, 81–190.

Ohtsuka, T., Mo, W. *et al.* (2007) Biometric based carbon flux measurements and net ecosystem production (NEP) in a temperate deciduous broad-leaved forest beneath a flux tower. *Ecosystems*, **10**, 324–334.

Ohtsuka, T., Saigusa, N. & Koizumi, H. (2009) On linking multiyear biometric measurements of tree growth with eddy covariance-based net ecosystem production. *Glob. Change Biol.*, **15**, 1015–1024.

Ohtsuka, T., Muraoka, H. *et al.* (2016) Biometric-based estimations of net primary production (NPP) in forest ecosystems. In : *Canopy photosynthesis : from basics to applications* (eds. Hikosaka K. *et al.*). pp. 333–352, Springer.

Peñuelas, J., Filella, I. *et al.* (1995) Assessment of photosynthetic radiation-use efficiency with spectral reflectance. *New Phytologist,* **131**, 291–296.

Polger, C. A. & Primack, R. B. (2011) Leaf-out phenology of temperate woody plants : from trees to ecosystems. *New Phytologist,* **191**, 926–941.

Richardson, A. D., Black, T. A. *et al.* (2010) Influence of spring and autumn phenological transitions on forest ecosystem productivity. *Philos. Trans. Royal Soc. B,* **365**, 3227–3246.

Saigusa, N., Yamamoto, S. *et al.* (2005) Inter-annual variability of carbon budget components in an AsiaFlux forest site estimated by long-term flux measurements. *Agric. For. Meteorol.,* **134**, 4–16.

Schreiber, U., Bilger, W. *et al.* (1995) Chlorophyll fluorescence as a nonintrusive indicator for rapid assessment of in vivo photosynthesis. In : *Ecophysiology of photosynthesis* (eds. E.-D. Schulze, M. M. Caldwell). pp. 49–70, Springer-Verlag Berlin Heidelberg.

Sims, D. A., Rahman, A. F *et al.* (2006) On the use of MODIS EVI to assess gross primary productivity of North American ecosystems. *J. Geophys. Res.,* **111**, G04015. doi : 10.1029/2006JG000162

Sims, D. A. & Gamon, J. A. (2002) Relationships between leaf pigment content and spectral reflectance across a wide range of species, leaf structures and developmental stages. *Remote Sens. Environ.,* **81**, 337–354.

Saitoh, T. M., Tamagawa, I. *et al.* (2010) Carbon dioxide exchange in a cool-temperate evergreen coniferous forest over complex topography in Japan during two years with contrasting climates. *J. Plant Res.,* **123**, 473–483.

Tang, J., Körner, C., Muraoka, H. *et al.* (2016) Emerging opportunities and challenges in phenology : a review. *Ecosphere,* **7**, e01436. doi : 10.1002/ecs2.1436

寺島一郎（2002）個葉および個体レベルにおける光合成．朝倉植物生理学講座３ 光合成（佐藤公行編），pp. 125–149，朝倉書店．

寺島一郎（2013）植物の生態――生理機能を中心に――．pp. 280，裳華房．

Ustin, S. L., Gitelson, A. A. *et al.* (2009) Retrieval of foliar information about plant pigment systems from high resolution spectroscopy. *Remote Sens. Environ.,* **113**, S67–S77.

Way, D. A. & Oren, R. (2010) Differential responses to changes in growth temperature between trees from different functional groups and biomes : a review and synthesis of data. *Tree Physiol.,* **30**, 669–688.

Wehr, R., Munger, J. M. *et al.* (2016) Seasonality of temperate forest photosynthesis and daytime respiration. *Nature,* **534**, 680–683.

Yamaguchi, D. P., Nakaji, T. *et al.* (2016) Effects of seasonal change and experimental warming on the temperate dependence of photosynthesis in the canopy leaves of Quercus serrate. *Tree Physiol.,* **36**, 1283–1295.

Yamamoto, S., Murayama, S. *et al.* (1999) Seasonal and inter-annual variation of CO_2 flux between a temperate forest and the atmosphere in Japan. *Tellus,* **51B**, 402–413.

依田恭二（1971）森林の生態学．pp. 331，築地書館．

熱帯林への気候変動および人間活動の影響

平野高司

はじめに

国連食糧農業機関（FAO）による国別インベントリーデータによると，2015年における熱帯林の面積は日本の国土面積の約47倍に相当する1,770万km^{2}であり，世界の森林総面積の44%を占めている．熱帯林の面積は，世界の陸域面積の12%であるが，熱帯林の炭素貯留量（バイオマス+土壌有機物），純一次生産量（NPP，植物がCO_2を有機物として固定する速度）および蒸発散が陸域全体の総量に占める割合は，それぞれ1/4, 1/3, 1/3に達し（Malhi *et al.*, 2014），陸域全体の窒素固定の70%が熱帯林で生じている（Townsend *et al.*, 2011）．また，生物種の半数以上が熱帯林に生息するだけでなく，12～15億人の人々が熱帯林の生態系サービスを直接享受している（Lewis *et al.*, 2015）．熱帯林の豊富な蒸発散による水蒸気の放出と気化冷却は，周辺地域の気象だけでなく，地球規模の水循環や気候システムにも影響を及ぼしている．さらに，生物化学的過程（光合成や呼吸などの代謝）を通じて大気組成（主にCO_2濃度）の調節に貢献してきた（Bonan, 2008；Lewis *et al.*, 2015）．

熱帯林は地球規模の大気環境に最も大きな影響力を持つ陸域生態系であるが，20世紀半ば以降，森林伐採などの大規模環境撹乱の脅威にさらされてきた．また，ほぼ数年おきに発生するエルニーニョ現象はアマゾンや東南アジアに干ばつをもたらす．さらに，大気CO_2濃度の上昇とそれにともなう温暖化の影響も顕在化しつつあるようだ（Huntingford *et al.*, 2013；Wang *et al.*, 2013）．地球規模の炭素循環や水循環を定量化するには，このような環境撹乱や気候変動・変化に対する生態系の応答を理解する必要があるが，アクセスが困難であることや生物多様性が非常に高いことなどの理由から，熱帯林は最も理解が進んでいない生態系のひとつでもある（Wood *et al.*, 2012）．

本章では，まず熱帯林の特徴について概説し，その後で，気候変動・変化（CO_2濃度上昇，温暖化，干ばつ）および人為的な環境撹乱（森林伐採や火災）が熱帯林のバイオマス生産や大気環境調節機能に及ぼす影響について解説する．さらに，脆弱な巨大炭素プールとして地球温暖化の観点から注目を集めている熱帯泥炭林についても，その炭素動態と環境撹乱の現状を中心に紹介したい．

4.1　熱帯林の特徴

4.1.1　熱帯林の分布と分類

熱帯林は赤道を挟んだ熱帯域に広く分布している．標高が高い山岳地域を除き，多くの熱帯林では1年を通じて気温が高く，気温の季節変化は小さい．一方，年降水量あるいは降水量の季節性（乾季の有無や長短）は場所によって大きく異なる．降雨の季節性によって，熱帯林はフェノロジーが異なる二つのバイオーム（熱帯雨林と熱帯季節林）に大別されることが多い．熱帯雨林は湿潤な気候に広がる常緑広葉樹林であり，熱帯季節林は乾季が明瞭なモンスーン気候に分布する落葉性あるいは半落葉性の森林である．熱帯雨林は，年降水量が1,500 mm以上で，かつ月降水量100 mm以下で定義される乾季の長さが6ヶ月未満の気候帯に分布しており（Lewis, 2006；Zelazowski *et al.*, 2011），その総面積は熱帯林全体の面積の1/2以上を占める（約1,100万 km^2）．熱帯雨林の分布の中心はアマゾン川流域（南米），コンゴ盆地（アフリカ）および東南アジア島嶼部の低平地であるが，約60％は中南米に分布する（Malhi, 2010）．各地域で熱帯雨林の優占種が異なり，たとえば東南アジアではフタバガキ科が優占する（図4.1）．優占種の違いは森林構造に影響を与え，アフリ

図 4.1　熱帯多雨林の林冠
マレーシア・パソ，伊藤雅之博士撮影.

カの熱帯雨林は他の地域に比べて樹木密度が低く，南米では相対的に樹高が低いことが知られている（Lewis *et al.*, 2015）.

熱帯林では 20 世紀半ば以降，伐採と農地開発が続いており，1990～2015 年の 25 年間で約 10% に相当する 195 万 km^2 の森林が消失した（Keenan *et al.*, 2015）. 現在では，熱帯林における原生林の面積割合は 36% であり，そのうちの 3/4 が保全の対象になっている. 熱帯における原生林の面積は世界全体の原生林面積の約 1/2 に相当する（Morales-Hidalgo *et al.*, 2015）. いずれにしても，熱帯林の 2/3 は二次林であり，特に熱帯季節林において二次林の割合が高い.

4.1.2　熱帯林の炭素収支

熱帯林には膨大な量の炭素が存在し，バイオマス，土壌有機物，枯死木および地表のリター層（地面に堆積する落葉・落枝）の総量として，329 Pg（Grace *et al.*, 2014）や 471 Pg（Pan *et al.*, 2011）という量が報告されている. 二つの数字の差は，評価手法，森林面積などの違いによるものである. 後者によると，2007 年の時点で熱帯林の炭素貯留量は世界全体の森林炭素量の 55% を占め，バイオマスと土壌の炭素量の割合がそれぞれ 56%，32% であった. 老齢な森林を多く含む熱帯林では温帯林や北方林に比べてバイオマスとして貯留される炭素の割合が高い．

第 3 章で説明されたように，バイオマスの収穫や火災などの撹乱が無視できる場合には，熱帯林の炭素収支（NEP：純生態系生産量）は，植物の光合成による大気 CO_2 の吸収（GPP：総一次生産量）と，植物や動物の呼吸および微生物による有機物の分解にともなう CO_2 の放出（RE：生態系呼吸量）によってほぼ決まるが，湿地林などでは地下水や河川水に溶け込んだ炭素（溶存無機炭素（DIC）と溶存有機炭素（DOC））や粒状有機炭素（POC）の溶脱（リーチング）の寄与が大きくなる場合もある．たとえば，アマゾン川流域の氾濫原では大量の溶存炭素（0.2 Pg C yr^{-1}）が河川に流出し，その量は GPP の年間量の 1/2 に相当すると報告されている（Abril *et al.*, 2014）．なお，NEP と似た用語に NEE（純生態系 CO_2 交換量）がある．NEE（＝RE－GPP）は，生態系と大気との間の対象となる物質の正味の交換量を表し，リーチングを含まない．炭素収支を大気側からみたもので，大気への流入（RE）が大気から

図 4.2　インドネシア・パランカラヤの排水された泥炭林（DF）のフラックスタワー
4.4.2 項参照．

の流出（GPP）より大きいときにNEEは正となる．リーチングを考慮しない場合にはNEE＝－NEPの関係がほぼ成り立つ．

1990年代以降，様々な陸域生態系に観測タワー（図4.2）を建て，微気象学的方法（渦相関法）を用いたCO_2フラックス（単位土地面積当たりの大気と生態系の間のCO_2交換量）の連続観測が行われてきた．CO_2フラックスのデータからNEE，GPPおよびREを連続的に計算することが可能である．いくつかの熱帯林における観測結果（年間値の平均）を表4.1に示す．表から熱帯林のGPPの年間値が30～40 Mg C ha^{-1} yr^{-1}であることがわかるが，この値は温帯林の平均値の2倍以上である（Luyssaert *et al.*, 2007）．しかし，光強度とGPPの間の関係式（非直角双曲線）から計算できる最大GPPの値は，熱帯林と温帯林でほとんど変わらない（Hirata *et al.*, 2008）．したがって，熱帯林でGPPの年間値が大きいことの原因は，低温や乾燥による休眠期間がなく成長期間が長いことである．タワー観測の結果を基に，気象や衛星リモートセンシングのデータを加えて全球スケールのGPPを評価した研究（Beer *et al.*, 2010）によると，熱帯林全体の年間GPPの平均値（1998～2005年）は41 Pg C yr^{-1}であり，全球の陸域生態系のGPPの34％を占める．熱帯林では，REの年間値も温帯林の値に比べて2.5～3倍大きい（Luyssaert *et al.*, 2007）．植物根の呼吸および土壌有機物（SOM）や枯死根，落葉の微生物による分解にともなうCO_2の放出は土壌呼吸とよばれ，REの主要な構成要素である．文献値を用いたメタ解析（Bond-Lamberty & Thomson, 2010）によると，農地を除いた陸域生態系における土壌呼吸の年間値（2008年）は，世界全体で85 Pg C yr^{-1}であり，熱帯生態系の割合が67％であった．これは草地なども含む結果であるが，全球の土壌呼吸に対する熱帯生態系の寄与が高いことがわかる．一方，二つの大きなCO_2フラックス（GPPとRE）のわずかな差であるNEP（＝GPP－RE）は，熱帯林では正（CO_2シンク）の森林もあれば負（CO_2ソース）の森林もあり（表4.1），温帯林のNEPと大きな違いはない（Luyssaert *et al.*, 2007）．

GPPから植物の呼吸によって失われる炭素を引いたものがNPPである．NPPは，単位面積当たりの植物のバイオマス増加量と落葉を含む枯死量を合算することで求めることができるが，森林でNPPを求めるには多くの労力を

表 4.1　熱帯林の CO_2 収支（渦相関法による結果，単位：$Mg\ C\ ha^{-1}\ yr^{-1}$）

サイト	国	緯度	標高 (m)	気温 (℃)	降水量 ($mm\ yr^{-1}$)	種類	NEE	GPP	RE	文献
Mae Klong	タイ	14°35′N	160	25.4	1708	季節林	0.1	32.3	32.3	Hirata *et al.* (2008)
Sakaerat	タイ	14°29′N	535	24.4	1483	季節林	0.5	37.6	38.1	Hirata *et al.* (2008)
Pasoh	マレーシア	2°58′N	75〜150	26.3	1865	雨林	−1.3〜1.7	31.6〜33.3	31.4〜35.0	Kosugi *et al.* (2012)
Palangka-raya	インドネシア	2°32′S	30	26.1	2452	雨林（泥炭林）	1.7	34.7	36.4	Hirano *et al.* (2012)
La Selva	コスタリカ	10°26′N	80〜150	23.8	3699	雨林	−2.5	31.0	28.5	Loescher *et al.* (2003)
Paracou	仏領ギアナ	5°17′N	10〜40	26.2	1540	雨林	−1.4	37.3	35.9	Bonal *et al.* (2008)
Caxiuanã	ブラジル	1°43′S	15	−	2000	雨林	−5.6	36.3	30.7	Carswell *et al.* (2002)；Malhi *et al.* (2009)
Tapajós	ブラジル	2°51′S	200	25.9	1920	雨林	1.1	31.4	32.5	Hutyra *et al.* (2007)；Malhi *et al.* (2009)
熱帯雨林の平均 (n=29)*				24.0	1154	雨林	−4.0±1.0	35.5±1.6	30.6±1.6	Luyssaert *et al.* (2007)

＊　渦相関法以外の結果も含む．

必要とする．ここでは，アマゾン川流域に広がる熱帯雨林の三つの成熟林サイトにある 10 以上のプロットでの調査結果（Malhi, 2012）について紹介する．NPP の葉，細根および幹部（葉と細根以外の部位）への分配率の平均値は，それぞれ 34，27，39% であった．葉への分配率は安定しており，細根と幹部の間でトレードオフの関係が認められた．NPP に対する幹部の寄与は 39% であり，枝や太根を除いた樹幹の寄与はわずかに 25% であった．このことは，一般に行われている樹幹の胸高直径の測定からは熱帯林の NPP を推定することが難しいことを示している．一方，落葉量（リターフォール）は NPP を推定するための有効な変数であり，リターフォールの平均値（$4.4\ Mg\ C\ ha^{-1}\ yr^{-1}$）と変換係数（2.42）から，南米の熱帯雨林の NPP の年間値が $10.6\ Mg\ C\ ha^{-1}\ yr^{-1}$ と見積もられた．アフリカと東南アジアを加えた統合解析（Luyssaert *et al.*, 2007）による平均 NPP（$8.6\ Mg\ C\ ha^{-1}\ yr^{-1}$）もほぼ同程度であり，温帯林の平均値（$7.6\ Mg\ C\ ha^{-1}\ yr^{-1}$）よりわずかに大きい程度である．なお，

NPPとGPPの比（NPP/GPP）は炭素利用効率（Carbon Use Efficiency：CUE）と呼ばれ，光合成で吸収したCO_2を有機物として固定する効率を表す．熱帯雨林のCUEは0.2〜0.4であり，温帯林の値に比べて低い（Anderson-Teixeira *et al.*, 2016；Luyssaert *et al.*, 2007；Malhi, 2012）．熱帯雨林の低いCUEは，老齢林が多くて同化器官（葉）のバイオマス比が小さいことや気温が高いことなどが関係していると考えられる（DeLucia *et al.*, 2007）．熱帯の低平地には風化が進んだ古い土壌が広く分布しており，岩石に由来する栄養分が不足している．また，これらの土壌はリン（P）を強く吸着する物理化学性を有しているため，熱帯林では可給態のPが養分制限となりやすい．生態系のP制限は，NPPと有機物分解を抑制し，熱帯林の炭素循環に影響を与えていると考えられている（Malhi, 2012；Townsend *et al.*, 2011）．

4.2　気候変動・変化と熱帯林

4.2.1　降水量の変動

赤道付近には，上昇気流が卓越する低気圧帯（熱帯収束帯，Intertropical Convergence Zone：ITCZ）が存在し，太陽の位置にともなって南北に移動する．熱帯林が分布する地域では，降水量の季節変化や年次変動はITCZの位置に関連するが，海洋と大気の結合変動であるエルニーニョ・南方振動（El Niño-Southern Oscillation：ENSO）やインド洋ダイポールモード現象（Indian Ocean Dipole：IOD）などの影響も強く受ける．ENSOは，赤道太平洋の海面水温（Sea Surface Temperature：SST）の東西分布が変動する海洋現象と，連動して生じる大気圧の東西変動（大気現象）の相互作用であり，東部海域の水温が上昇した状態をエルニーニョ現象，逆に低下した状態をラニーニャ現象とよぶ．赤道太平洋では東寄りの貿易風が卓越しており，表層の温かい海水が太平洋西部に吹き寄せられるため，通常は西部海域で東部海域よりSSTが高い．エルニーニョ現象とラニーニャ現象は貿易風の強弱と関係している．一方，インド洋の赤道海域では西風が卓越するため，平均的にはインドネシア周辺の東部海域の方がアフリカに近い西部海域よりもSSTが高い．このSSTの平均的な東西分布が弱くなるのが正のダイポール（東部で低下），強くなるのが負のダイポール（東部で上昇）である．太平洋のENSOとインド洋のIODは平均すると数年おきに発生する自然現象であり，エルニーニョ現象と正のダイポールは連動することが多い．また，IODは東南アジアの気候に強い影響を与えるモンスーンとも連動する（Cai *et al.*, 2015）．

ENSOとIODによって太平洋とインド洋の赤道域のSSTが変動するため，活発な対流域が東西方向に移動し，降水量の季節変化に影響を与える．特に，二つの海洋に挟まれた東南アジア島嶼部（主にインドネシア）は，ENSOとIODの影響を強く受ける．インドネシアの多くの地域では，ITCZの南北移動が大きいため降水量の季節変化は明瞭であり，北半球の夏季が乾季に，冬季が雨季にほぼ対応する．しかし，エルニーニョ現象が発生すると，雨季の始まりが遅れて干ばつが発生することが多い．逆に，ラニーニャ年には明瞭な乾季が現れないことも多い（Hamada *et al.*, 2002）．インドネシアの中部カリマンタン州（ボルネオ島南部）で著者らが観測した降水量の2001～2016年の変動を図4.3に示す（Hirano *et al.*, 2015）．エルニーニョ監視海域で観測されたSSTの平年偏差も示しているが，この値が基準値（±0.5℃）を上回るとエルニーニョ現象が，下回るとラニーニャ現象が発生したと定義される．この期間では，2002～2003, 2006～2007, 2009～2010, 2015～2016年にエルニーニョ現象が，2007～2008年と2010～2011年にラニーニャ現象が発生した．この場所では，平均すると7～9月が乾季（月降水量＜100 mm）となるが，エルニーニョ年には乾季の降水量が減少し，逆にラニーニャ年には7～9月でも降水量が減少しないことがわかる．遠隔地であるアマゾン川流域でもエルニーニョ現象の発生にともなって大気の対流活動が弱まり，多くの熱帯林地域で降水量が減少する．また，エルニーニョ現象によって気温が上昇する傾向があるため，しばしば干ばつが発生する（Jimenez-Munoz *et al.*, 2016）．しかし，アマゾン川流域における近年の干ばつ（2005年と2010年）は，北大西洋のSSTの変動（大西洋数十年規模変動，Atlantic Multidecadal Oscillation：AMO）が主要因であると報告されている．アマゾンでは，ENSOのときに北部と西部で，AMOでは南部と東部でそれぞれ降水量が減少するようだ（Marengo *et al.*, 2008；Marengo *et al.*, 2011）．東南アジアとアマゾンでは干ばつが大規模な火災を引

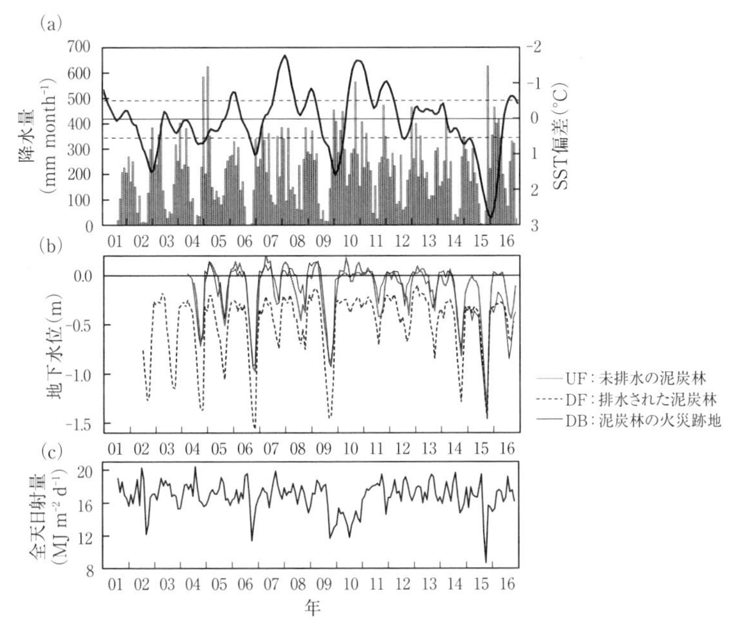

図 4.3　インドネシア・中部カリマンタン州パランカラヤ市郊外（南緯 2°21′，東経 114°1′）で観測された月降水量（a・棒グラフ），月平均の日積算日射量（c）および周辺の三つの熱帯泥炭地の地下水位（b）の変化（2001〜2016 年）
赤道太平洋東部海域（NINO 3.4）の海面水温（SST）の平年偏差（3 ヶ月移動平均，Oceanic Niño Index：ONI）も示してある（a・線グラフ）．ONI が 0.5℃ を超えるとエルニーニョ現象，−0.5℃ を下回るとラニーニャ現象が発生したとみなされる．降水量との対応のため，ONI の目盛は上下反転されている．Hirano *et al.* (2015) に追記．

き起こすことが多いが，火災については次節で解説したい．なお，アフリカの熱帯雨林地域では，ENSO と降水量の変動の間に明瞭な関係性はみられない (Malhi & Phillips, 2004)．

降水量の季節変化に適応し，乾季にも水分が確保できるように，熱帯林には深い根系を持つ樹種が多い（Canadell *et al.*, 1996）．そのため，年降水量が 2,000 mm 以上あれば，乾季でも光合成を維持するのに十分な土壌水を吸収することができるようだ（Corlett, 2016）．しかし，干ばつ年には乾燥ストレスのために炭素固定量が減少する．アマゾンの熱帯雨林全域を対象に，干ばつ年 (2010 年) と湿潤年 (2011 年) の炭素収支を航空機で観測した大気 CO_2 濃度の鉛直分布から計算したところ，2010 年には 0.48 Pg C yr^{-1} の放出，2011 年には 0.06 C yr^{-1} の放出となった（Gatti *et al.*, 2014）．これらの値から，大気中の一酸化炭素（CO）濃度から推定した火災による炭素排出量を減じると，干ばつ年では吸収と放出がほぼつり合ったが（0.02 Pg C yr^{-1} の吸収），湿潤年では 0.25 C yr^{-1} の吸収となった．両年の炭素収支の違いは，干ばつ年の乾季に光合成が低下して GPP が減少したことと，その後の雨季に微生物呼吸が上昇して RE が増加したことによる．干ばつによって樹木の枯死率が上昇するため，光合成の低下は水ストレスによる生理的障害だけでなく，落葉や枯死による葉量の減少にも起因する．また，微生物呼吸の上昇は植物の枯死体（有機物）が増えたことが原因であり，RE の増加が翌年以降も継続することが報告されている（Aragao *et al.*, 2014）．なお，強い乾燥が枯死を引き起こす原因について，①樹木の構造に関与しない炭水化物の不足（炭素飢餓）と②土壌から葉への導水の悪化（吸水不全）の二つが議論されてきたが，アマゾンの熱帯雨林で行われた 2002 年から続く長期の降雨遮断実験の結果，吸水不全が土壌水分低下による枯死の主原因であることが明らかとなった（Rowland *et al.*, 2015）．

1960〜1998 年の長期のトレンドとして，熱帯雨林地域で降水量が 10 年あたり 1% の割合で低下した（Malhi & Phillips, 2004）．また，アマゾン川流域では乾季の降水量が低下する傾向にあり（Davidson *et al.*, 2012；Gloor *et al.*, 2015），すでに乾燥化が進みつつあるのかもしれない．一方，地球温暖化にともなって赤道太平洋の海流が変化し，エルニーニョ現象とラニーニャ現象の強度が増すことが予測され，ENSO に起因する極端な気象現象の頻度が世界規模で上昇することが危惧されている（Cai *et al.*, 2015）．また，赤道太平洋西部において，エルニーニョ年の乾燥が強くなるという予測もある（Power *et al.*, 2013）．さらに，温暖化は IOD にも影響を与え，極端な正のダイポール現象（赤道インド洋東部の SST が低下）が増加することが予測されている（Cai *et al.*, 2014）．このことは，東部地域（特にスマトラ島やジャワ島）において干ばつの頻度が上昇することを示唆している．

4.2.2　温暖化

熱帯雨林の分布域全体で，1970 年代以降，温暖化が急速に進んでいる．

1998年までの気象データを解析した結果，平均すると1年あたり気温が0.026℃上昇した（Malhi & Phillips, 2004）．同時期の地球全体の気温上昇率（0.016℃ yr^{-1}）に比べ，熱帯雨林地域の気温上昇率が高かったことがわかる．また，アマゾン川流域では1980〜2013年の期間に気温が0.7℃上昇した（Gloor *et al.,* 2015）．この気温上昇率（0.021℃ yr^{-1}）は同時期の地球全体の上昇率（0.012℃ yr^{-1}）の約2倍である．このような熱帯の気温変動が地球規模の炭素収支に大きな影響を与えることがわかってきた．たとえば，モデルを用いて推定した地球全体のGPPと熱帯の地上気温の間に負の相関がある（Piao *et al.,* 2013）．また，ハワイ島のマウナロア山と南極点で観測されたCO_2濃度の上昇速度と熱帯の地上気温の間に強い正の相関があり，1℃の気温上昇で大気CO_2が1年あたり3.5 Pg C yr^{-1}増加することがわかった（Wang *et al.,* 2013）．この正の相関は，気温上昇にともなって熱帯生態系のNPPが低下するとともに，微生物呼吸（土壌有機物の分解）が上昇することに起因する．さらに，熱帯の気温に対する大気CO_2増加速度の感受性が過去50年間で1.9倍に上昇した（Wang *et al.,* 2014）．

野外実験に基づく研究が少ないため，気温上昇が熱帯林の炭素収支に与える影響については未解明な部分が多く残されている．Wood *et al.* (2012) の総説によると，熱帯樹の光合成は葉温が33℃を超えると大きく低下する．また，熱帯樹種の30〜50% は光化学反応性の高い揮発性有機化合物（代表的な物質はイソプレン）を葉内で生成し，気孔を通じて大気へ放出する．これは，光合成で固定された炭素の一部が揮発性有機化合物として大気へ戻ることを意味する．イソプレンの生成は，短期的には光合成系の熱耐性を高める効果があるが，慢性的な高温には効果がないかもしれない．イソプレン放出量は温度とともに指数関数的に増加するため，高温条件（ほぼ38℃以上）では熱帯林における重要な炭素損失となる可能性がある．同様に，呼吸も温度に対して指数関数的に反応する．したがって，温度上昇に対する呼吸速度の上昇は，相対値で表すと温度によらずほぼ一定であるが，上昇の絶対量は高温ほど大きくなる．このことは，もともと気温の高い熱帯地域で，昇温にともなう呼吸量の増加が大きいことを意味する．しかし，中高緯度での温暖化実験の結果ではあるが，昇温による土壌微生物の呼吸（土壌有機物分解）の上昇が数年で止まることも報告されている（たとえばKirschbaum, 2004）．これは，土壌微生物が高温環境に順化したためだと考えられる．

気候変動に関する政府間パネル（IPCC）の第5次評価報告書（AR5）は，42の気候モデルを用いて計算した今世紀中の気温上昇を地域別に示している．中位安定化シナリオ（RCP4.5）の下での2100年の気温上昇の平均値は，アマゾン，東アフリカおよび東南アジアでそれぞれ2.1, 2.0, 1.6℃であり，ほぼ同じ経度の温帯域（北アメリカ東部，中部ヨーロッパ，東アジア）の値（2.4～2.7℃）より小さい．しかし，熱帯では気温の季節変化が小さく，気温の変動幅が小さいため，今までに経験しなかった気温に到達するまでの時間は中高緯度地域に比べて短いと考えられる（Mora *et al.*, 2013）．小さな気候変動に適応した熱帯の生物種の適温域は狭く，少しの温度変化が大きな影響を与える可能性がある．一方，現在より気温が高かった新生代に熱帯林の生物多様性が高かったことが知られている．しかし，現在の温暖化の速度は新生代のころより10～100倍大きく，寿命の長い多くの樹種は一生のうちに数℃の昇温を経験することになる（Malhi *et al.*, 2014）．気温上昇を回避するため，植物の生息域が高緯度あるいは高標高の方向に移動することが考えられるが，熱帯では緯度方向の温度勾配が小さいため，水平的な移動は効果的ではない（Mora *et al.*, 2013）．また，低地に広がる熱帯雨林では，鉛直方向の移動も不可能である．

4.2.3　CO_2濃度上昇

CO_2は光合成の基質であるため，気孔開度などの生理条件や気温，土壌水分などの環境条件が一定であれば，大気CO_2濃度の上昇は光合成を促進することになる（CO_2施肥効果）．この効果は，C4植物（熱帯草本）よりもC3植物（熱帯樹木）において顕著であるため，両者の競争関係が変化し，森林域の拡大につながる可能性がある．なお，高CO_2濃度での光合成の促進は，温帯林や北方林よりも気温の高い熱帯林で大きくなると考えられている．なぜなら，高CO_2濃度での光呼吸抑制効果が高温で強くなるためである（Cernusak *et al.*, 2013）．また，高CO_2条件では気孔開度が低下し，蒸散が減少するため水利用効率（光合成／蒸散）が上昇する．結果として植物の水損失が減るため，乾燥に対する抵抗性は向上するが，蒸散を通じた気化冷却が抑制される可能性もある．

熱帯林のインベントリーデータを統合的に解析した結果，世界の熱帯林全体で単位面積当たりのバイオマスが増加を続けていることがわかった．1年あたりの地上部のバイオマス増加速度は，1987～1997年の平均で0.49 Mg C yr^{-1}であった（Lewis *et al.*, 2009）．老齢木を多く含む熱帯林でのバイオマスの増加は，CO_2施肥効果に関係づけられている．また，産業革命以降，CO_2濃度の上昇により熱帯林のGPPが18% 上昇し，2050年（500 ppm）と2100年（800 ppm）には，それぞれ20%，60% 上昇するというシミュレーション結果が報告されている（Malhi, 2012）．さらに，現在の陸域全体での正味CO_2固定量のうち，過去150年間のCO_2濃度上昇による増加量が60% を占めるという報告もある（Schimel *et al.*, 2015）．一方，22の生態系モデルを用いて熱帯雨林における2100年までのバイオマス変化を計算した結果，一つを除く全てのモデルが単位面積当たりのバイオマス増加を予測した．この増加はCO_2濃度の上昇によるものであり，気温上昇による減少を上回った（Huntingford *et al.*, 2013）．

4.3　人間活動の影響

4.3.1　森林伐採（deforestation）と森林劣化（degradation）

人類は，狩猟や農業を行うことで更新世の終りから完新世の初め（約1万年前）にかけて，熱帯林に影響を与えはじめた．熱帯樹種には大型動物を用いて種子散布を行うものが多いため，狩猟による大型動物の絶滅や減少は熱帯林の種組成に影響を与えてきたと考えられている（Malhi *et al.*, 2014）．さらに20世紀半ば以降は，人類の影響が急速に拡大し，木材生産や土地利用を目的とした皆伐が広く行われるようになった．熱帯林の土地利用変化は，小規模な農地の開発から始まり，現在では企業経営による大規模プランテーション（ダイズ，牧草地，バイオ燃料（オイルパーム，サトウキビ），パルプ材（アカシア，ユーカリ）など，図4.4）の開発が主流である．熱帯では1980～2000年に100万 km^2 以上の農地が新たに開発されたが，それらの55% は未撹乱の一

図 4.4　熱帯泥炭地に開発されたオイルパームプランテーション
マレーシア・シブ.

次林，28% は二次林が転換されたものである（Gibbs *et al.*, 2010）．また，違法なものも含めて，木材生産や薪炭のための択伐も盛んに行われており，皆伐と合わせて熱帯林の劣化に寄与している．たとえば，択伐した木材を運搬するための道路が建設されると，森林が分断化され，小規模な森林が増加するとともに，アクセスが良くなるため狩猟や森林伐採の圧力が高まる．森林の連続性が失われていくことで生物多様性が低下し，生態系サービスも劣化すると考えられる．また，分断化によって林縁面積が増加するため，強風による被害が増えたり，ツル性植物が増加したりすることが報告されている．さらに，乾燥化と人の進入により火災のリスクが高まる．これらは周縁効果（edge effect）と呼ばれ，生物多様性の低下やバイオマスの減少をもたらす（Lewis *et al.*, 2015）．

広域の森林面積を評価する方法として，FAO による国別のインベントリーデータが広く利用されてきた．しかし，国や年度による手法の一貫性に問題があることが指摘されており，熱帯林の減少を過大評価する傾向があった（Malhi, 2010）．そのため，衛星リモートセンシングを用いた評価が行われるようになってきた．高い空間分解能で全球の森林マップを作成し，森林面積の変化を解析した研究（Hansen *et al.*, 2013）によると，2000～2012 年における全球の森林面積の減少（伐採）は 230 万 km^2，増加（再生）は 80 万 km^2 であった．熱帯林では，面積の減少，増加ともに他の森林よりも大きく，熱帯雨林の減少が全球の森林減少の約 1/3 を占めた．熱帯林全体の減少速度は 7.4 万 $km^2\ yr^{-1}$

（減少率 0.45% yr^{-1}）であり，この減少に対する中南米，アフリカ，熱帯アジアの熱帯林の寄与は，それぞれ 55，15，30% であったが，減少率は熱帯アジア（0.62% yr^{-1}）が最大である．なおブラジルでは，この期間に熱帯雨林の減少速度が 2003～2004 年の 4 万 $km^2 yr^{-1}$ から 2010～2011 年の 2 万 $km^2 yr^{-1}$ に大きく低下した．これは，ブラジル政府による森林伐採抑制政策と衛星リモートセンシングによる森林監視技術の向上による結果である．しかし，ブラジル以外の熱帯の国々，特にインドネシアで森林伐採が増加したため，熱帯林の減少速度が上昇した．一方，1990 年代（8 万 $km^2 yr^{-1}$）に比べて 2000 年代（7.6 万 $km^2 yr^{-1}$）に熱帯林の減少速度が低下したという報告（Achard *et al.*, 2014）もある．また，主に択伐（木材収穫）による森林劣化（樹木密度の低下）も進んでおり，衛星リモートセンシングで測定した樹冠（キャノピー）密閉度の減少をもとに評価すると，2000～2010 年に劣化した熱帯林の面積は 156 万 km^2 と推測され，世界全体で劣化した森林面積の 85% を占めた（van Lierop *et al.*, 2015）．

森林の炭素損失量（g C yr^{-1}）は，減少した森林面積（$km^2 yr^{-1}$）にバイオマス密度（g km^{-2}）と炭素含有率（50%）を乗じることで求められるが，多くの場合，バイオマスの減少分が 1 年で分解し，全て CO_2 として大気に放出されると仮定される．実際には，全て分解するわけではなく，また分解するのに時間を要するが，数年以上の期間で平均すると，誤差が相殺されるのであろう．さて，広域評価の際にバイオマス密度を決める方法として，森林タイプごとの既定値を使う方法と，人工衛星で観測されたライダー（Light Detection And Ranging：LiDAR）データから樹高を推定し，アロメトリー式を用いてバイオマス密度を求める方法がある．後者の方法を用いて 500 m の空間分解能で熱帯林のバイオマス密度マップを作成した研究（Baccini *et al.*, 2012）によると，2007～2008 年におけるサバナを含む熱帯林の地上部バイオマスの炭素量は，中南米，アフリカおよびアジアで，それぞれ 118，65，47 Pg C となり，熱帯林全体の総量は 229 Pg C であった．熱帯全域の森林伐採にともなう年間の炭素排出量（ソース）については，1990 年以降の様々な期間を対象としたいくつかの報告がある．森林の定義，対象エリア，対象期間，植林や火災の有無，手法などが異なるため，結果のばらつきはかなり大きい．大きな値としては，2.8〜3.0 Pg C yr^{-1}（Pan *et al.*, 2011）や 1.30 Pg C yr^{-1}（Malhi, 2010）という推定がある．また，小さい推定値として 0.62 Pg C yr^{-1}（Zarin *et al.*, 2016）もあるが，多くは 0.8〜0.9 Pg C yr^{-1}（Achard *et al.*, 2014；Baccini *et al.*, 2012；Grace *et al.*, 2014；Harris *et al.*, 2012）の範囲である．炭素循環に関する国際的な研究プロジェクトである Global Carbon Project（Quéré *et al.*, 2016）は，土地利用変化による地球全体の炭素排出量が1年あたり 1.0±0.5 Pg C yr^{-1}（2006〜2015年）であると報告しており，熱帯林からの排出量が非常に大きいことがわかる．一方，熱帯の成熟林や二次林は大きな炭素吸収源であり，熱帯林全体の正味の年間吸収量として 2.7〜2.9 Pg C yr^{-1}（Pan *et al.*, 2011）や 1.09 Pg C yr^{-1}（Malhi, 2010）が報告されている．二次林では樹木の成長が速いため，成熟林に比べて NPP が大きい．中南米の熱帯二次林における地上部バイオマスの調査（Poorter *et al.*, 2016）によると，伐採20年後のバイオマス増加速度（回復力）は成熟林の11倍であり，66年後には成熟林の90％までバイオマスが回復した．ただ，二次林の回復力の地理的なばらつきは大きく，乾季が明瞭に現れる熱帯季節林の地域では熱帯雨林の地域よりも回復力が弱いことが示された．なお，Pan *et al.*（2011）と Malhi（2010）は，森林伐採による排出量と森林の成長による吸収量から熱帯林の炭素収支を計算し，正味の炭素排出量の年間値として，それぞれ 0.1（1999〜2007年），0.21（2000〜2005年）Pg C yr^{-1} を示した．また，Grace *et al.*（2014）も 2005〜2010年の平均として，ほぼ同様の小さな排出量（0.16 Pg C yr^{-1}）を報告している．これらの結果は，森林伐採による排出量と森林成長による吸収量がほぼ釣り合い，熱帯林がカーボンニュートラルであることを示唆している．一方，世界的な観測ネットワークの大気 CO_2 濃度データを基に，11種類のモデルを用いて陸域の炭素収支を逆解析（インバース法）し，化石燃料の消費にともなって排出される CO_2 を除いた結果によると，熱帯（南緯30°〜北緯30°）の陸域は炭素ソースであった（0.9±0.9 Pg C yr^{-1}，2001〜2004年）（Peylin *et al.*, 2013）．熱帯域では大気 CO_2 濃度の観測点が少ないため推定が難しいことと，火災による炭素排出量が含まれていることが両者の違いの原因であろう．

4.3.2　火災の影響

熱帯雨林は湿潤な地域に分布している．また，キャノピーが閉じているため林内に日射が入らず，林内の湿度が高い．そのため，本来，熱帯雨林で火災が生じることはほとんどなかった．しかし，択伐によって樹木密度が低下すると，キャノピーが開いて林内の湿度が低下する．また，伐採や択伐によって森林が分断されると周縁効果が高まり，風や日射が入り込むことで森林の乾燥化が進む．さらに，伐採や択伐は枯死木や植物残渣（枝や根株など）を発生させ，燃料が増加する．これらは，残された森林，特にその林縁部で火災のリスクが急速に上昇することを意味する．なお，熱帯雨林の優占種の樹皮は相対的に薄いため，火災に対する抵抗性が低い（Cochrane, 2003）．

熱帯林地域では落雷が多いが，激しい雨（スコール）をともなうことがほとんどであり，落雷によって火災が発生することは少ない．熱帯林の火災はほぼ人為起源である．数千年前から続く焼畑農業や，伐採後の植物残渣や再生する植生を除去する安価で迅速な方法として用いられる火入れ（焼却）が主な原因である．道路が整備されると森林へのアクセスが容易になり，伐採や択伐，さらには焼畑や火入れが増加する．これらの火が森林内に燃え広がるため，道路に近いほど森林火災の頻度が高くなる．火災後に燃え残りの枯死木などが燃料として残るため，同じ場所が繰り返し燃えることも多い．そうなると，本来の森林が再生することは困難であり，先駆種が世代交代しながら長く優占することになる（Cochrane, 2003）．

4.2節で述べたように，東南アジアとアマゾン川流域の熱帯雨林地域ではエルニーニョ現象にともなって大規模な火災が発生してきた．1997～1998年に発生した非常に強力なエルニーニョ現象によって，インドネシアでは1997年に11.6万 km^2 で火災が発生し，1.45 Pg C の炭素が排出されたと報告されている（Murdiyarso & Adiningsih, 2007）．この排出量には，熱帯泥炭の燃焼によって排出された膨大な量の CO_2 も含まれているが，熱帯泥炭については次節で詳しく述べたい．FAOのデータ（2003～2012年）を平均すると，熱帯林では地球全体の森林火災面積の79％に相当する57万 $km^2\,yr^{-1}$ で火災が発生してきた．この値は，熱帯林全体の約3％が毎年燃えていることを意味する．

一方，火災にともなう炭素排出量を全球規模で評価した例として，Global Fire Emissions Database（GFED4）がある（http://www.globalfiredata.org/）．一つ前のバージョン（GFED3）を用いた解析によると，1997〜2009年の火災によって地球全体で1年間に排出された炭素量は2.0 Pg C yr^{-1} であった．同じ期間に，熱帯林の火災によって0.383 Pg C yr^{-1} が，熱帯泥炭の火災によって0.107 Pg C yr^{-1} が排出された．人工衛星Terra/Aquaに搭載された光学センサー（MODIS）のデータが利用可能な期間（2001〜2009年）に限ると，熱帯林の火災による炭素排出量は全球排出量の20% を占め，サバナと草原の火災（44%）に次ぐ多さであった（van der Werf *et al.*, 2010）．

最後に，急速に森林面積が減少しているボルネオ島を対象にした研究例を紹介したい．ボルネオ島はインドネシア，マレーシア，ブルネイにまたがり，世界第3位の面積（74.3万 km^2）を有する．人工衛星によるLiDAR（LCESat / GLAS）データを地上データで校正し，森林の樹高とバイオマスを評価した結果，2003〜2007年に森林面積（樹高2 m以上）が年率1.6% yr^{-1} で減少したことがわかった．国別で評価すると，面積の73% を占めるインドネシア領（カリマンタン）では減少率が2.1% yr^{-1} であり，マレーシア領の減少率（0.8% yr^{-1}）の2倍以上であった（Hayashi *et al.*, 2015）．この違いは，森林火災の面積がインドネシア領ではマレーシア領よりも5倍大きいことや，エルニーニョ年（2006年）にインドネシア領で顕著に火災が増加したことによる（Langner & Siegert, 2009）．また，インドネシア領におけるオイルパームを中心としたプランテーションの急激な増加も一因である（Gaveau *et al.*, 2016）．その後の2010年と2015年を比較すると，ボルネオ島全体の森林減少率は1.7% であり，ほぼ同じ傾向が続いていることがわかった（図4.5；本岡・林，2017）．図4.5は，JAXAの陸域観測技術衛星（だいち／だいち2号）に搭載されたLバンド（マイクロ波）合成開口レーダー（PALSAR / PALSAR-2）の後方散乱係数を用いて植生分類を行った結果である．一方，人工衛星LiDAR（LCESat / GLAS）データを用いて，森林の地上部バイオマスを全島について推定したところ，前半（2003〜2005年）に比べて後半（2006〜2009年）で35.5 Mg ha^{-1} 低下した（図4.6）．バイオマスの減少は，前述した火災と択伐による森林劣化が主な原因と考えられる．択伐強度は地域によって異なり，商

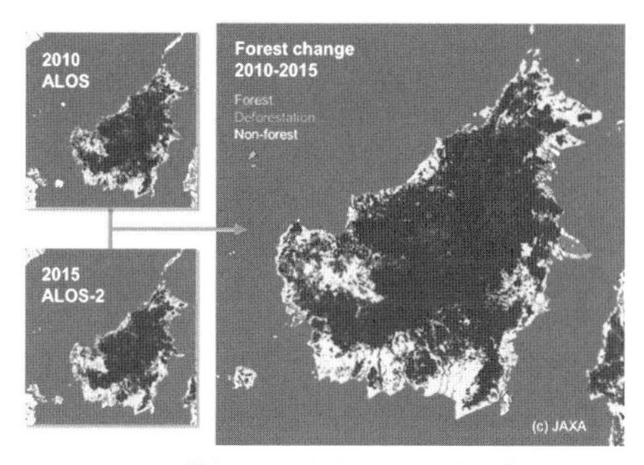

図 4.5 人工衛星 ALOS/ALOS-2 に搭載された合成開口レーダー（PALSAR/PALSAR-2）によって分類されたボルネオ島の 2010 年と 2015 年の森林域（左側の図の緑色の部分）および森林域の変化

右側の図の赤色の部分が伐採等による森林消失を表す．本岡・林（2017）より．→口絵 6

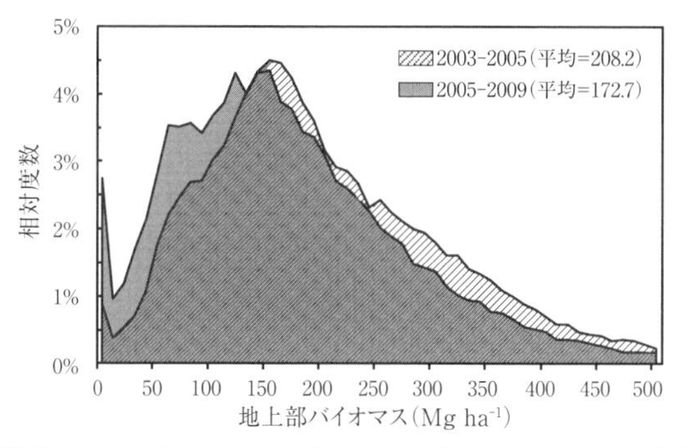

図 4.6 人工衛星搭載の LiDAR（ICESat/GLAS）によって求めたボルネオ島の森林バイオマス密度の頻度分布

2003〜2005 年と 2005〜2009 年の比較．Hayashi *et al.* (2015) を改編．

業的価値の高い樹種（フタバガキ科）が優占する東南アジアでは，アフリカやアマゾン川流域よりも多くの個体が収穫される傾向にある（Malhi *et al.*, 2014）．

4. 4　熱帯泥炭林

4. 4. 1　熱帯泥炭林の特徴と現状

泥炭とは，地下水位が高く保たれた嫌気的（還元的）な条件（湿地）で，分解が抑えられた植物遺体が堆積して形成された有機質土壌である．泥炭地の面積は世界全体で陸地面積の約 3%（約 400 万 km^2）に過ぎないが，全土壌炭素の約 40%（626 Pg C）を保持している（Page *et al.*, 2011）．泥炭地の多くは気候が冷涼な北半球の高緯度地域に分布するが，熱帯にも比較的広く分布している．熱帯泥炭地の分布の中心は，赤道アジアの島嶼部（インドネシア，マレーシア，パプアニューギニア），コンゴ盆地およびアマゾン川上流域である．最近，コンゴ盆地に広大な泥炭地（14.6 万 km^2）が存在することがわかり，熱帯泥炭地の総面積は約 58 万 km^2 と修正された（Dargie *et al.*, 2017）．その結果，熱帯泥炭が保持する炭素量は 105 Pg C となり，世界全体の泥炭炭素の 17 % を占める．この量は，熱帯林全体の地上部バイオマス（229 Pg C, Baccini *et al.*, 2012）の 46% に相当し，熱帯泥炭は巨大な炭素プールであるといえる．東南アジアには，沿岸部の低平地を中心に 25 万 km^2 の熱帯泥炭地が広がり，熱帯泥炭全量の 65% に相当する 68.5 Pg C の土壌炭素を保持していると推定されている．インドネシアには総面積 20.7 万 km^2 の熱帯泥炭地が存在し，1 万 4 千年程度の期間で平均 5.5 m，最大 20 m の深さまで徐々に堆積した（Dommain *et al.*, 2011；Page *et al.*, 2011）.

高緯度の泥炭はミズゴケや草本が主原料であるが，熱帯泥炭の多くは木本に由来し，湿地林（熱帯泥炭林）と共存して徐々に発達してきた．しかし，マレーシアとインドネシアでは，木材の収穫と，小規模農家の農地開発やオイルパームおよびパルプ原料木（アカシア）の大規模プランテーション開発のため，1970 年代以降（特に 1980 年代半ば以降），熱帯泥炭林の面積が減少を続けた．1990～2015 年の 25 年間で 7.3 万 km^2（年率 2.5%）の熱帯泥炭林が伐採されるとともに，残された多くの一次林でも択伐が行われた．その結果，2015 年には熱帯泥炭地全体に対するプランテーションと小規模農地の割合が 50% まで上昇するとともに，広大な面積の伐採跡地が未利用のまま放置され，二次林あるいは草地となった（Miettinen *et al.*, 2016）．なお，同時期（1990～2010年）の東南アジア全域の熱帯林面積の減少速度（年率 0.6%，Stibig *et al.*, 2014）と比べると，熱帯泥炭林の減少速度は 4 倍以上速い．このように急激に進んだ熱帯泥炭林の伐採と土地利用変化は熱帯泥炭地の乾燥化を促進した．特に，プランテーション開発では排水を行って地下水位を低下させるため，泥炭中に酸素が供給され，泥炭の好気的（酸化）分解が促進されることになる．この分解と物理的な圧密，収縮の結果として，泥炭地では大きな地盤沈下が生じる．

未撹乱の熱帯泥炭林では，地下水位が高いこととキャノピーが閉じていて林内が湿潤であるため，火災はほとんど起きない．しかし，択伐によるキャノピー被度の低下，伐採による植物残渣の増加や植生変化（二次林や草地への変化），さらには排水などによって乾燥化が進むと，火災のリスクが急速に高まる．乾燥した泥炭は非常に燃えやすい．ボルネオ島の低地では，熱帯泥炭林の面積は泥炭林以外の熱帯雨林の面積の半分以下であるが，2002 年と 2005 年に火災の被害を受けた面積は，それぞれ 73%，55% と高い割合であった（Langner *et al.*, 2007）．また，泥炭火災の場合，地下で燻るため地上からの消火が難しく，多少の散水や降雨では消えない（図 4.7）．泥炭火災の消火は，雨季になって地下水位が上昇するのを待たなければならない．図 4.8 は火災によって泥炭が焼失した後にできた窪地である．この窪地（深さ約 2 m）の体積に相当する泥炭が燃え，主に CO_2 として大気に放出された．インドネシアではほぼ毎年 7 月～11 月中旬に火災が発生するが，ピークは乾季の後半にあたる 9 月～10 月である．泥炭地での火災のほぼ全ては人為起源であり，植物残渣の焼却（伐採後の整地作業など）の他に，農地の除草や泥炭を燃やすことで灰（肥料）を得ることも慣例的に行われている．雨季の到来を見越して火入れが行われるため，通常，火災は想定した範囲内に収まるが，干ばつ年では雨季の始まりが遅れ，火災が大規模に拡大してしまう．なお，ENSO や IOD に起因する干ばつは昔から起きていたが，スマトラ島とボルネオ島（カリマンタン）で大規模火災が発生するようになったのは，それぞれ 1960 年代，1980 年代以降である．ジャワ島の人口過密を解消するための移民政策にしたがい，それぞ

図4.7　泥炭火災の様子（地下で燃焼）
インドネシア・パランカラヤ．

図4.8　泥炭火災の跡地（泥炭焼失でできた窪地）
インドネシア・パランカラヤ．

れの時期にスマトラ島とカリマンタンの泥炭地に入植が始まった．人口が増えたことで，大規模火災が発生するようになった（Field *et al.*, 2009）．泥炭火災は排水路の近くで頻発し，同じ場所が繰り返し燃えることが報告されている．しかし，燃えやすい燃料が減ることと，泥炭が燃えて地盤が低下することで相対的に地下水位が上昇して乾燥しづらくなるため，再発するたびに焼失深度が小さくなる（Konecny *et al.*, 2016）．繰り返し燃えた場所では，シダ類やスゲ類が優占する生態系に変化する．泥炭火災は地下で生じるため，燃焼時の酸素濃度が低く，燃焼温度も低い．そのため不完全燃焼となり，地上でのバイオマスの燃焼に比べてメタンや有害物質（ベンゼン，シアン化水素など），粒子状物質（$PM_{2.5}$）の発生量が多くなる（Page & Hooijer, 2016）．大規模な泥炭火災が発生すると，インドネシア国内だけでなく近隣のマレーシアやシンガポールにもヘイズ（煙霧）が流入し，大気汚染物質（$PM_{2.5}$ やオゾン（O_3））の濃度が大きく上昇する．強力なエルニーニョ現象が発生した年には，これらの大気汚染物質濃度が WHO（世界保健機構）の基準値を大きく超えるため，循環器疾患による死亡率が 2% 上昇するという報告もある（Marlier *et al.*, 2013）．また，ヘイズは視程を悪化させるため，健康被害だけでなく交通障害などを通じた経済的な損害を引き起こすことになる．泥炭火災が引き起こすヘイズは，これら三か国において非常に深刻な社会問題，国際問題となっている．

4.4.2　熱帯泥炭林の炭素収支と撹乱にともなう炭素放出

まず，インドネシア・中部カリマンタン州の州都パランカラヤ市近郊の熱帯泥炭地で行った研究について紹介したい．この地域では，泥炭林を農地（主に水田）として開発する大規模な国家プロジェクト（メガライスプロジェクト，対象面積 1.7 万 km^2）が始まり，1990 年代に森林伐採が行われた．また，掘削された大規模な水路（図 4.9，総延長 4,500 km）の影響で，地下水位が大きく低下した．しかし，経済状況の悪化などが原因で 1999 年に開発プロジェクトは頓挫し，広大な面積の未利用の森林跡地が放置されたままになっている．そのため泥炭が荒廃し，また火災が頻発しており，熱帯泥炭の開発における象徴的な「負の遺産」として国際的に認知されている場所である．この地域に，撹乱の程度が異なる 3 サイト（未排水の泥炭林，排水路により地下水位が低下した泥炭林，泥炭林の火災跡地）を設け，2001 年から微気象や地下水位などの環境要因（図 4.3）とともに，渦相関法を用いて CO_2 フラックスのモニタリングや，自動開閉型のチャンバーシステムによる土壌 CO_2 フラックス（土壌呼吸速度）の連続観測も行ってきた（Hirano *et al.*, 2012；Sundari *et al.*,

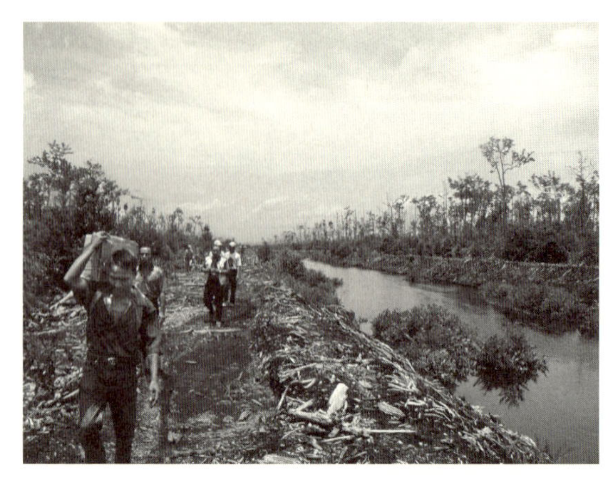

図4.9　メガライスプロジェクトで掘削された水路
インドネシア・パランカラヤ，2001年2月撮影.

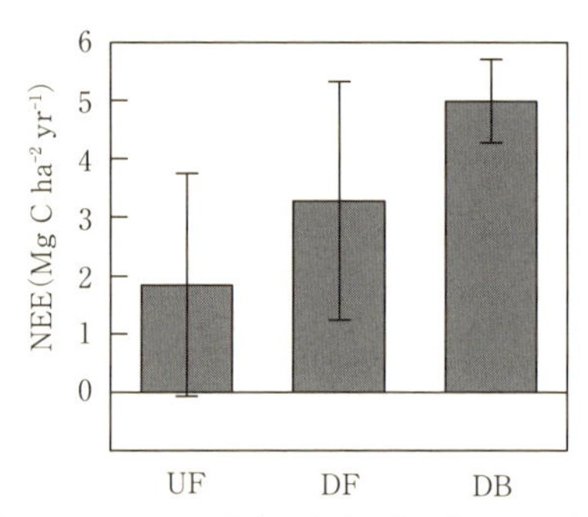

図4.10　渦相関法で測定した熱帯泥炭地の純生態系 CO_2 交換量（NEE）の年積算値（4年間の平均±標準偏差）
未排水の泥炭林（UF），排水された泥炭林（DF）および泥炭林の火災跡地（DB）の結果を比較している．Hirano *et al.* (2012) を基に作図.

2012)．NEE（大気への正味の CO_2 放出量）の年間値を比較すると，最も攪乱の進んだ森林跡地でNEEが最大であったが，ほぼ未攪乱の泥炭林でもNEEは正（CO_2 ソース）であった（図4.10）．この地域では，DOCとPOCとして河川に流出する有機炭素量が0.63〜1.05 Mg C ha^{-1} yr^{-1} であり，NEEと同様に攪乱によって増加することが報告されている（Moore *et al.*, 2013）．これらを加えると，3サイトの炭素損失量はさらに増加することになるが，ほぼ未排水の泥炭林が炭素ソースであったのは予想外であった．この原因の一つとして，

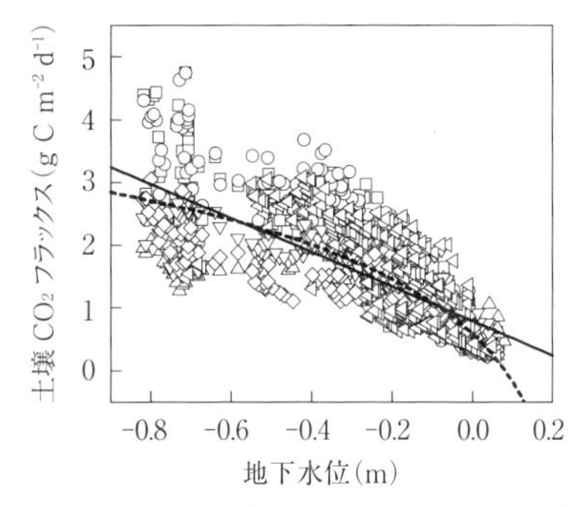

図 4.11　地下水位と泥炭の好気的分解にともなう CO_2 放出速度（フラックス）の関係（日平均値）

泥炭地の火災跡地（DB）で自動開閉型チャンバー（6 台）を用いて連続観測した結果であり，異なる記号は異なるチャンバーを表す．両者の関係は，対数式（$R^2=0.64$）あるいは直線（$R^2=0.60$）によって有意に近似できた．Hirano *et al.* (2014) を改編．

泥炭火災に起因するヘイズによって日射量が減衰し（図 4.3），GPP が低下したことが考えられる．ヘイズによって散乱日射の割合が上昇するため，GPP の光利用効率は上昇するが（Knohl & Baldocchi, 2008），それ以上に日射量が低下したと考えられる．1980 年代までに行われた調査によると，インドネシアの熱帯泥炭は毎年 1〜2 mm 堆積していると報告されている（Sorensen, 1993）．しかし，上記の炭素収支の結果は，泥炭の堆積，すなわち泥炭炭素の増加がこれ以上期待できないことを示唆している．

熱帯泥炭地では水文環境（地下水位）が炭素収支を支配する重要な環境要因である．地下水位が低下すると土中の酸素濃度が上昇し，泥炭の好気的分解が促進されて土壌 CO_2 フラックス（微生物呼吸）が上昇する．図 4.11 は，泥炭林の火災跡地で測定した土壌 CO_2 フラックスと地下水位の関係である．火災直後であったため土中に植物根はほとんどなく，示された値は泥炭の好気的分解に相当する．地下水位の低下にともなって泥炭分解が上昇することがわかるが，有意な直線回帰（$R^2=0.60$）の結果は，地下水位が 10 cm 低下すると泥炭分解が 0.27 g C m^{-2} d^{-1} 上昇することを示している（Hirano *et al.*, 2014）．一方，NEE の年積算値も地下水位との間に有意な負の相関が認められた（$R^2=0.82$，図 4.12a）．ここでは，地下水位として月平均値の年最低値（ほぼ，乾季である 10 月の値）を採用しており，そうすることで排水の有無にかかわら

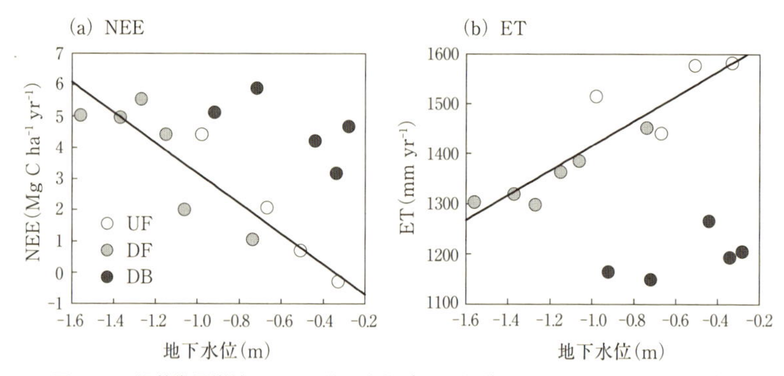

図 4. 12　渦熱帯泥炭地における地下水位（月平均値）の最低値と年積算 NEE（a）あるいは年積算 ET（b）の関係

焼け跡（DB）を除く泥炭林（UF と DF）では有意な直線関係が認められた．Hirano *et al.*（2015；2016）より．

ず泥炭林の結果を一つの直線で近似することができた（Hirano *et al.*, 2016）．この関係式は，乾季における 10 cm の地下水位の低下が 1 年あたりの CO_2 排出量を 0.49 Mg C ha^{-1} yr^{-1} 増加させることを示唆している．また，渦相関法で測定した蒸発散量（ET）の年間値と地下水位の最低値との間にも有意な直線関係（R^2＝0.80，図 4. 12b）があり，乾季の地下水位の低下が蒸発散量の年間量を直線的に低下させることがわかった（Hirano *et al.*, 2015）．このように，乾季の地下水位（地下水位の最低値）は，熱帯泥炭林の炭素収支および蒸発散量を評価するための有効な指標であるといえるだろう．なお，泥炭地を含む中高緯度の湿地では，地下水位が高い条件における土壌有機物の嫌気的分解にともなって多くのメタン（CH_4）が発生する．CH_4 の温室効果は CO_2 に次ぐ大きさであるため，中高緯度の湿地では CH_4 フラックスの定量化が重要となる．しかし，熱帯泥炭地では CO_2 フラックスが大きいため，温室効果に対する CH_4 フラックスの割合はそれほど大きくない（Hirano *et al.*, 2009）．

上述した火災のデータベース（GFED4）によると，赤道アジア（主にインドネシアとマレーシア）からの火災による炭素排出量は 1 年あたり 0.181±0.245 Pg C yr^{-1}（1997〜2015 年の平均±標準偏差）であり，そのうち森林バイオマスと泥炭の燃焼による排出量は，それぞれ 0.079±0.100，0.078±0.121 Pg C yr^{-1} であった．両者はほぼ等しく，合計すると全排出量の 87% を

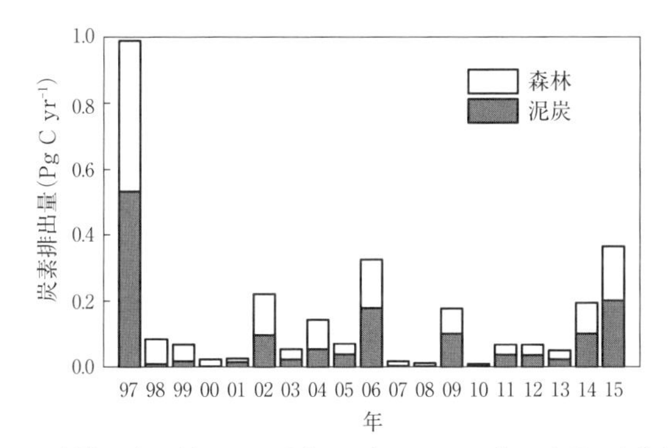

図 4.13 赤道アジア（主にインドネシアとマレーシア）における森林火災と泥炭火災による炭素排出量の経年変化
GFED4s（http://www.globalfiredata.org/data.html）のデータを用いて作図.

占めた．炭素排出量の年次変動は非常に大きく，エルニーニョ年に排出量が急増し，ラニーニャ年には非常に小さくなる（図 4.13）．強力なエルニーニョ現象のために深刻な干ばつが発生した 1997 年の排出量は特に多く，森林火災，泥炭火災およびこれらを含む全ての火災によって，それぞれ 0.457，0.532，1.11 Pg C yr^{-1} の炭素が排出された．この年，インドネシアの中部カリマンタン州の熱帯泥炭地では，メガライスプロジェクトのエリアを中心とした 2.5 万 km^2 の面積の 30% で火災が発生した．火災によって焼失した泥炭の深さは平均で 51 cm であり，泥炭の密度と炭素含有率から泥炭火災による炭素排出量を計算すると 0.19〜0.23 Pg C に達した．さらに，バイオマスの燃焼も含めてインドネシア全体について推計すると 0.81〜2.57 Pg C となった（Page *et al.*, 2002）．一方，前述のようにインドネシア全体の排出量が 1.45 Pg C であったという報告もある（Murdiyarso & Adiningsih, 2007）．また，大気中の CO 濃度を利用した計算によると，1997 年の炭素排出量は 1.21 Pg C yr^{-1} であり（Yin *et al.*, 2016），GFED4 の値と近い．推定結果の幅は大きいが，化石燃料の消費などによって 2015 年に日本で排出された温室効果気体の総量が CO_2 換算で 0.36 Pg C yr^{-1} であることを考えると，数か月の間に膨大な量の CO_2 が火災によって大気中に排出されたことは間違いない．なお，2015 年にも強いエルニーニョ現象が引き金となった大規模な火災が発生し，赤道アジアで深刻な環境問題となったが，火災による炭素排出量は 0.399（GFED4）〜0.51（Yin *et al.*, 2016）Pg C yr^{-1} であり，1997 年の排出量の半分以下であった．

インドネシアとマレーシアの泥炭地では，2000 年以降，企業経営の大規模プランテーションが急速に増加し，2015 年には 4.3 万 km^2 に達した．作目の 73% はオイルパームで，パルプ用のアカシアがそれに次ぐ（Miettinen *et al.*, 2016）．これらのプランテーションでは，排水路やダムを用いて地下水位が管理されている．熱帯泥炭地の分布図・土地利用図と IPCC の排出係数（Hiraishi *et al.*, 2014）を用いて，地下水位低下にともなう泥炭の好気的分解を推定したところ，インドネシアとマレーシアの 2015 年の CO_2 排出量は 0.146 Pg C yr^{-1} となった（Miettinen *et al.*, 2017）．このうちの 44% は大規模プランテーションからの排出である．熱帯泥炭地の土地利用変化にともなって CO_2 排出量は年々増加しているが，1990，2007，2015 年の推定値を平均すると年間排出量は 0.1 Pg C yr^{-1} となり，上述した泥炭火災からの CO_2 排出量の平均値（0.078 Pg C yr^{-1}）とほぼ等しいことがわかる．なお，熱帯泥炭林をオイルパームのプランテーションに転換した場合，最初の 25 年間で 0.4 Tg C ha^{-1}（1 年あたり 16 Mg C ha^{-1} yr^{-1}）の炭素が失われ，その 61% が泥炭の分解，また 25% が森林伐採後の整地のための火入れによって生じるという報告もある（Murdiyarso *et al.*, 2010）．

おわりに

現在，熱帯林を取り巻く環境が大きく変化している．進行中の大気 CO_2 の増加により熱帯林の GPP が上昇し，炭素蓄積の増加に結び付くと期待されている．しかし，熱帯雨林の土壌が貧栄養であることを考えると，近い将来，CO_2 施肥効果が頭打ちになる可能性がある．また，温暖化の影響で極端な ENSO や IOD の発生確率が上昇し，東南アジアを中心とした熱帯域で干ばつの頻度が高まることも示唆されている（Cai *et al.*, 2014；Cai *et al.*, 2015）．アマゾン川流域では，熱帯林の地上部バイオマスがすでに減少傾向にあるという報告もあり，原因として成長速度が飽和に達したことと，枯死率が上昇したことが挙げられている（Brienen *et al.*, 2015）．2100 年には熱帯の人口が 60 億人にまで増加し，世界人口に占める割合が 55% になるという予測もあり，今後，

熱帯林への人口圧が高まる可能性が高い（Lewis *et al.*, 2015）．熱帯林には，大気に含まれる全炭素量の約1/2に相当する膨大な量の炭素が蓄えられているが，温暖化に起因する気候変動と人間活動による環境撹乱により，巨大な炭素プールの脆弱性が高まってきている．Houghton *et al.*（2015）は，これ以上の熱帯林の伐採と劣化を止め，5万 km^2 に植林することで，熱帯林を5 Pg C yr^{-1} の炭素シンクに変えることができると主張している．実現には大きな課題が山積しているが，衛星リモートセンシングによる監視システムを活用して，ブラジル政府がアマゾンの熱帯林の減少速度を大きく低下させた事実は，熱帯林を大きな炭素シンクにすることの可能性を示唆している．熱帯林の炭素循環や気候変動および環境撹乱に対する応答については未解明な点が多く残されている．国際的な気候変動対策であるREDD＋（途上国における森林減少と森林劣化からの排出削減並びに森林保全，持続可能な森林管理，森林炭素蓄積の増強）の活用のためにも，科学的な知見の蓄積が望まれる．

引用文献

Abril, G., Martinez, J., *et al.* (2014) Amazon River carbon dioxide outgassing fuelled by wetlands. *Nature*, **505**, 395–398.

Achard, F., Beuchle, R. *et al.* (2014) Determination of tropical deforestation rates and related carbon losses from 1990 to 2010. *Glob. Chang Biol.*, **20**, 2540–2554.

Anderson-Teixeira, K. J., Wang, M. M. *et al.* (2016) Carbon dynamics of mature and regrowth tropical forests derived from a pantropical database (TropForC-db). *Glob. Chang Biol.*, **22**, 1690–1709.

Aragao, L. E., Poulter, B. *et al.* (2014) Environmental change and the carbon balance of Amazonian forests. *Biol. Rev. Camb. Philos. Soc.*, **89**, 913–931.

Baccini, A., Goetz, S. J. *et al.* (2012) Estimated carbon dioxide emissions from tropical deforestation improved by carbon-density maps. *Nat. Clim. Change*, **2**, 182–185.

Beer, C., Reichstein, M. *et al.* (2010) Terrestrial gross carbon dioxide uptake: global distribution and covariation with climate. *Science*, **329**, 834–838.

Bonan, G. (2008) Forests and climate change: forcings, feedbacks, and the climate benefits of forests. *Science*, **320**, 1444–1449.

Bond-Lamberty, B. & Thomson, A. (2010) Temperature-associated increases in the global soil respiration record. *Nature*, **464**, 579–582.

Brienen, R. J., Philips, O. L. *et al.* (2015) Long-term decline of the Amazon carbon sink. *Nature*, **519**, 344–348.

Cai, W., Santoso, A. *et al.* (2014) Increased frequency of extreme Indian Ocean Dipole events due to greenhouse warming. *Nature,* **510**, 254–258.

Cai, W., Santoso, A. *et al.* (2015) ENSO and greenhouse warming. *Nat. Clim. Change,* **5**, 849–859.

Canadell, J., Jackson, R. B. *et al.* (1996) Maximum rooting depth of vegetation types at the global scale. *Oecologia,* **108**, 583–595.

Cernusak, L. A., Winter, K. *et al.* (2013) Tropical forest responses to increasing atmospheric CO_2: current knowledge and opportunities for future research. *Funct. Plant Biol.,* **40**, 531–551.

Cochrane, M. A. (2003) Fire science for rainforests. *Nature,* **421**, 913–919.

Corlett, R. T. (2016) The Impacts of Droughts in Tropical Forests. *Trends Plant Sci.,* **21**, 584–93.

Dargie, G. C., Lewis, S. L. *et al.* (2017) Age, extent and carbon storage of the central Congo Basin peatland complex. *Nature,* **542**, 86–90.

Davidson, E. A., de Araújo, A. C. *et al.* (2012) The Amazon basin in transition. *Nature,* **481**, 321–328.

DeLucia, E. H. & Drake, J. E. (2007) Forest carbon use efficiency: is respiration a constant fraction of gross primary production? *Glob. Change Biol.,* **13**, 1157–1167.

Dommain, R., Couwenberg, J. *et al.* (2011) Development and carbon sequestration of tropical peat domes in south-east Asia: links to post-glacial sea-level changes and Holocene climate variability. *Quaternary Sci. Rev.,* **30**, 999–1010.

Field, R. D. & van der Werf, G. R. (2009) Human amplification of drought-induced biomass burning in Indonesia since 1960. *Nat. Geosci.,* **2**, 185–188.

Gatti, L. V., Gloor, M. *et al.* (2014) Drought sensitivity of Amazonian carbon balance revealed by atmospheric measurements. *Nature,* **506**, 76–80.

Gaveau, D. L., Sheil, D. *et al.* (2016) Rapid conversions and avoided deforestation: examining four decades of industrial plantation expansion in Borneo. *Sci. Rep.,* **6**, 32017.

Gibbs, H. K., Ruesch, A. S. *et al.* (2010) Tropical forests were the primary sources of new agricultural land in the 1980s and 1990s. *P. Natl. Acad. Sci. U.S.A.,* **107**, 16732–16737.

Gloor, M., Barichivich, J. *et al.* (2015) Recent Amazon climate as background for possible ongoing and future changes of Amazon humid forests. *Glob. Biogeochem. Cy.,* **29**, 1384–1399.

Grace, J. & Mitchard, E. (2014) Perturbations in the carbon budget of the tropics. *Glob. Chang Biol.,* **20**, 3238–55.

da, J., Yamanaka, M. *et al.* (2002) Spatial and temporal variations of the rainy season over Indonesia and their link to ENSO. *J. Meteorol. Soc. Jpn.,* **80**, 285–310.

Hansen, M. C., Potapov, P. V. *et al.* (2013) High-resolusion global maps of 21st-century forest cover change. *Science,* **342**, 850–853.

Harris, N. L., Brown, S. *et al.* (2012) Baseline map of carbon emissions from deforestation in tropical regions. *Science,* **336**, 1573–1576.

Hayashi, M., Saigusa, N. *et al.* (2015) Regional forest biomass estimation using ICESat/GLAS spaceborne LiDAR over Borneo. *Carbon Management,* **6**, 19–33.

Hiraishi, T., Krug, T. *et al.* eds. (2014) *2013 Supplement to the 2006 IPCC Guidelines for National Inventries: Wetlands.* IPCC.

Hirano, T., Jauhiainen, J. *et al.* (2009) Controls on the Carbon Balance of Tropical Peatlands. *Ecosys-*

tems, **12**, 873–887.

Hirano, T., Kusin, K. *et al.* (2014) Carbon dioxide emissions through oxidative peat decomposition on a burnt tropical peatland. *Glob. Change Biol.*, **20**, 555–565.

Hirano, T., Kusin, K. *et al.* (2015) Evapotranspiration of tropical peat swamp forests. *Glob. Change Biol.*, **21**, 1914–1927.

Hirano, T., Segah, H. *et al.* (2012) Effects of disturbances on the carbon balance of tropical peat swamp forests. *Glob. Change Biol.*, **18**, 3410–3422.

Hirano, T., Sundari, S. *et al.* (2016) CO_2 balance of tropical peat ecosystems. In: Tropical Peatland Ecosystem (eds. Osaki, M. & Tsuji, N). pp. 329–337, Springer.

Hirata, R., Saigusa, N. *et al.* (2008) Spatial distribution of carbon balance in forest ecosystems across East Asia. *Agr. Forest Meteorol.*, **148**, 761–775.

Houghton, R. A., Byers, B. *et al.* (2015) A role for tropical forests in stabilizing atmospheric CO_2. *Nat. Clim. Change*, **5**, 1022–1023.

Huntingford, C., Zelazowski, P. *et al.* (2013) Simulated resilience of tropical rainforests to CO_2-induced climate change. *Nat. Geosci.*, **6**, 268–273.

Jimenez-Munoz, J. C., Mattar, C. *et al.* (2016) Record-breaking warming and extreme drought in the Amazon rainforest during the course of El Nino 2015–2016. *Sci. Rep.*, **6**, 33130.

Keenan, R. J., Reams, G. A. *et al.* (2015) Dynamics of global forest area: Results from the FAO Global Forest Resources Assessment 2015. *Forest Ecol. Manag.*, **352**, 9–20.

Kirschbaum, M. U. F. (2004) Soil respiration under prolonged soil warming: are rate reductions caused by acclimation or substrate loss? *Glob. Change Biol.*, **10**, 1870–1877.

Knohl, A. & Baldocchi, D. D. (2008) Effects of diffuse radiation on canopy gas exchange processes in a forest ecosystem. *J. Geophys. Res.*, **113**, G02023. doi: 10.1029/2007jg000663

Konecny, K., Ballhorn, U. *et al.* (2016) Variable carbon losses from recurrent fires in drained tropical peatlands. *Glob. Chang Biol.*, **22**, 1469–1480.

Langner, A. & Miettinen, J. (2007) Land cover change 2002–2005 in Borneo and the role of fire derived from MODIS imagery. *Glob. Change Biol.*, **13**, 2329–2340.

Langner, A. & Siegert, F. (2009) Spatiotemporal fire occurrence in Borneo over a period of 10 years. *Glob. Change Biol.*, **15**, 48–62.

Lewis, S. L. (2006) Tropical forests and the changing earth system. *Philos. Trans. Royal Soc. B*, **361**, 195–210.

Lewis, S. L. & Edwards, D. P. (2015) Increasing human dominance of tropical forests. *Science*, **349**, 827–832.

Lewis, S. L., Lopez-Gonzalez, G. *et al.* (2009) Increasing carbon storage in intact African tropical forests. *Nature*, **457**, 1003–1006.

Luyssaert, S., Inglima, I. *et al.* (2007) CO_2 balance of boreal, temperate, and tropical forests derived from a global database. *Glob. Change Biol.*, **13**, 2509–2537.

Malhi, Y. (2010) The carbon balance of tropical forest regions, 1990–2005. *Curr. Opin. Environ. Sust.*, **2**, 237–244.

Malhi, Y. (2012) The productivity, metabolism and carbon cycle of tropical forest vegetation. *J Ecol*, **100**, 65–75.

Malhi, Y., Gardner, T. A. *et al.* (2014) Tropical Forests in the Anthropocene. *Annu. Rev. Environ. Resour.*, **39**, 125–159.

Malhi, Y. & Phillips, O. L. (2004) Tropical forests and global atmospheric change: a synthesis. *Philos. Trans. Royal Soc. B*, **359**, 549–555.

Marengo, J. A., Nobre, C. A. *et al.* (2008) The Drought of Amazonia in 2005. *J. Climate*, **21**, 495–516.

Marengo, J. A., Tomasella, J. *et al.* (2011) The drought of 2010 in the context of historical droughts in the Amazon region. *Geophys. Res. Lett.*, **38**, L12703. doi: 10.1029/2011GL047436

Marlier, M. E., DeFries, R. S. *et al.* (2013) El Nino and health risks from landscape fire emissions in Southeast Asia. *Nat. Clim. Chang.*, **3**, 131–136.

Miettinen, J., Hooijer, A. *et al.* (2017) From carbon sink to carbon source: extensive peat oxidation in insular Southeast Asia since 1990. *Environ. Res. Lett.*, **12**, 024014.

Miettinen, J., Shi, C. *et al.* (2016) Land cover distribution in the peatlands of Peninsular Malaysia, Sumatra and Borneo in 2015 with changes since 1990. *Glob. Ecol. Conserv.*, **6**, 67–78.

Moore, S., Evans, C. D. *et al.* (2013) Deep instability of deforested tropical peatlands revealed by fluvial organic carbon fluxes. *Nature*, **493**, 660–663.

Mora, C., Frazier, A. G. *et al.* (2013) The projected timing of climate departure from recent variability. *Nature*, **502**, 183–187.

Morales-Hidalgo, D., Oswalt, S. N. *et al.* (2015) Status and trends in global primary forest, protected areas, and areas designated for conservation of biodiversity from the Global Forest Resources Assessment 2015. *For. Ecol. Manag.*, **352**, 68–77.

本岡 毅・林 真智（2017）人工衛星だいち２号による宇宙からの森林観測．生物の科学 遺伝，**71**, 70–76.

Murdiyarso, D. & Adiningsih, E. S. (2007) Climate anomalies, Indonesian vegetation fires and terrestrial carbon emissions. *Mitig Adapt Strat Gl*, **12**, 101–112.

Murdiyarso, D., Hergoualc'h, K. *et al.* (2010) Opportunities for reducing greenhouse gas emissions in tropical peatlands. *P Natl Acad Sci USA*, **107**, 19655–19660.

Page, S. E. & Hooijer, A. (2016) In the line of fire: the peatlands of Southeast Asia. *Philosophical transactions of the Royal Society of London. Series B, Biological sciences*, **371**, 20150176.

Page, S. E., Rieley, J. O. *et al.* (2011) Global and regional importance of the tropical peatland carbon pool. *Global Change Biol*, **17**, 798–818.

Page, S. E., Siegert, F. *et al.* (2002) The amount of carbon released from peat and forest fires in Indonesia during 1997. *Nature*, **420**, 61–65.

Pan, Y., Birdsey, R. A. *et al.* (2011) A large and persistent carbon sink in the world's forests. *Science*, **333**, 988–993.

Peylin, P., Law R. M. *et al.* (2013) Global atmospheric carbon budget: results from an ensemble of atmospheric CO_2 inversions. *Biogeosciences*, **10**, 6699–6720.

Piao, S., Sitch, S. *et al.* (2013) Evaluation of terrestrial carbon cycle models for their response to climate variability and to CO_2 trends. *Glob. Chang Biol,* **19**, 2117–32.

Poorter, L., Bongers, F. *et al.* (2016) Biomass resilience of Neotropical secondary forests. *Nature,* **530**, 211–4.

Power, S., Delage, F. *et al.* (2013) Robust twenty-first-century projections of El Nino and related precipitation variability. *Nature,* **502**, 541–545.

Quéré, C. L., Andrew, R. M. *et al.* (2016) Global Carbon Budget 2016. *Earth System Science Data,* **8**, 605–649.

Rowland, L., da Costa, A. C. *et al.* (2015) Death from drought in tropical forests is triggered by hydraulics not carbon starvation. *Nature,* **528**, 119–122.

Schimel, D., Stephens, B. B. *et al.* (2015) Effect of increasing CO_2 on the terrestrial carbon cycle. *P Natl Acad Sci USA,* **112**, 436–441.

Sorensen, K. W. (1993) Indonesian Peat Swamp Forests and Their Role as a Carbon Sink. *Chemosphere,* **27**, 1065–1082.

Stibig, H. J., Achard, F. *et al.* (2014) Change in tropical forest cover of Southeast Asia from 1990 to 2010. *Biogeosciences,* **11**, 247–258.

Sundari, S., Hirano, T. *et al.* (2012) Effects of groundwater level on soil respiration in tropical peat swamp forests. *Journal of Agricultural Meteorology,* **68**, 121–134.

Townsend, A. R., Cleveland, C. C. *et al.* (2011) Multi-element regulation of the tropical forest carbon cycle. *Front. Ecol. Environ.,* **9**, 9–17.

van der Werf, G. R., Randerson, J. T. *et al.* (2010) Global fire emissions and the contribution of deforestation, savanna, forest, agricultural, and peat fires (1997–2009). *Atmos Chem Phys,* **10**, 11707–11735.

van Lierop, P., Lindquist, E. *et al.* (2015) Global forest area disturbance from fire, insect pests, diseases and severe weather events. *Forest Ecol Manag,* **352**: 78–88.

Wang, W., Ciais, P. *et al.* (2013) Variations in atmospheric CO_2 growth rates coupled with tropical temperature. *Proc Natl Acad Sci USA,* **110**, 13061–13066.

Wang, X., Piao, S. *et al.* (2014) A two-fold increase of carbon cycle sensitivity to tropical temperature variations. *Nature,* **506**, 212–215.

Wood, T. E., Cavaleri, M. A. *et al.* (2012) Tropical forest carbon balance in a warmer world: a critical review spanning microbial- to ecosystem-scale processes. *Biol Rev Camb Philos Soc,* **87**, 912–927.

Yin, Y., Ciais, P. *et al.* (2016) Variability of fire carbon emissions in equatorial Asia and its nonlinear sensitivity to El Niño. *Geophys Res Lett,* **43**, 10472–10479.

Zarin, D. J., Harris, N. L. *et al.* (2016) Can carbon emissions from tropical deforestation drop by 50% in 5 years? *Glob. Chang Biol,* **22**, 1336–1347.

Zelazowski, P., Malhi, Y. *et al.* (2011) Changes in the potential distribution of humid tropical forests on a warmer planet. *Philos Trans A Math Phys Eng Sci,* **369**, 137–160.

第5章 北方林への気候変動の影響

高木健太郎

はじめに

本章で対象とする北方林とは，boreal forest を直訳したものであり，一般には，ユーラシア，および北米大陸北部の亜寒帯に発達する森林のことをいう（図 5.1）．北方林の面積は 1,300〜1,500 万 km^2（たとえば Dixon *et al.*, 1994；Kasischke *et al.*, 1995）とされているが，これは南極大陸を含まない地球の全陸地面積の 1 割，あるいは全森林面積の 3 割に相当し，全森林面積の 5 割弱を占める熱帯林に次いで広い．北方林は高緯度に分布することから，特に温度・光・養分環境に制限を受けており，低温・湿潤環境下で土壌中に大量の炭

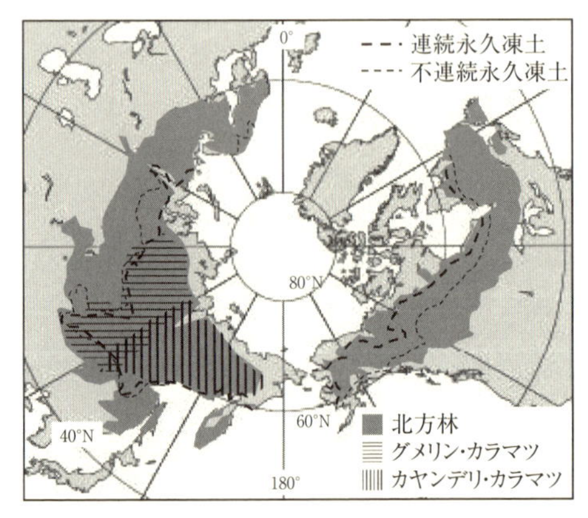

図 5.1　北方林と永久凍土の分布
Larsen (1980)；Brown *et al.* (1997)；Abaimov *et al.* (1998)；Osawa & Zyryanova (2010) より作成.

素を貯留している．そのため，森林の光合成や呼吸，および土壌炭素の分解は，温度の上昇や窒素等の大気沈着に敏感に反応すると考えられており，その広大な分布域とあいまって，気候変動の影響と全球規模の炭素循環へのフィードバックが懸念されている．特にこの20年間で生態系レベルの炭素・水循環に関する研究プロジェクトが数多く行われており，多くの知見が蓄積されている（たとえば，Jarvis *et al.*, 2001；Piao *et al.*, 2008；Stinson *et al.*, 2011）．

5.1　北方林の特徴

5.1.1　分布

北方林は主に北緯50°〜70°の約500〜1,500 kmの緯度幅を持った範囲に位置しており，シベリア大陸や北米大陸に広がるタイガと呼ばれる針葉樹林が占める割合が大きい（図5.1）．南半球は海洋の割合が大きいため，同緯度帯で同等の森林は広範囲に広がっていない．北方林帯より北では，寒さのため森林が成立することができずにツンドラ植生となり，南では，降水量に応じて温帯林や草原となる．北方林のうち，おおよそ34% が北アメリカ，22% がヨーロッパからウラル山脈まで，44% がウラル山脈から東のシベリア大陸に分布する（Gower *et al.*, 2001；Jarvis *et al.*, 2001）．本章では扱う森林はこの北方林に加えてその低緯度側に隣接する温帯林への移行帯の森林も一部対象とするが，このような森林は一般的に冷温帯林として扱われ，北方林と温帯林が混在している．

5.1.2　気候と土壌

北方林を構成する主要な針葉樹は，平均気温が10℃以上の月が1ヶ月以上なければ生育できない．そのため北方林帯の北限は7月の平均気温が10℃の等温線に沿う（Gower *et al.*, 2001）．一方南限は温帯林の北限である10℃以上の月が4ヶ月以上の等温線が目安となる．長く寒い冬と短い温暖な夏による大きな季節変化を特徴としており，冬季の気温はしばしば −30℃を下回る．東シベリアの冬季は特に厳しく，厳寒期は −50℃に達する．一方夏季には30

℃を超える場合もあり，日照時間は16〜24時間となる．光合成が可能な期間は約半年，植物の生育期はおおよそ100日，そのうち無霜期間は50〜100日である（Jarvis *et al.*, 2001）．降水量は500〜700 mm程度であるが，寒冷湿潤な気候であるため蒸発散量は降水量を下回る場合が多く，それに加え平坦地に存在する多くの湖沼や川，さらには永久凍土の融解水による水供給によって，土壌の水欠乏は限定的である．

北米や北ヨーロッパ，西シベリア平原の北半分は1万8千年前の最終氷期に氷床に覆われていたため，土壌は氷河の大規模な浸食を受けている．一方，アラスカの大部分や東シベリアは氷床に覆われず，極度に土壌が冷やされたため永久凍土が発達し，現在においても主に北緯60°以北に広く分布している(図5.1)．連続分布する永久凍土層は350〜650 mの厚さがあり，シベリアでは1450 mに達する場合もある（Yershov, 1998）．広域に渡って連続分布する永久凍土上に森林が成立しているのは東シベリアのみであり，北米や北ヨーロッパでは，そのような場所では主にツンドラ植生が成立し，北方林は不連続に分布する永久凍土上に成立している．連続・不連続，いずれの永久凍土地帯においても，夏季には土壌表層の氷が解けて，樹木をはじめとした多くの生物の活動の場（この層を活動層という）となるが，その厚さは1〜1.5 m程度である．

針葉樹リターに含まれる有機酸の影響を受けて，pHが4程度に酸性化し，表層土中の腐植や鉄，アルミニウムが溶脱した土壌はポドゾル性土（spodosols；米国土壌分類名）と呼ばれ，北方林土壌の代名詞となっているが，その分布は北ヨーロッパ，あるいは北米大陸の中央から東部に限られている（Soil Survey Staff, 1999）．シベリアやアラスカでは，永久凍土（gelisols）が広く分布し，排水が滞る地形には泥炭土壌が成立している．

5.1.3　植生

寒冷湿潤な気候と貧栄養の土壌の影響を受けて，北方林の樹木の密度や生産性は低い．一般に北アメリカ，およびユーラシア大陸とも針葉樹が優占するが，南限付近ではポプラ（アスペン）やカンバ，ハンノキ類等の広葉樹と混交する場合が多い．ロシアでは森林面積の37%（263.2万km^2）が落葉針葉樹であるカラマツ属が優占している（Abaimov, 2010）．シベリアに生育するカラマツ属は形態の地域間差が大きく，種の区分には諸説あるものの，一般的にエニセイ川以東の中央シベリア，東シベリアに広く優占している種をグメリン・カラマツ（*Larix gmelinii*），エニセイ川以西からフィンランドとの国境付近にかけて優占する種をシベリアカラマツ（*Larix sibirica*）とする場合が多い（図5.1）．前者については，レナ川をおおよその境界にして，西側に優占する種をグメリン・カラマツ，東側に優占する種をカヤンデリ・カラマツ（*Larix cajanderi*）とする場合もある（Abaimov *et al.*, 1998）．この場合両者の境界周辺では両種の交雑種が生育している．シベリアカラマツは，エニセイ川からウラル山脈にかけては，カンバ類と混交する場合が多く，ウラル山脈以西については，ヨーロッパアカマツ（*Pinus sylvestris*）・シベリアトウヒ（*Picea obovata*）・ヨーロッパトウヒ（*Picea abies*）・シベリアモミ（*Abies sibirica*）等の常緑樹と混交し，徐々に常緑針葉樹林の割合が高くなる．北米では，排水の良いところでは，シロトウヒ林（*Picea glauca*），排水の悪いところでは，クロトウヒ林（*Picea Mariana*）やタマラックカラマツ（*Larix laricina*），乾燥砂地ではジャックパイン（*Pinus banksiana*）が優占する場合が多い（Jarvis *et al.*, 2001）．

5.2　北方林の炭素蓄積量 

5.2.1　広域評価

Kasischke ら（1995）の推計によれば，北方林生態系が蓄えている炭素量は，714 Pg C とされており，陸域生態系の総炭素蓄積量の 37% 以上に相当する．しかし，この推計には，北方林帯に 260 万 km^2 分布する，森林があまり発達していない泥炭土壌中の炭素（419 Pg C）も含まれており，これを除くと陸域生態系の総炭素蓄積量に占める割合は 15% にまで低下する．表層 1 m の森林土壌中や枯死木，リターにも 231 Pg C の炭素が蓄えられており，植物バイオマスは北方林生態系が蓄えている総炭素量のわずか 8%（58 Pg C）である．泥炭地が北方林内に占める面積割合は 2 割に満たないが，寒冷湿潤な環境を受けて土壌中に植物遺体を豊富に蓄積している．

Dixon ら（1994）の推計では，森林土壌と泥炭土壌の炭素蓄積量を分離して評価しておらず，植物バイオマスが 88 Pg C で，471 Pg C が表層 1 m の土壌中に蓄積されており，総計で 559 Pg C が北方林に蓄積されていると報告している．FAO（国際連合食糧農業機関）の報告によれば，ロシア，カナダ，北欧三国の樹木バイオマスは，2015 年時点で 49 Pg C とされており，全世界（234 ヵ国および地域）の総計 296 Pg C の 17% に相当する（FAO, 2016）．この報告は国別であるため，アラスカのデータを抽出することができないが，USGS（アメリカ地質調査所）の報告によれば，アラスカ北方林の地上部バイオマスは，1 Pg C（2009 年時点）程度であることが報告されている（McGuire *et al.*, 2016）．地下部のバイオマスを同程度として，上記 49 Pg C に加えた場合（51 Pg C）でも，全世界の森林資源に対する割合（17%）に変わりない．Dixon ら（1994）の推計による植物バイオマス（88 Pg C）は，Kasischke ら（1995）や FAO（2016）の推計（それぞれ 58 および 51 Pg C）に比べて多い．当然ながら，すべての推計結果には小さくない誤差が含まれているものの，前者の過大評価には草本や灌木等のバイオマスが反映されている可能性も考えられる．いずれにしても，資源量の広域推定値はここに紹介した程度の幅をもっていることを認識しておくことが重要である．

5.2.2　様々な北方林における炭素蓄積量

北方林は，地衣類が地表面に繁茂しているような疎林から，主に分布域の南限で発達するような樹冠の閉じた森林まで多様な形態を有しており，炭素蓄積量にも大きな違いがある．インベントリ情報を利用して，カナダの管理された森林の樹木と土壌の炭素蓄積量を評価した例によれば，全域（230 万 km^2）の平均値として 220 Mg C ha^{-1}，このうち地上部・地下部の樹木バイオマスがそれぞれ 23% と 6% 占めている（図 5.2；Stinson *et al.*, 2011）．したがって，樹木の総バイオマスは 64 Mg C ha^{-1} となり，残りが土壌炭素（39%），枯死木（10%），リター（23%）として蓄積されている．生態系区分毎にみてみると，太平洋岸の森林の炭素蓄積量が高く，西部タイガ林や半乾燥平原で低い．

世界のマツ（*Pinus*）属の森林バイオマスと生産量のレビューによれば，北方林 58 サイトの平均で地上部バイオマスが 37 Mg C ha^{-1}，40 年生以上の成熟

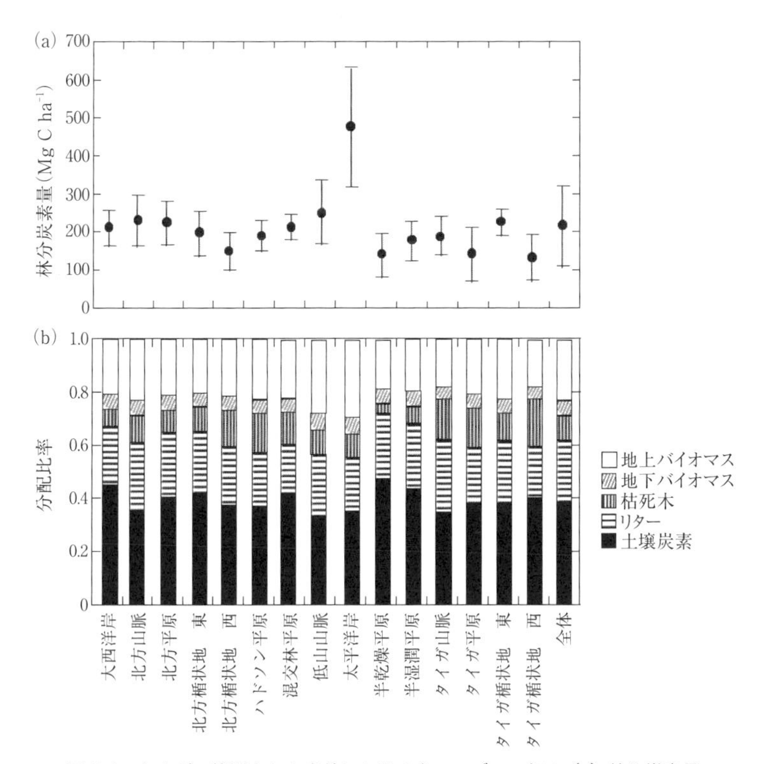

図 5.2　カナダの管理された森林における各エコゾーン毎の（a）林分炭素量（平均値±標準偏差）と（b）炭素分配割合

右端は全林分の平均値．Stinson *et al.*（2011）より作成．

林（33 サイト）に限ると 44 Mg C ha^{-1} であると報告されている（Gower *et al.*, 1994）．地下部のバイオマスは，地上部バイオマスの 12〜50%（平均 36%）となっており，これを考慮して樹木の総バイオマスを推定すると 60 Mg C ha^{-1} 程度となる．

中央〜北東シベリアのカラマツ林を対象にした広域比較研究では，永久凍土地帯においても地上部バイオマスは 0.5〜90 Mg C ha^{-1} の幅があり（図 5.3），一般的に南方に行くほど，ある林齢におけるバイオマスが増加することが報告されている（Kajimoto *et al.*, 2010）．

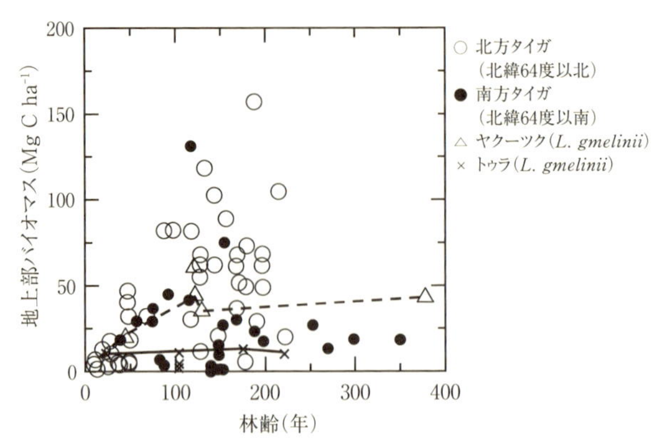

図5.3　シベリアのカラマツ林（*Larix gmelinii* と *Larix cajanderi*）における，林齢と地上部バイオマスとの関係
北部・南部タイガ（Usoltsev, 2001），およびヤクーツク（Schulze *et al.*, 1995）のデータは先行研究の引用．Kajimoto *et al.*（2010）を加筆修正．

5.3　北方林の炭素循環

5.3.1　生態系-大気間の CO_2 交換

北方林においても，生態系の主要な炭素フラックスは，①植生の光合成による CO_2 吸収，②植生の呼吸（Autotrophic Respiration；R_a）と，③土壌微生物による土壌炭素の分解（Heterotrophic Respiration；R_h）による CO_2 の大気への放出である．①は総一次生産量（GPP），②と③を合わせて生態系呼吸量（RE）と定義することが多い．GPP から RE を差し引いた値が④純生態系生産量（NEP）として生態系の CO_2 吸収能力の指標として用いられる（第3章を参照されたい）．NEP はタワーフラックス観測によって測定される純生態系 CO_2 交換量（Net Ecosystem Exchange：NEE）の符号を逆にした値に等しい．これらのフラックスはタワー微気象観測によって，30分～1時間間隔で非破壊・連続的に評価する場合が多い．そのため数年～数十年に1回の頻度で起こる撹乱によって生態系から消失する炭素量を評価しづらい．撹乱の頻度とインパクトを加味して算出した，長期間平均の NEP は純生物相生産量（Net Biome Production：NBP）と定義される．

全球の森林炭素吸収量を森林と土壌のインベントリデータを元に解析した研究によれば，北方林全体の1990年～2007年の年間正味炭素吸収量（0.5±0.08 Pg C 年$^{-1}$）は，温帯林（0.72±0.08 Pg C 年$^{-1}$）の70%，熱帯林（1.19±0.41 Pg C 年$^{-1}$）の42% に相当し，他の森林タイプに比べて吸収量が少ない（Pan *et al.*, 2011）．これは，主に温度とそれに伴う生育期間の制限を受けて，単位土地面積当たりの吸収量（0.45±0.08 Mg C ha^{-1} 年$^{-1}$）が少ないためである．

タワーフラックス観測ネットワークのデータベースを利用して，世界の森林513サイトの炭素収支を比較した研究によれば，湿潤常緑，半乾燥常緑，半乾燥落葉の3タイプの北方林の年積算GPPはそれぞれ，9.72±0.83，7.71±0.35，12.01±0.23 Mg C ha^{-1} 年$^{-1}$ であり（図5.4），温帯林（半乾燥常緑林の12.28±2.86 Mg C ha^{-1} 年$^{-1}$～湿潤常緑林の17.62±0.56 Mg C ha^{-1} 年$^{-1}$）や熱帯林（35.51±1.60 Mg C ha^{-1} 年$^{-1}$）に比べて少ない（Luyssaert *et al.*, 2007）．年積算RE（半乾燥常緑林の7.30±0.37～半乾燥落葉林の10.30 Mg C ha^{-1} 年$^{-1}$）やNEP（半乾燥常緑林の0.42±0.30～半乾燥落葉林の1.78 Mg C ha^{-1} 年$^{-1}$）についても同様に温帯林や熱帯林に比べて少ない．

複数のフラックス観測研究の結果を概観すると，林齢が40年を超えるような成熟している北方林のGPPやREは10 Mg C ha^{-1} 年$^{-1}$ を超えることは稀であり，年平均気温が低い森林ほど減少する傾向にある（Amiro *et al.*, 2010；Goulden *et al.*, 2011；Ueyama *et al.*, 2013；Takagi *et al.*, 2015）．光合成量と呼吸量の年積算値が拮抗する場合も多く，GPPに対するREの比（RE / GPP）は，0.86±0.01（半乾燥落葉林）～0.97±0.04（半乾燥常緑林）であり，温帯林や熱帯林に比べて高い（Luyssaert *et al.*, 2007）．そのため正味CO_2吸収量（＝NEP）は概ね2.5 Mg C ha^{-1} 年$^{-1}$ 以下であり，特に高緯度の北方林では±1 Mg C ha^{-1} 年$^{-1}$ に満たない場合も多い．また気候の経年変化の中で年間の収支が放出（呼吸量>光合成量）になる場合もある．北方林に多く見られる疎林では地表面に到達する太陽光量が多い．そのため，林床に生育する灌木やコケ類が生態系全体の光合成量に貢献する割合が高くなることがある．一時的に森林全体の光合成量の50% に達する場合があること（Goulden & Crill, 1997）や，生育期間積算で10～20% 程度になること（Kolari *et al.*, 2006）が，カナ

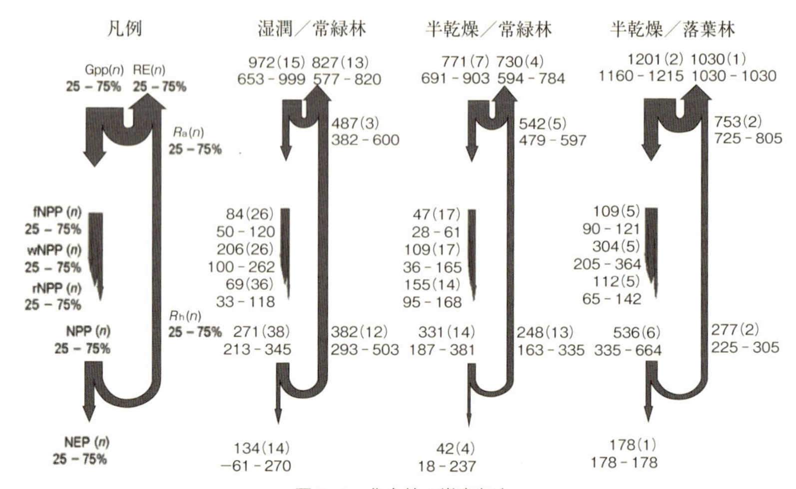

図 5.4　北方林の炭素収支

湿潤／常緑林，半乾燥／常緑林，半乾燥／落葉林の各森林タイプの数値は，凡例（左図）の各位置における炭素フラックス（g C m^{-2} 年$^{-1}$ = ×10^{-2} Mg C ha^{-1} 年$^{-1}$）の平均値と 25〜75% 範囲に相当し，矢印の太さで比率を表している．括弧内の数値は統計値を得るために用いられた観測サイトの数（*n*）．GPP＝総一次生産量，RE＝生態系呼吸量，R_a＝植生呼吸量，R_h＝微生物呼吸量，NPP＝純一次生産量，NEP＝純生態系生産量，fNPP＝葉 NPP，wNPP＝木部 NPP，rNPP＝地下部（根）NPP．Luyssaert *et al.*（2007）を加筆修正．

ダのクロトウヒ林やフィンランド南部のヨーロッパアカマツ林で報告されている．

GPP のうち，植物体の呼吸によって大気に放出される炭素量（R_a）を差し引いた炭素量は森林の成長に寄与し，純一次生産量（Net Primary Production：NPP）と定義されている．Luyssaert ら（2007）の統合解析によれば，北方林の NPP は GPP の 25〜45% 程度である（図 5.4）．生態系呼吸量に対する植生の呼吸量の比（R_a / RE）は，北方林で 55〜75% 程度であり，微生物呼吸量の寄与よりも高い．

限られた生育期間における光合成生産を最大限に行うために，太陽高度の高い 6 月〜7 月にかけて生態系の光利用効率（単位日射量（あるいは光量子量）あたりの光合成量）を最大化（葉面積の増加と単位葉面積当たりの光利用効率の増加）し，この期間の GPP と NEP が共に最大になる場合が多い（図 5.5；Griffis *et al.*, 2003；Ueyama *et al.*, 2013；Takagi *et al.*, 2015）．一般的に針葉樹林の光利用効率は広葉樹林にくらべて低い（Peltoniemi *et al.*, 2012）が，葉の形態は散乱光を効率的に受けるのに適しており，曇天下で光利用効率が上昇す

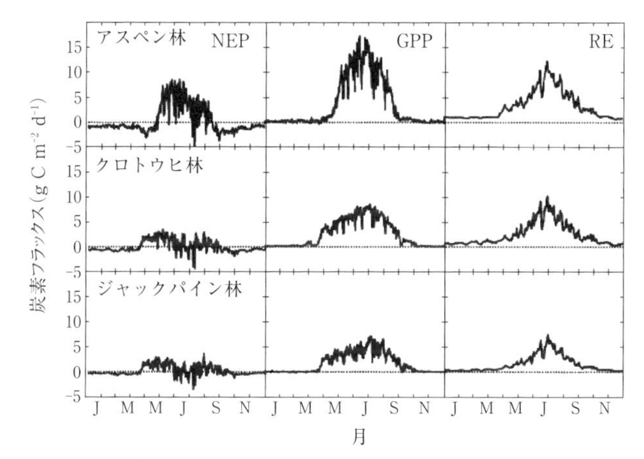

図 5.5　カナダ南部の 3 樹種の老齢林における，純生態系生産量（NEP），総一次生産量（GPP），生態系呼吸量（RE）の季節変化
Griffis *et al.*（2003）を加筆修正.

る（Baldocchi *et al.*, 1997）．そのため太陽高度が低く，散乱光の割合の高い高緯度の光環境に適合している．一方，生育期間後半（8 月以降）には，気温や地温の上昇により呼吸量が増加し，光合成量を上回る場合も多い．

5.3.2　生態系−大気間のメタン交換

生態系と大気間のメタンの交換や，植物起源の揮発性有機ガスの大気への放出，河川水による溶存態・懸濁態の炭素の流出入も生態系と周囲の環境の間の炭素の移動プロセスである．これらの移動に伴う炭素収支を NEP に加味し，純生態系炭素収支（Net Ecosystem Carbon Balance：NECB）として表す場合もあるが，一般的にこれらの交換量は，CO_2 交換量に比べると少なく，生態系の炭素収支を評価する際には考慮しない場合も多い．メタンは水蒸気や CO_2 に次いで温暖化に寄与する気体であり，温暖化への寄与率は全球平均で約 20%，単位濃度（モル）あたりの温暖化係数は CO_2 の 25 倍と非常に強力な温室効果気体である（IPCC, 2007）．一般に，森林土壌は好気状態であることからメタンを酸化するバクテリアが存在するためにメタンの弱い吸収源であり，逆に湛水湿地は還元反応によって強いメタン放出源である（Kirschke *et al.*, 2013）．アラスカやシベリアの北方林土壌のメタン吸収量は 0.05〜

1 g C ha^{-1} h^{-1}（Morishita *et al.*, 2003；2015）との報告があり，無雪期を 180 日として積算した場合でも 5 kg C ha^{-1} 以下である．一方，観測機器の高精度化に伴い，生態系レベルのメタン交換量の観測研究が近年盛んにおこなわれており，メタンの放出源となっている森林も報告されている．排水状態のよくない，アラスカの永久凍土上のクロトウヒ林では無雪期の積算で 1.4～4.5 kg C ha^{-1} のメタンを放出していることが報告されており（Iwata *et al.*, 2015），中央スウェーデンの 120 年生のヨーロッパアカマツとヨーロッパトウヒの混交林においてもメタンの放出源であることが報告されている（Sundqvist *et al.*, 2015）．生態系内のメタンの主な吸収・放出源は土壌であるが，空間的なばらつきはとても大きい．面積割合の小さい湿った土壌が，メタン放出のホットスポットとして機能している可能性が高く，このことが，土壌表面における観測と生態系レベルの観測で吸収放出が逆転することもある原因と考えられている（Ueyama *et al.*, 2018）．

5. 3. 3　土壌炭素の流出

気候変動に伴う永久凍土の融解や，土壌炭素の分解促進に関連して，河川水による溶存態・懸濁態の炭素の流出量，特にこのうち 9 割以上を占める溶存態有機炭素（DOC）や溶存態無機炭素（DIC）の流出入量を評価する研究が行われている．総炭素流出量に占める DIC の割合は，2～70% の範囲で変動し，残りの大部分は DOC の流出である．全球規模の DOC 動態を解析した研究によれば，降水による陸域生態系への DOC の沈着量は 0.34 Pg C 年$^{-1}$（Willey *et al.*, 2000），陸域河川から海洋への流出は 0.2～0.4 Pg C 年$^{-1}$（Ludwig *et al.*, 1996；Aitkenhead & McDowell, 2000）と推定されている．北方林生態系からの DOC 流出量は土壌や地形，植生タイプによって 0.02～0.2 Mg C ha^{-1} 年$^{-1}$ の範囲で変動し，湿原の占める割合が高い流域では DOC が増加する傾向がある（Olefeldt *et al.*, 2013）．森林や湿原を含む，カナダの BOREAS 北部サイトの 30～420 km^2 の流域において，無雪期（5～9 月）の DOC の収支を推定した研究によれば，降水による流入が約 0.02 Mg C ha^{-1} であるのに対して，河川流出が約 0.03 Mg C ha^{-1} であり，収支がほぼ平衡していることも報告されている（Moore, 2003）．これらの流出量は生態系の光合成量や呼吸量に比べるとはるかに少ないが，両者の差であるNEPの数十%に達する場合も報告されている．アラスカ南西部の複数の森林小流域における研究ではDOCとDICを含む炭素の総流出量が平均で約0.5 Mg C ha^{-1} $年^{-1}$ に達し，NEP（平均1.94 Mg C ha^{-1} $年^{-1}$）の約25% にまで達したという報告例（D'Amore *et al.*, 2016）もあり，生態系の炭素収支を評価する際に無視できない量になる場合もある．スウェーデン北部の北方林とツンドラ植生が混在する流域では，河川水中のDIC濃度が1982〜2010年の28年間で9% 増加したことが報告されており，永久凍土層の低下との関係が議論されている（Giesler *et al.*, 2014）．

5.4　撹乱が北方林の炭素循環に及ぼす影響 

5.4.1　森林火災が及ぼす影響

北方林の炭素循環に大きな影響を及ぼす主要な撹乱は，火災と病虫害である．また，これらの撹乱とは性質が異なるが，木材生産のための森林伐採も炭素循環に大きな影響を与える．ロシアでは，平均して100〜150年周期で火災が発生し，年間0.6%（3.5万 km^2）の森林が影響を受け，150 Tg C（0.25 Mg C ha^{-1} $年^{-1}$）の炭素が直接的（58 Tg C $年^{-1}$），あるいは火災後の枯死木の分解等として間接的（92 Tg C $年^{-1}$）に生態系から失われていると報告されている（Shvidenko & Nilsson, 1998）．ここで $1\ Tg = 0.001\ Pg = 1 \times 10^6\ Mg$ である．林床植生と表層土壌を薄く燃やすような地表火については，さらに頻度が高く，中央シベリアの研究例では，森林火災の10倍程度の頻度となることが報告されている（Schulze *et al.*, 1999）．1992〜2003年のアラスカ・カナダの森林火災とウラル山脈以東のシベリアの森林火災の規模を衛星データ（NOAA-AVHRR）より抽出し，炭素放出量を推定した研究によれば，アラスカ・カナダの森林火災（0.8〜7.3万 km^2 $年^{-1}$），シベリアの森林火災（0.9〜21.7万 km^2 $年^{-1}$）ともに被害面積の年々変動が大きいことや，10年間の積算面積はシベリア（77%）のほうが，アラスカ・カナダ（23%）よりも3倍程度大きいことが報告されている（Kasischke *et al.*, 2005）．

5.4.2　病虫害が及ぼす影響

病虫害による被害面積は火災を上回る場合も多いが，面積当たりの撹乱の強さは火災や伐採に比べて小さい．ロシアでは年間4万 km^2 の森林が病虫害の影響を受け，78～104 Tg C の炭素が生態系から失われているとの報告がある(Shvidenko & Nilsson, 1998)．カナダの管理された森林では，1990～2008年の平均で年間2.8万 km^2 の森林が病虫害の被害を受けており，この値は火災(0.66万 km^2 年$^{-1}$）や伐採（0.96万 km^2 年$^{-1}$）の面積より大きい．同期間中の平均で，火災（27 Tg C 年$^{-1}$）と病虫害（25 Tg C 年$^{-1}$）によって同程度の炭素が枯死プールに移動していることが報告されている（図5.6；Stinson *et al.*, 2011)．カナダのブリティッシュコロンビア州において，近年深刻な森林被害を引き起こしているアメリカマツノキクイムシ（*Dendroctomus ponderosae*）の大量発生が森林の炭素収支に及ぼす影響について評価した研究によると，キクイムシによる森林炭素の累積消失量は20年間で7.2 Mg C ha^{-1}（年平均0.36 Mg C ha^{-1} 年$^{-1}$）と報告されている（Kurz *et al.*, 2008)．この消失量は，カナダ全域の森林火災による大気への直接的な炭素放出量の年平均値の75%に相当し，弱い炭素の吸収源である森林を大きな放出源に変える．この地域で

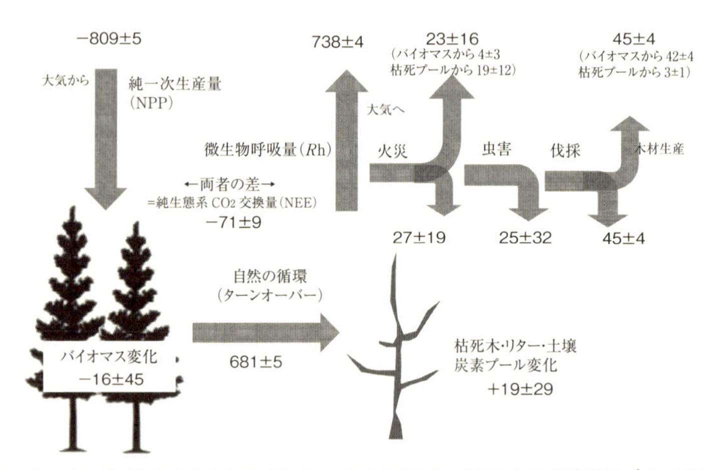

図5.6　カナダの管理された森林230万 km^2 の1990年～2008年の炭素収支（Tg C 年$^{-1}$）
正のフラックスは大気，枯死プール，木材生産への移動，負のフラックスはバイオマスへの移動を表す．バイオマス・枯死プールの正負は期間中の増減を表す．Stinson *et al.* (2011) を加筆修正．

は，近年被害面積や強度が，過去の記録に比して桁違いに増加している．この要因として，被害対象となる木が増加していることに加えて，気温の上昇や夏期降水量の減少に伴う被害域の北方や高標高地への拡大が指摘されている．スウェーデン北部のトーネ湖流域のカンバ林における研究においても，50〜150年周期で起こる蛾（アキナミシャク）の幼虫の大量発生により樹木葉が食害にあい，生育期間の CO_2 吸収量が89% 減少したことが報告されている（Heliasz *et al.*, 2011）．

5.4.3　森林伐採影響を含む総合評価

森林伐採は木材生産のための活動であり，火災や病虫害による撹乱とは性質を異にするが，炭素循環には大きな影響を及ぼす．ロシアでは，1991〜1993年の平均で，年間87 Tg C の炭素が生態系から失われており，その内訳は57% が木材搬出，27% が伐採地における残滓の分解，16% が燃料としての消費であることが推計されている（Shvidenko & Nilsson, 1998）．森林インベントリデータとモデルシミュレーションを用いた Stinson ら（2011）の研究によれば，カナダの管理された森林230万 km^2 における1990〜2008年の純生態系生産量（NEP）は 71 ± 9 Tg C 年 $^{-1}$（0.31 Mg C ha^{-1} 年 $^{-1}$）と推計されている（図5.6）．一方，森林伐採によって，45 ± 4 TgC 年 $^{-1}$ の炭素が生態系外に搬出され，同等量（45 ± 4 Tg C 年 $^{-1}$）が枯死リターとして生態系内に蓄積，火災によって 23 ± 16 Tg C 年 $^{-1}$ の炭素が大気に放出され，火災や病虫害等の撹乱によって，52 ± 41 Tg C 年 $^{-1}$ の炭素が枯死リターとして蓄積されたと推定している．ここで，純生態系生産量から，火災によって大気に放出された炭素量と，伐採による生態系外への炭素搬出量を差し引いた，2 ± 20 Tg C 年 $^{-1}$（0.01 Mg C ha^{-1} 年 $^{-1}$）が撹乱によって消失する炭素量を加味した純生物相生産量（NBP）に相当する．この結果から，森林が光合成によって獲得した炭素の同等量が，呼吸や撹乱，森林伐採によって系外に排出されており，この期間カナダの管理林の炭素収支はほぼ平衡していたことがわかる．さらには撹乱によって生態系内に枯死木やリターとして蓄積された大量の炭素（約100 Tg C 年 $^{-1}$）は今後長期に渡って分解され，CO_2 として大気に放出される．この枯死リター量が，1990年以前と同程度である場合は，将来の CO_2 放出量

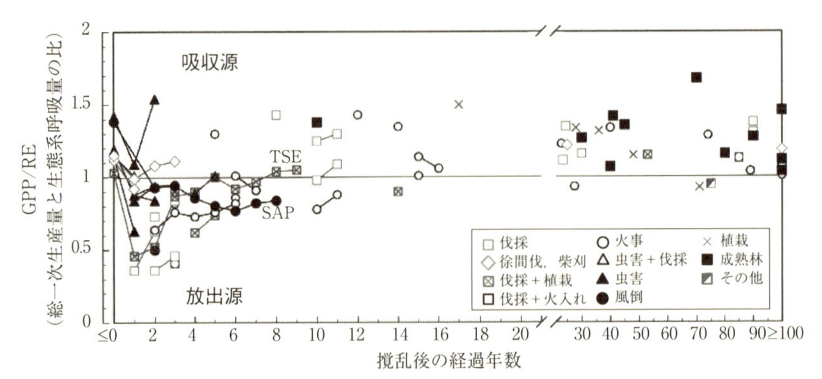

図 5.7　撹乱後の経過年数に伴う，森林の炭素吸収効率（GPP / RE）の変化
北方林と温帯林に加え，熱帯林も若干サイト含まれている．撹乱要因は各シンボルで表している．撹乱後 20 年以降のデータについては複数年の平均値を掲載．TSE（Aguilos *et al.*, 2014）と SAP（Yamanoi *et al.*, 2016）サイトは 10 年以上の長期変動を掲載．Yamanoi *et al.*（2016）を加筆修正．→口絵 7

の変化は小さいが，過去より多い場合は将来の CO_2 放出量の増加と，それに伴う NBP の減少を引き起こす．

撹乱履歴が異なる様々な森林生態系におけるフラックス比較研究によれば，北方林生態系の炭素固定能は，撹乱からの経過年数の影響を強く受ける（Amiro *et al.*, 2010；Ueyama *et al.*, 2013；Aguilos *et al.*, 2014；Yamanoi *et al.*, 2016）．皆伐や山火事，強風による強度の撹乱直後には，光合成量の大幅な低下や枯死残滓の分解により，最大で年間 6 Mg C ha^{-1} 程度の大きな炭素放出源となり，7〜20 年程度は放出源の状態が継続する（図 5.7）．放出源の期間の大気への CO_2 放出量を積算すると，6〜60 Mg C ha^{-1} となり（Aguilos *et al.*, 2014），放出した CO_2 を回収するためには，さらに同程度（10〜20 年）の年数を必要とする．

間伐等の弱度の伐採が生態系炭素収支に及ぼす影響についての研究例は少ないが，フィンランド南部のヨーロッパアカマツ林における研究によれば，幹の胸高断面積合計で 26% の間伐を行った前後で NEP の変化は認められなかった（Vesala *et al.*, 2005）．間伐による樹木の光合成や呼吸の減少が，林床植生の光合成や微生物呼吸の増加によって相殺されたことが，この要因として考えられている．

5.4.4　撹乱が及ぼす北方林の熱環境の変化

常緑針葉樹は，一年を通じて濃緑の葉を展開しているため，一般に太陽光の吸収率は高く反射率は低い（Jarvis *et al.*, 2001）．特に積雪に覆われるような地域では，高い反射率をもつ積雪と対照的である．加えて常緑針葉樹は気孔の通水抵抗が大きく，水利用効率が高いため，日射によって得られる熱を，大気を温める「顕熱」に分配する割合が高く，蒸発散によって水を気化する「潜熱」に分配する割合が低くなる（Jarvis *et al.*, 2001）．このため，伐採や火災による森林の消失は，地表面付近における熱の分配を大きく変える可能性が指摘されている．亜寒帯から熱帯の森林における観測データを利用して，森林伐採や火災が観測サイトの気温の変化に及ぼす影響を比較した研究によれば，北緯45°以北の森林では，伐採・火災跡地において夜間の気温が低下し，年平均気温も0.85±0.44℃低下することが報告されている（Lee *et al.*, 2011）．複数地点のフラックスデータを利用して，2000〜2011年のアラスカの地表面熱収支変化を広域シミュレーションした研究によれば，この期間の火災規模の増加によって森林が焼失したことにより，積雪期における日射吸収量の低下や，1年を通じた顕熱の減少が起こり，地表を冷却させる効果が強くなっている（-0.59 W m^{-2} 10年$^{-1}$）ことが報告されている（Ueyama *et al.*, 2014a）．一方，同期間中に気温上昇に伴う融雪時期の早期化が観測されており，この時期の地表面における日射の吸収量が増え，地表を温める効果も強くなっている（$+0.59$ W m^{-2} 10年$^{-1}$）．これらの効果が正負逆方向に同程度であるため，影響が相殺されている．

5.5　気候変動が北方林の炭素循環に及ぼす影響

5.5.1　温度上昇が及ぼす影響

北方林やツンドラ植生を含む高緯度地帯では，1970年から2005年にかけて，地表気温が10年あたり0.4℃の割合で上昇しており，特に冬季の気温の上昇が顕著である（ACIA, 2004；Hansen *et al.*, 2006）．過去50年間でアラスカや西カナダでは3〜4℃（ACIA, 2004），東シベリアのヤクーツク地方では7℃（Dolman *et al.*, 2008），冬期の温度が上昇したことが報告されている．21世紀の終わりには，年平均気温がさらに4〜7℃上昇する可能性が予測されており（ACIA, 2004），気候変動が北方生態系の炭素循環に及ぼす影響が精力的に研究されている．気温の上昇は，北方林の炭素固定を促進する効果とともに抑制する効果も報告されており，両者の量的な比較を広域で行う際には，現地観測によって得られた炭素貯留量や動態に関する基礎データに，リモートセンシングによって得られる広域情報を加えて，モデルによって評価する場合が多い（第2章を参照されたい）．

一般に春先の温度上昇は植物の生育開始時期を早め，光合成が可能な期間を長くすることにより，一年間の光合成量や純生態系生産量を増やす効果があるが，光合成活性が低下する盛夏期〜秋期の気温の上昇は生態系呼吸量を増やし，純生態系生産量を抑制する効果がある．Piao *et al.*（2008）が北方林やツンドラ植生を含む北緯51°以北の高緯度生態系についてこの促進効果と抑制効果の量的な比較を行っている．この研究によると，1980年以降の20年間で，ユーラシア大陸では，秋（$+0.02$℃ 年$^{-1}$）よりも春（$+0.06$℃ 年$^{-1}$）の温暖化傾向が強く，光合成の促進によるCO_2吸収効果がより強く年間の炭素収支に反映されるのに対して，北米では春（$+0.02$℃ 年$^{-1}$）よりも秋（$+0.05$℃ 年$^{-1}$）の温暖化傾向が強く，呼吸量の促進によるCO_2排出効果がより強く年間の炭素収支に反映されることが報告されている．北緯25°以北の全域についてモデル計算を行った結果，温度上昇に対する呼吸量の増加割合（0.05 Mg C ha^{-1} ℃$^{-1}$）は，光合成量の増加割合（0.025 Mg C ha^{-1} ℃$^{-1}$）の2倍に相当し，気温1℃の上昇当たり，両値の差分（0.025 Mg C ha^{-1}）のCO_2放出効果があるとされており，北方林24サイト，108年分のフラックス観測データセットの経年変化を解析した結果（0.032 Mg C ha^{-1}）と同程度であることが報告されている．

アラスカ内陸部やカナダの北方林で行われた観測研究によれば，春先の気温の上昇によって，光合成の開始時期が早まり（たとえばBlack *et al.*, 2000），初夏の光合成量（たとえばAngert *et al.*, 2005）や，年間の光合成量も増加する場合が多い（Black *et al.*, 2000；Chen *et al.*, 2006）．温度上昇に伴う光合成量の増加は，葉量や展葉期間が敏感に反応する落葉樹（アスペン林）で顕著であり，常緑針葉樹であるクロトウヒ林の反応は鈍感であること，反対にアスペン林では温度上昇によって呼吸量は大きく変化しないのに対して，クロトウヒ林では土中に豊富に存在する炭素の分解が促進されることによって生態系呼吸量が増加することが報告されている（Goulden *et al.*, 1998；Black *et al.*, 2000；Welp *et al.*, 2007）．これらの結果より，温暖な年は，アスペン林の純生態系生産量（NEP）が増えるのに対して，クロトウヒ林では減少するとされている．アラスカのクロトウヒ林における長期観測研究では，10 年周期の気候変動の影響を強く受けて，2003 年から 2009 年の間に秋季の気温が 0.22℃ 年$^{-1}$ 上昇し，CO_2 の年収支が吸収から放出に転じていることが報告されている（Ueyama *et al.*, 2014b）．

クロトウヒ林やヨーロッパアカマツ林などの北方林土壌を対象とした温暖化実験の結果からは，3〜6℃ の平均地温の上昇によって，土壌からの年 CO_2 放出量が 11〜45% 上昇することが報告されている（Niinistö *et al.*, 2004；Bronson *et al.*, 2008；Schindlbacher *et al.*, 2009）．しかし，これらの温暖化実験では，温暖化効果が経年減少する場合が多く，その要因として，分解しやすい炭素が数年で減少してしまうことが考えられている．一方，排水された泥炭上に成立している冷温帯針広混交林で行った土壌温暖化実験では，地温を 3℃ 上昇させることにより，対照区に比べて 4 年で平均 82%，土壌の有機物分解が促進され，効果が 5 年以上継続している（Aguilos *et al.*, 2013）．したがって，土壌中に炭素が豊富に存在する泥炭地では温暖化によって大量の土壌炭素が分解し，CO_2 となって大気に長期間放出される可能性が高い．様々な生態系を対象とした土壌温暖化実験の統合研究によって，寒冷な気候帯で（Carey *et al.*, 2016），土壌炭素量が増えるほど（図 5.8；Crowther *et al.*, 2016），温暖化による炭素放出量が増えることが，近年明らかにされており，北方林やツンドラ植生が巨大な炭素の放出源となることが懸念されている．スウェーデンのヨーロッパトウヒ林で行われた実験では，5℃ の地温上昇によって，土壌中の微生物活動が促進されることで，植物が利用できる窒素量が増加し，樹木の NPP が年間 60% 増加したことが報告されている（Jarvis & Linder, 2000）．北米の冷温帯混交林における温暖化実験では，温暖化によって植物が利用可能な土壌中の窒素量が増えたことにより，光合成量が増加し，7 年経過した際に，

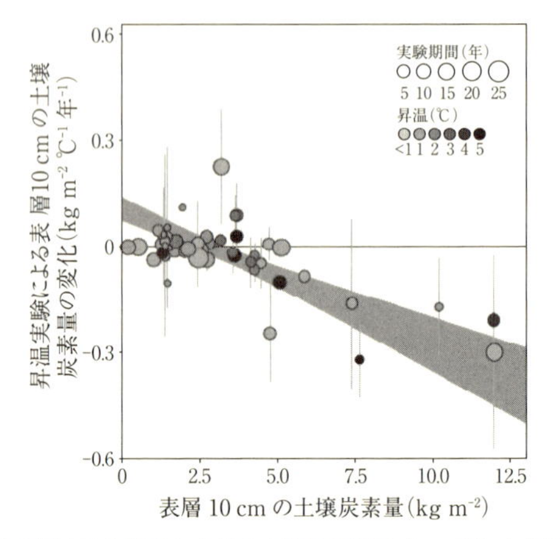

図5.8　世界各地の様々な生態系における土壌昇温実験（n=49）より得られた，昇温による表層土壌炭素量変化と初期の土壌炭素量の関係（北方林2サイト，温帯林17サイトに加え，温帯草原・サバンナ・灌木林23サイト，ツンドラ6サイト，地中海性植生1サイトが含まれている）

シンボルは個々の実験における昇温区と対照区の表層10 cmの土壌炭素貯留量の差の平均値と標準誤差．シンボルの大きさは実験期間，色は昇温温度を表している．陰影部は両者の関係の95% 信頼区間（R^2=0.49）．Crowther *et al.*（2016）を加筆修正．

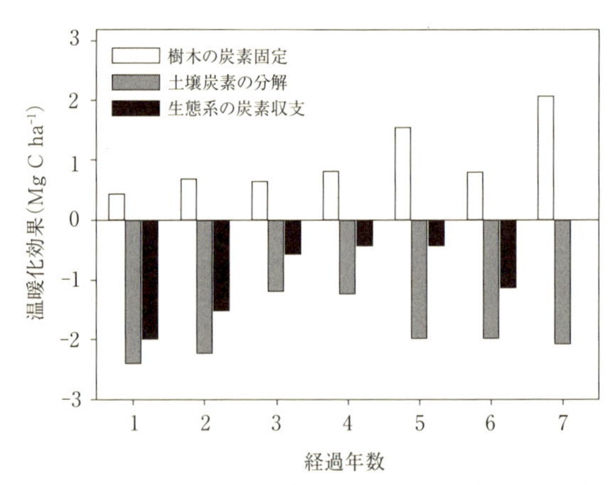

図5.9　土壌の温暖化処理（5℃）が冷温帯混交林の樹木の炭素固定，土壌炭素の分解，および両者の差である生態系の炭素収支に及ぼす影響

値はすべて対照区との差であり，正値は炭素固定，負値は放出を表す．7年目に炭素固定の増加と土壌炭素の分解増加がほぼ釣り合っている．Melillo *et al.*（2011）を加筆修正．

温暖化による土壌炭素の分解促進効果と同程度となり，CO_2 吸収と放出効果が相殺されたことが報告されている（図 5.9；Melillo *et al.*, 2011）．生態系レベルの温暖化応答を評価する際には，このような間接的な光合成の促進効果も検討し，放出効果と定量的な比較を行うことが必要である．

5.5.2　永久凍土の融解

北半球高緯度の永久凍土には 1300±200 Pg の炭素が蓄積されており，そのうち約 500Pg が夏期に融解する活動層に存在し，残りの約 800 Pg が通年で氷に閉じ込められている（Hugelius *et al.*, 2014）．したがって，通年氷に閉じ込められている炭素の量は，北方林の樹木と表層土壌に蓄えられている炭素量（5.2.1 項を参照されたい）よりも 10〜50% も多い．近年の温度上昇により凍土の融解は進んでおり，凍土内で安定していた炭素の分解が促進されることが懸念されている（Schuur *et al.*, 2008）．永久凍土上に成立しているクロトウヒ林では，温暖な年に凍土の融解深度が深くなり，土壌の炭素分解量が多くなる傾向が観測されており（Goulden *et al.*, 1998），温暖化環境下で土壌炭素の分解が数百年に渡って促進されることが予測されている（Ise *et al.*, 2008）．

5.5.3　水環境の変化を介して及ぼす影響

北極圏では過去 50 年の間に年降水量が 10% 程度増加したことが報告されている（Rawlins *et al.*, 2010）．降水量の将来予測には未だ大きな不確実性が含まれ，特に地域ごとの降水量予測は難しいのが現状であるが，21 世紀末までに約 20% の降水量の増加が予測されているところが多い（Barrow & Maxwell, 2004；UK Met Office, 2011；Rupp *et al.*, 2016）．その一方，気温の上昇に伴い大気が乾燥すると蒸発散による水損失が増加するため，降水量が若干増加した場合でも，植物が乾燥ストレスを受ける頻度が多くなることも懸念されている．乾燥ストレスを受けると，一般的に植物は光合成，呼吸ともに抑制されるが，どちらが影響をより強く受け，炭素収支が放出・吸収のどちらの方向に向かうのかは，乾燥程度や植生，立地条件などによって変わりうる．

北米の北方林では，乾燥ストレスに伴う森林被害が多く報告されている．アラスカ内陸部では増加する乾燥ストレスに加えて，伐採や火災による撹乱頻度の増加の影響を受けて，老齢なクロトウヒやシロトウヒ等の常緑針葉樹林が衰退していることが報告されている（Barber *et al.*, 2000；Goetz *et al.*, 2005；Beck *et al.*, 2011）．常緑針葉樹が衰退している場所や，北方林の北限に隣接するツンドラ植生においては，落葉樹や灌木の侵入が認められ始めている．一方，排水性が高く土壌水分が少ない立地に成立する落葉広葉樹のアスペン林の光合成量や呼吸量の方が，土壌水分が豊富な常緑針葉のクロトウヒ林よりも，乾燥ストレスに敏感に反応するという報告（Kljun *et al.*, 2006）もある．この研究によると，アスペン林では気温や生育期間の条件によって，乾燥している年においても，GPP や NEP が増加する場合もあることが観測されている．

東シベリアでは降水量の増加に伴う森林の衰退と炭素循環の変化が報告されている．東シベリアのヤクーツク周辺では，2005～2007 年の多雨多雪が永久凍土の融解を促し，地表が滞水することによって根がダメージを受け，カラマツの枯死と地表植生の変化が起きており，このために群落光合成量が減少したことが 14 年間のフラックス観測によって明らかにされている（Ohta *et al.*, 2014）．2000 年代の気候変動の特徴は，北米（乾燥）とシベリア（湿潤）で相反しているが，どちらも森林を衰退させていることは深刻である．

5.6　大気環境の変化が北方林の炭素循環に及ぼす影響

5.6.1　CO_2 濃度の増加が及ぼす影響

気候変動の主要因とされている大気中 CO_2 濃度の増加は，化石燃料の使用や土地改変等の人間活動に起因しており，これも人為撹乱として捉えることができる．1990 年以降，主に北半球の農地や森林において，野外の大気中 CO_2 濃度を通常よりも 200 ppm 程度人工的に増加させ，植物の反応を明らかにする FACE（Free-Air CO_2 Enrichment）実験が行われている．実験施設の規模が大きくなるため観測例は限られているものの，一般的に森林は光合成の基質となる CO_2 の増加によって，光合成量を増加させ，樹木の成長は 28±25%，葉面積は最大で 50% 増加することが報告されている（Ainsworth & Long, 2005；Norby & Zak, 2011）．しかし，高 CO_2 環境下で生育した樹木は通常濃

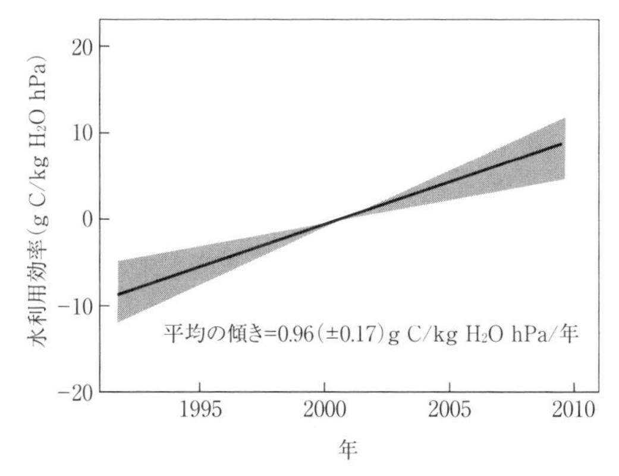

図 5.10　温帯と亜寒帯の森林 14 サイトの水利用効率の経年変化の平均値（黒線）と±1×標準偏差（陰影部）
水利用効率は各サイトの平均値で標準化している．Keenan *et al.*（2013）を加筆修正．

度で生育した樹木に比べて，同じ CO_2 濃度における光合成量が減少する傾向にある．この現象は「負の制御（down regulation）」や「馴化（acclimation）」と呼ばれている．一方，高 CO_2 環境下では，植物は CO_2 の取り込みのために，気孔を大きく開く必要がなくなるため，気孔開度が減少し，個葉や当年生シュートレベルでの水利用効率（蒸散量に対する光合成量の割合）が高くなる傾向にあり，同様の傾向が北方林を構成する樹種においても認められている（小池ら，2013）．しかしながら，シュートレベルでの水利用効率の増加は，個体レベルでは葉やシュートの増加と相殺されるためより詳細な比較が必要であり，一般的な見解を得るまでには至っていない．光合成量や水利用効率の変化は木部構造や，器官配分割合，群落構造，病虫被害の変化として反応することも報告されているが，樹種に加えて，生育地の水分・養分環境によって，反応の程度や方向には差がみられる（小池ら，2013）．フラックス観測データを利用して，生態系レベルの水利用効率の長期変化を解析した研究によれば，近年 20 年間で光合成量は増加し，蒸発散量は減少する傾向が認められている．特に北半球の温帯林や北方林では水利用効率が増加しており（図 5.10），この理由として大気中 CO_2 濃度の増加の可能性が高いことが示唆されている（Keenan *et al.*, 2013）．

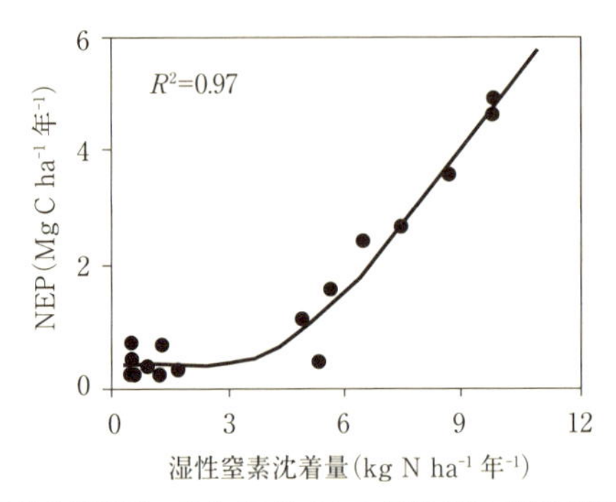

図5.11　温帯と亜寒帯の森林20サイトの年間NEP（純生態系生産量）とそのサイトにおける年間湿性窒素沈着量との関係
NEPは若齢期から老齢期までの長期平均値．図中の曲線はアレニウス関数を用いて回帰．Magnani *et al.*（2007）を加筆修正．

5.6.2　オゾン濃度や窒素沈着量の増加が及ぼす影響

人間活動に伴う窒素酸化物の大気への放出と生態系への沈着や，対流圏オゾンの増加が森林の生産力に与える影響が懸念されている．北方林は，低温により土壌微生物の活動が抑制されているため，慢性的に窒素が欠乏しており，それゆえに人為起源の窒素沈着に敏感である（Jarvis *et al.*, 2001）．窒素沈着量が過剰な場合は水や土壌の酸性化をもたらし，森林衰退の要因ともなりうるものの，北方林の多くは概ね樹木成長が促進している場合が多いと考えられている．スウェーデンの野外実験では，75〜100 kg N ha^{-1} 年$^{-1}$ の窒素を12年間散布することにより，ヨーロッパトウヒの成長が4〜5倍増加したことが報告されている（Jarvis & Linder, 2000）．スウェーデンのヨーロッパアカマツ林における，34 kg N ha^{-1} 年$^{-1}$ の窒素散布実験では，処理区の成長量（12.3±1.7 m^3 ha^{-1} 年$^{-1}$）が，対照区（6.2±0.8 m^3 ha^{-1} 年$^{-1}$）に比べて，30年の間2倍程高く維持されたことが報告されている（Högberg *et al.*, 2006）．複数の温帯林と北方林のフラックス観測データを用いた統合研究によって，降水による窒素沈着量が多い森林では，指数関数的に正味 CO_2 吸収量が多くなることが明らかにされている（図5.11；Magnani *et al.*, 2007）．

近年地表付近のオゾン濃度が上昇しており，植生の光合成活動への影響が懸念されている（Sitch *et al.*, 2007）．オゾンは気孔を介して植物体内に取り込まれ，葉の老化を促進させる．中央ヨーロッパや，北米東海岸，東アジア，中央アフリカ，南米アマゾンなどにおいて，特に濃度が増加しており，植物へのリスク評価も精力的に進められているものの，北方林が分布する高緯度地域においては濃度の増加も大きくはなく，植物体への影響は限定的であると考えられている（Karlsson, 2012）．当然ながら，CO_2，窒素，オゾンに対する反応には樹種間差があり，さらにはこれらの複合変化は，個々の影響を相殺することも加速させることもありうる．そのため，複合影響を加味した野外実験が現在精力的に進められている．

おわりに

大量の炭素を主に土壌中に蓄積し，温度の上昇や窒素等の大気沈着に敏感に反応する北方林は，気候変動の影響と全球規模の炭素循環へのフィードバックが懸念されているため，数多くの研究が行われており，一般的見解や定量評価も現在進行形でアップデートされている．そのため，この研究分野が知識を構築している最中の醍醐味を味わえる反面，結果の全体像を把握することは難しい．なるべく新しい知見を引用するよう努めたが，たとえば，フラックス観測から推定されている日中の生態系呼吸量と光合成量は，特に開葉から展葉期にかけて，過大評価されている可能性が近年報告されている（Wehr *et al.*, 2016）ように，数年後には本章の記載と相反する見解が優勢になっている可能性も考えられる．この点注意が必要である．

気象，災害，CO_2，窒素，オゾン等が同時並行で変動している環境下において，長寿命で巨大な森林生態系の炭素循環がどのようにこれらの環境変化に反応して変動し，最終的にどのような結末を迎えるのかを明らかにするのは時間と労力がかかる作業である．しかし気候変動を緩和させるための適応的な炭素管理を行うためには，ベースラインの長期観測を基にした継続した研究が必要である．一方，急を要する緩和策の策定のためには，気象や CO_2，窒素，オゾン等の複合影響を考慮した，あるいは個々の要因に注目してその影響をそれぞれ評価することのできる操作実験を併用し，因果関係を効率的にクリアにする試みも必要である．いずれにしても，北方林の変動現象とその要因を定性的に明らかにすることに加え，影響の定量評価がますます重要になっている．

引用文献

Abaimov, A. P. (2010) Geographical distribution and genetics of Siberian larch species. *in Ecological Studies, 209, Permafrost Ecosystems: Siberian Larch Forests* (eds. Osawa, A. *et al.*). pp. 41–58, Springer.

Abaimov, A. P., Lesinski, J. A. *et al.* (1998) Variability and ecology of Siberian larch species. *Swedish University of Agricultural Sciences, Department of Silviculture, Reports 43.* pp. 118, Umeå.

ACIA (2004) *Impacts of a Warming Arctic: Arctic Climate Impact Assessment.* pp. 139, Cambridge University Press.

Aguilos, M., Takagi, K. *et al.* (2013) Sustained large stimulation of soil heterotrophic respiration rate and its temperature sensitivity by soil warming in a cool-temperate forested peatland. *Tellus B*, **65**, 20792.

Aguilos, M., Takagi, K. *et al.* (2014) Dynamics of ecosystem carbon balance recovering from a clear-cutting in a cool-temperate forest. *Agric. For. Meteorol.*, **197**, 26–39.

Ainsworth, E. A. & Long, S. P. (2005) What have we learned from 15 years of free-air CO_2 enrichment (FACE)? A meta-analytic review of the responses of photosynthesis, canopy properties and plant production to rising CO_2. *New Phytologist*, **165**, 351–372.

Aitkenhead, J. A. & McDowell, W. H. (2000) Soil C: N ratio as a predictor of annual riverine DOC flux at local and global scales. *Glob. Biogeochem. Cycles*, **14**, 127–138.

Amiro, B. D., Barr, A. G. *et al.* (2010) Ecosystem carbon dioxide fluxes after disturbance in forests of North America. *J. Geophys. Res.*, **115**, G00K02.

Angert, A., Biraud, S. *et al.* (2005) Drier summers cancel out the CO_2 uptake enhancement induced by warmer springs. *Proc. Natl. Acad. Sci. U.S.A.*, **102**, 10823–10827.

Baldocchi, D. D., Vogel, C. A. *et al.* (1997) Seasonal variation of carbon dioxide exchange rates above and below a boreal jack pine forest. *Agric. For. Meteorol.*, **83**, 147–170.

Barber, V. A., Juday, G. P. *et al.* (2000) Reduced growth of Alaskan white spruce in the twentieth century from temperature-induced drought stress. *Nature*, **405**, 668–673.

Barrow, E. & Maxwell, B. (2004) Future changes in Canada's climate. In: *Climate Variability and Change in Canada: Past, Present, Future, ACSD Science Assessment Series No. 2* (eds. Barrow, E. *et al.*). pp. 19–26, Meteorological Service of Canada, Environment Canada.

Beck, P. S. A., Juday, G. P. *et al.* (2011) Changes in forest productivity across Alaska consistent with biome shift. *Ecol. lett.*, **14**, 373–379.

Black, T. A., Chen, W. J. *et al.* (2000) Increased carbon sequestration by a boreal deciduous forest in years with a warm spring. *Geophys. Res. Lett.*, **27**, 1271–1274.

Bronson, D. R., Gower, S. T. *et al.* (2008) Response of soil surface CO_2 flux in a boreal forest to ecosystem warming. *Glob. Change Biol.*, **14**, 856–867.

Brown, J., Ferrians, O. J. *et al.* (1997) *Circum-arctic map of permafrost and ground-ice conditions. Cir-*

cum-Pacific Map Series MAP CP-45, US Geological Survey.

Carey, J. C., Tang, J. *et al.* (2016) Temperature response of soil respiration largely unaltered with experimental warming. *Proc. Natl. Acad. Sci. U.S.A.*, **113**, 13797-13802.

Chen, J. M., Chen, B. *et al.* (2006) Boreal ecosystem sequestered more carbon in warmer years. *Geophys. Res. Lett.*, **33**, L10803.

Crowther, T. W., Todd-Brown, K. E. O. *et al.* (2016) Quantifying global soil carbon losses in response to warming. *Nature*, **540**, 104-108.

D'Amore, D. V., Biles, F. E. *et al.* (2016) Watershed carbon budgets in the southeastern Alaskan coastal forest region. *in Baseline and Projected Future Carbon Storage and Greenhouse-Gas Fluxes in Ecosystems of Alaska. Professional Paper 1826* (eds. Zhu, Z. *et al.*). pp. 77-94, U.S. Geological Survey.

Dixon, R. K., Brown, S. *et al.* (1994) Carbon pools and flux of global forest ecosystems. *Science*, **263**, 185-190.

Dolman, A. J., Maximov, T. C. *et al.* (2008) Water and energy exchange in East Siberian forest: An introduction. *Agric. For. Meteorol.*, **148**, 1913-1915.

FAO (2016) *Global Forest Resources Assessment 2015: How are the world's forests changing, 2nd ed.*, FAO.

Giesler, R., Lyon, S. W. *et al.* (2014) Catchment-scale dissolved carbon concentration and export estimates across six subarctic streams in northern Sweden. *Biogeosciences*, **11**, 1-13.

Goetz, S. J., Bunn, A. G. *et al.* (2005) Satellite-observed photosynthetic trends across boreal North America associated with climate and fire disturbance. *Proc. Natl. Acad. Sci. U.S.A.*, **102**, 13521-13525.

Goulden, M. L. & Crill, P. M. (1997) Automated measurements of CO_2 exchange at the moss surface of a black spruce forest. *Tree Physiol.*, **17**, 537-542.

Goulden, M. L., McMillan, A. M. S. *et al.* (2011) Patterns of NPP, GPP, respiration, and NEP during boreal forest succession. *Glob. Change Biol.*, **17**, 855-871.

Goulden, M. L., Wofsy, S. C. *et al.* (1998) Sensitivity of boreal forest carbon balance to soil thaw. *Science*, **279**, 214-217.

Gower, S. T., Gholz, H. L. *et al.* (1994) Production and carbon allocation patterns of pine forests. In: *Ecol. Bull, 43, Environmental Constraints on the structure and production of pine forest ecosystems: A comparative analysis* (eds. Gholz, H. L. *et al.*). pp. 115-135, Wiley-Blackwell.

Gower, S. T., Krankina, O. *et al.* (2001) Net primary production and carbon allocation patterns of boreal forest ecosystems. *Ecol. Appl.*, **11**, 1395-1411.

Griffis, T. J., Black, T. A. *et al.* (2003) Ecophysiological controls on the carbon balances of three southern boreal forests. *Agric. For. Meteorol.*, **117**, 53-71.

Hansen, J., Makiko, S. *et al.* (2006) Global temperature change. *Proc. Natl. Acad. Sci. U.S.A.*, **103**, 14288-14293.

Heliasz, M., Johansson, T. *et al.* (2011) Quantification of C uptake in subarctic birch forest after setback by an extreme insect outbreak. *Geophys. Res. Lett.*, **38**, L01704.

Högberg, P., Fan, H. *et al.* (2006) Tree growth and soil acidification in response to 30 years of experimental nitrogen loading on boreal forest. *Glob. Change Biol.*, **12**, 489–499.

Hugelius, G., Strauss, J. *et al.* (2014) Estimated stocks of circumpolar permafrost carbon with quantified uncertainty ranges and identified data gaps. *Biogeosciences*, **11**, 6573–6593.

IPCC (2007) Climate Change 2007: The physical Science Basis. In: *Contribution of Working Group I to the Fourth Assessment Report of the Intergovernmental Panel on Climate Change* (ed. Solomon, S. *et al.*). pp. 996, Cambridge University Press.

Ise, T., Dunn, A. L. *et al.* (2008) High sensitivity of peat decomposition to climate change through water-table feedback. *Nature Geosci.*, **1**, 763–766.

Iwata, H., Harazono, Y. *et al.* (2015) Methane exchange in a poorly-drained black spruce forest over permafrost observed using the eddy covariance technique. *Agric. For. Meteorol.*, **214-215**, 157–168.

Jarvis, P. & Linder, S. (2000) Constraints to growth of boreal forests. *Nature*, **405**, 904–905.

Jarvis, P. G., Saugier, B. *et al.* (2001) Productivity of Boreal Forests. In: *Terrestrial Global Productivity* (eds. Roy, J. *et al.*). pp. 211–244, Academic Press.

Kajimoto, T., Osawa, A. *et al.* (2010) Biomass and productivity of Siberian larch forest ecosystems. In: *Ecological Studies, 209, Permafrost Ecosystems: Siberian Larch Forests* (eds. Osawa, A. *et al.*). pp. 99–122, Springer.

Karlsson, P. E. (2012) Ozone impacts on carbon sequestration in Northern and Central European forests. *IVL report B2065*, pp. 25, Swedish Environmental Research Institute.

Kasischke, E. S., Christensen, N. L. *et al.* (1995) Fire, global warming, and the carbon balance of boreal forests. *Ecol. Applic.*, **5**, 437–451.

Kasischke, E. S., Hyer, E. J. *et al.* (2005) Influences of boreal fire emissions on Northern Hemisphere atmospheric carbon and carbon monoxide. *Glob. Biogeochem. Cycles*, **19**, GB2012.

Keenan, T. F., Hollinger, D. Y. *et al.* (2013) Increase in forest water-use efficiency as atmospheric carbon dioxide concentration rise. *Nature*, **499**, 324–328.

Kirschke, S., Bousquet, P. *et al.* (2013) Three decades of global methane sources and sinks. *Nature Geosci.*, **6**, 813–823.

Kljun, N., Black, T. A. *et al.* (2006) Response of net ecosystem productivity of three boreal forest stands to drought. *Ecosystems*, **9**, 1128–1144.

小池孝良・渡辺 誠 ほか (2013) 高 CO_2 環境に対する落葉樹の応答. 化学と生物, **51**, 559–565.

Kolari, P., Pumpanen, J. *et al.* (2006) Forest floor vegetation plays an important role in photosynthetic production of boreal forests. *For. Ecol. Manage.*, **221**, 241–248.

Kurz, W. A., Dymond, C. C. *et al.* (2008) Moutain pine beetle and forest carbon feedback to climate change. *Nature*, **452**, 987–990.

Larsen, J. A. (1980) *The boreal ecosystem.* pp. 500, Academic Press.

Lee, X., Goulden, M. L. *et al.* (2011) Observed increase in local cooling effect of deforestation at higher latitude. *Nature*, **479**, 384–387.

Ludwig, W., Probst, J.-L. *et al.* (1996) Predicting the oceanic input of organic carbon by continental erosion. *Glob. Biogeochem. Cycles*, **10**, 23–41.

Luyssaert, S., Inglima, I. *et al.* (2007) CO_2 balance of boreal, temperate, and tropical forests derived from a global database. *Global Change Biol,* **13**, 2509–2537.

Magnani, F., Mencuccini, M. *et al.* (2007) The human footprint in the carbon cycle of temperate and boreal forests. *Nature,* **447**, 848–850.

McGuire, A. D., Rupp, T. S. *et al.* (2016) Introduction. In: *Baseline and Projected Future Carbon Storage and Greenhouse-Gas Fluxes in Ecosystems of Alaska. Professional Paper 1826* (eds. Zhu, Z. *et al.*). pp. 5–16, U.S. Geological Survey.

Melillo, J. M., Butler, S. *et al.* (2011) Soil warming, carbon-nitrogen interactions, and forest carbon budgets. *Proc. Natl. Acad. Sci. U.S.A.,* **108**, 9508–9512.

Moore, T. R. (2003) Dissolved organic carbon in a northern boreal landscape. *Glob. Biogeochem. Cycles,* **17**, 1109.

Morishita, T., Hatano, R. *et al.* (2003) CH_4 flux in an alas ecosystem formed by forest disturbance near Yakutsk, Eastern Siberia, Russia. *Soil Sci. Plant Nutr.,* **49**, 369–377.

Morishita, T., Noguchi, K. *et al.* (2015) CO_2, CH_4 and N_2O fluxes of upland black spruce (*Picea Mariana*) forest soils after forest fires of different intensity in interior Alaska. *Soil Sci. Plant Nutr.,* **61**, 98–105.

Niinistö, S. M., Silvola, J. *et al.* (2004) Soil CO_2 efflux in a boreal pine forest under atmospheric CO_2 enrichment and air warming. *Glob. Change Biol.,* **10**, 1363–1376.

Norby, R. J. & Zak, D. R. (2011) Ecological lessons from Free-air CO_2 enrichment (FACE) experiments. *Annu. Rev. Ecol. Evol. Syst.,* **42**, 181–203.

Ohta, T., Kotani, A. *et al.* (2014) Effects of waterlogging on water and carbon dioxide fluxes and environmental variables in a Siberian larch forest, 1998–2011. *Agric. For. Meteorol.,* **188**, 64–75.

Olefeldt, D., Roulet, N. *et al.* (2013) Total waterborne carbon export and DOC composition from ten nested subarctic peatland catchments-importance of peatland cover, groundwater influence, and inter-annual variability of precipitation patterns. *Hydrol. Process.,* **27**, 2280–2294.

Osawa, A. & Zyryanova, O. A. (2010) Introduction. In: *Ecological Studies, 209, Permafrost Ecosystems: Siberian Larch Forests* (eds. Osawa, A. *et al.*). pp. 3–15, Springer.

Pan, Y., Birdsey, R. A. *et al.* (2011) A large and persistent carbon sink in the world's forests. *Science,* **333**, 988–993.

Peltoniemi, M., Pulkkinen, M. *et al.* (2012) Does canopy mean nitrogen concentration explain variation in canopy light use efficiency across 14 contrasting forest sites? *Tree Physiol.,* **32**, 200–218.

Piao, S., Ciais, P. *et al.* (2008) Net carbon dioxide losses of northern ecosystems in response to autumn warming. *Nature,* **451**, 49–52.

Rawlins, M. A., Steele, M. *et al.* (2010) Analysis of the Arctic system for freshwater cycle intensification: Observations and expectations. *J. Climate,* **23**, 5715–5737.

Rupp, T. S., Duffy, P. *et al.* (2016) Climate Simulations, Land Cover, and Wildfire. *in Baseline and Projected Future Carbon Storage and Greenhouse-Gas Fluxes in Ecosystems of Alaska. Professional Paper 1826* (eds. Zhu, Z. *et al.*). pp. 17–52, U.S. Geological Survey.

Schindlbacher, A., Zechmeister-Boltenstern, S. *et al.* (2009) Carbon losses due to soil warming: Do autotrophic and heterotrophic soil respiration respond equally? *Glob. Change Biol.*, **15**, 901–913.

Schulze, E.-D., Lloyd, J. *et al.* (1999) Productivity of forests in the Eurosiberian boreal region and their potential to act as a carbon sink-a synthesis. *Glob. Change Biol.*, **5**, 703–722.

Schulze, E.-D., Schulze, W. *et al.* (1995) Aboveground biomass and nitrogen nutrition in a chronosequence of pristine Dahurian *Larix* stands in eastern Siberia. *Can. J. For. Res.*, **25**, 943–960.

Schuur, E. A. G., Bockheim, J. *et al.* (2008) Vulnerability of permafrost carbon to climate change: implications for the global carbon cycle. *BioScience*, **58**, 701–714.

Shvidenko, A. & Nilsson, S. (1998) Phytomass, increment, mortality and carbon budget of Russian forests. *IIASA Interim Report*, IR–98–105/December, pp. 25, IIASA.

Sitch, S., Cox, P. M. *et al.* (2007) Indirect radiative forcing of climate change through ozone effects on the land-carbon sink. *Nature*, **448**, 791–795.

Soil Survey Staff (1999) *Soil taxonomy: A basic system of soil classification for making and interpreting soil surveys, 2nd ed.* Agriculture Handbook 436, pp. 871, U.S. Department of Agriculture, Natural Resources Conservation Service.

Stinson, G., Kurz, W. A. *et al.* (2011) An inventory-based analysis of Canada's managed forest carbon dynamics, 1990 to 2008. *Glob. Change Biol.*, **17**, 2227–2244.

Sundqvist, E., Mölder, M. *et al.* (2015) Methane exchange in a boreal forest estimated by gradient method. *Tellus B*, **67**, 26688.

Takagi, K., Hirata, R. *et al.* (2015) Spatial and seasonal variations of CO_2 flux and photosynthetic and respiratory parameters of larch forests in East Asia. *Soil Sci. Plant Nutr.*, **61**, 61–75.

Ueyama, M., Ichii, K. *et al.* (2014a) Change in surface energy balance in Alaska due to fire and spring warming, based on upscaling eddy covariance measurements. *J. Geophys. Res. Biogeosci.*, **119**, 1947–1969.

Ueyama, M., Iwata, H. *et al.* (2013) Growing season and spatial variations of carbon fluxes of Arctic and boreal ecosystems in Alaska (USA). *Ecol. Appl.*, **23**, 1798–1816.

Ueyama, M., Iwata, H. *et al.* (2014b) Autumn warming reduces the CO_2 sink of a black spruce forest in interior Alaska based on a nine-year eddy covariance measurement. *Glob. Change Biol.*, **20**, 1161–1173.

Ueyama, M., Yoshikawa, K. *et al.* (2018) A cool-temperate young larch plantation as a net methane source-A 4–year continuous hyperbolic relaxed eddy accumulation and chamber measurements. *Atmos. Environ.*, **184**, 110–120.

UK Met Office (2011) *Climate: Observations, projections and impacts-Russia.* pp. 139, UK Met Office.

Usoltsev, V. A. (2001) *Forest biomass of northern Eurasia: data base and geography.* pp. 706, Russian Academy of Science.

Vesala, T., Suni, T. *et al.* (2005) Effect of thinning on surface fluxes in a boreal forest. *Glob. Biogeochem. Cycles*, **19**, GB2001.

Wehr, R., Munger, J. W. *et al.* (2016) Seasonality of temperate forest photosynthesis and daytime respiration. *Nature*, **534**, 680–683.

Welp, L. R., Randerson, J. T. *et al.* (2007) The sensitivity of carbon fluxes to spring warming and summer drought depends on plant functional type in boreal forest ecosystems. *Agric. For. Meteorol.*, **147**, 172–185.

Willey, J. D., Kieber, R. J. *et al.* (2000) Rainwater dissolved organic carbon: Concentrations and global flux. *Glob. Biogeochem. Cycles*, **14**, 139–148.

Yamanoi, Y., Mizoguchi, Y. *et al.* (2016) Effects of a windthrow disturbance on the carbon balance of a broadleaf deciduous forest in Hokkaido, Japan. *Biogeosciences*, **12**, 6837–6851.

Yershov, E. D. (1998) *General Geocryology*. pp. 608, Cambridge University Press.

第3部
将来気候下での世界の森林環境

地球温暖化に伴う植生帯の移動

中尾勝洋

はじめに

過去の気候変動は，植生の分布や種組成に大きな影響を与えてきた．花粉分析や生物の遺伝的な特性をもとに過去からの分布変遷を紐解く系統地理学などの研究事例からは，地球が寒冷な時期には寒冷な条件に適した植物が分布域を広げ，温暖な時期には温暖な条件に適した植物が広く分布するといった，分布変化を繰り返してきたことが明らかにされている．このような分布変化は，それぞれの植物種が生育に適した気候条件を持っているためと考えられ，地球規模での気候変動に対して植物種がとる"適応"の戦略の一つと言える．IPCCの第5次評価報告書によると，地球の平均気温は過去100年間に約0.7℃上昇している．地球規模での気候の変動は，気温上昇だけでなく，冬日日数の減少，融雪時期の早期化，降水量の減少もしくは増加，極端現象の増加など，これまでとは異なる気候条件を引き起こす一因と考えられている．さらにこのような気候条件やその季節性の変化は，植物種を含む様々な生物群の分布変化，開花や初鳴き日などの生物季節（フェノロジー）の変化を既に招いている．本章では，植生帯，植物群落，植物種を対象に気候変動による移動や種組成変化等についての研究を紹介する．

6.1　気候変動による分布変化 

6.1.1　気候変動に対する植生帯の移動

気候変動が関与すると考えられる植生帯や植物種の移動に着目した研究は，2000年代中頃から盛んに取り組まれてきた．Lenoir & Svenning（2015）によると，気候変動が関与すると考えられる陸上性植物の移動に関してこれまでに85件の研究論文が報告されている．このうち，垂直方向への上昇に関しての論文が24件と最も多く，次いで緯度方向への北上が19件，分布域内での優占度の変化が15件などとなっている．ただし，研究報告の多くは，ヨーロッパや北米における事例であるため，調査・研究が手薄な地域において，どのような植生帯や植物種が生じているのか未知の部分も大きい．特に，現在最も温暖な場所の一つである熱帯低地における研究事例はほとんどなく，今後の課題と言える．

垂直分布における事例として，ヨーロッパアルプスでは，1985年頃からの年平均気温の上昇に応答して，対象とした山地性植物種171種のうち118種の分布が高標高域へ上昇し，分布の中心となる標高は平均66 m上昇していた．その結果，同地域の高山帯では植物種数が増加している（図6.1；Lenoir *et al.*, 2008）．カナダのケベック州において，1970年に植物種を対象として垂直分布を調査したプロットを2012年に再調査した結果からは，10年間で約9 mのペースで植物種の平均標高が上昇し，高標高の植生は低標高の種組成と類似度が高まる一方，低標高の種組成は大きな変化は見られなかった（Savage *et al.*, 2014）．垂直方向への移動速度は，地域によって様々であり一様ではない．しかしながら，垂直方向での植生帯や植物種の分布移動が水平方向での分布変化に比べて検出されやすい要因として次のような理由が考えられる．垂直方向の距離に対する温度勾配（1℃低下するのに要する距離）は，水平方向に比べ短い．さらに，水平分布では孤立した山にそれぞれ分布していたり，土地利用等により生息地が分断化するなど植生帯の変化が連続的でない場合が多いのに対し，垂直分布では地域内の山系において植生が連続的に移り変わる場合が多

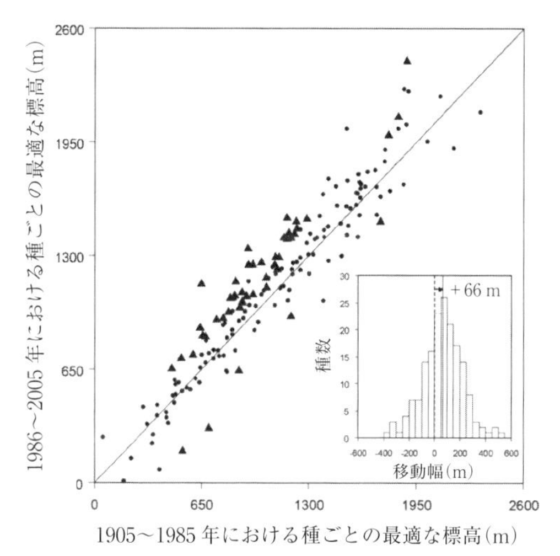

図 6.1　ヨーロッパアルプスにおける植物種の垂直的な分布変化
横軸は 1905 年から 1985 年における種ごとの最適な標高（出現確率が最大となる標高），縦軸は 1986 年から 2005 年における種ごとの最適な標高．▲は 2 時期を比較した際に有意な変化があった種，●は変化の見られなかった種を示す．図内のヒストグラムは 2 時期間の移動幅を示し，中央値で比較した場合 66 m 上昇していた．Lenoir *et al.* (2008) をもとに一部改定．

いことが要因として挙げられる．かつての気候変動に対する植生帯の分布変化においても，水平分布が垂直分布に比べて移動に時間を要した可能性が指摘されており，ヨーロッパでは最終氷期最盛期（約 2 万 1 千年前）の分布縮小の影響を受け，現在も複数の植物種が水平的な生育可能限界まで到達していないと考えられている（Svenning *et al.*, 2004）．

水平分布における事例として，韓半島（朝鮮半島）では，1941 年の標本採取地点に基づく分布データと 2000 年に再調査した分布データを比較したところ，常緑広葉樹林構成種の分布北限が 60 年間で最大 74 km 北上していた．さらに，これまで韓国における常緑広葉樹の分布北限であった東シナ海に浮かぶ Daecheong 島から約 14 km 北にある Beagryeong 島で暖温帯性の常緑広葉樹であるシロダモ（*Neolitsea sericea*）の新規定着個体が確認されている（図 6.2；Yun *et al.*, 2011）．この 60 年間で韓半島の年平均気温は，1.4℃ 上昇しており，温暖化に伴う寒さの緩和が常緑広葉樹の分布北上を促したと考えられている．ヨーロッパでは，ドイツ北部やスカンジナビア半島南部などで，過去 30 年間

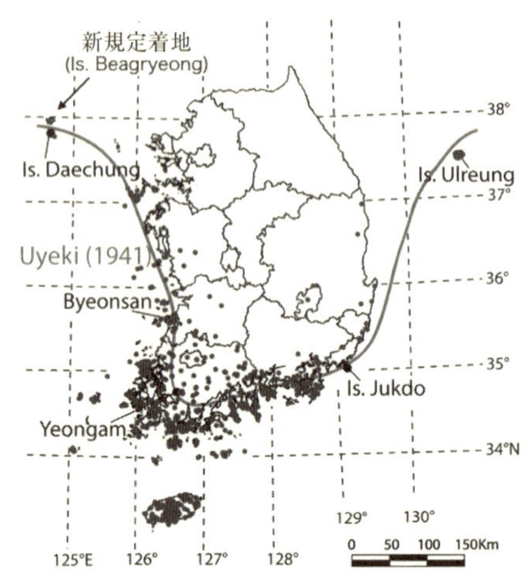

図 6. 2　韓半島（朝鮮半島）における常緑広葉樹の分布変化
1941 年と 2009 年代において，常緑広葉樹林構成種の標本採取地点をもとに作成．図中のラインは 1941 年に引かれた常緑広葉樹林構成種の分布北限線，点は 2009 年代の標本採取地点．内陸への分布拡大が見られ，最北限は約 14 km 北上した．Yun *et al.*（2011）をもとに一部改定．

の冬季最低気温の上昇に応答して常緑樹であるセイヨウヒイラギ（*Ilex aquifolium*）の新規定着が増加し，分布域が北上している（Walther *et al.*, 2005）．北米フロリダ半島では，冬季にある一定以下の低温となる頻度の減少を起因として，マングローブ林が北上している（Cavanaugh *et al.*, 2014）．水平分布における分布変化の抽出では，かつてその地域には分布しなかったとする情報の確からしさが課題として挙げられる．つまり，かつて分布・生育していなかったのが環境的な要因なのか，あるいは調査が行われていなかったことによるのかを区分することが難しい場合があるためであり，調査結果の解釈には留意を要する．

前述した植生帯や植物種の分布変化は，暖かい条件に適した種が相対的に寒い場所（高標高域や高緯度地域に拡大）へと拡大するパターンだった．このような分布変化は，気候変動による生育可能期間の長期化，分布制限要因となる冬季低温の緩和，積雪日数の減少など気候条件の変化が主に作用している．しかし，気候変動に伴う分布移動のパターンは一様ではなく，植生帯の移動はないが同植生帯内で優占種の出現に変化が生じるパターン（Kelly & Goulden,

2008），分布北限域での拡大は小さいが分布南限域で縮小するパターンなどが報告されている．つまり，気候変動に伴う植生帯や植物種の移動は，様々な要因を複合的に考える必要がある．

植生帯や植物種の移動には，生物学的な要因，既往の植物群落や生物種との相互作用，立地特性，さらに人為影響などが複合的に関与すると考えられている（Parmesan & Yohe 2003）．生物学的な要因として，鳥散布，風散布，付着散布といった移動性の高い散布形態を持つ種，長寿命よりも短寿命な種でより移動距離が長くなる傾向にある．既存の植物群落タイプや生育立地によっても分布変化のパターンが異なる．たとえば，種数が少なく単調な植生の場所ほど，移動が生じやすい傾向にある．また，石灰岩などの特殊な地質に生育する植物群落では，一般的な森林土壌の場所に比べて種組成変化が小さいといった立地特異的な傾向も知られている．土地改変により撹乱や生育地の分断化が進行している地域では，人為影響も無視することはできない．先に示したヨーロッパアルプスで植物種の平均標高が上昇した事例では，低標高側へ分布拡大した植物種（53種）が報告されており，その要因として人為活動による撹乱の増加が，競合する植物種との種間競争を低下させたと考えられている．さらに，分布変化については，環境条件の変化に応じて生物種が生育に適する条件を変化させるニッチ可塑性，植物種の分布変化と花粉媒介者や種子散布者との分布変化のズレ，病害虫などの影響についても示唆されている．

6.1.2 国内における分布変化

日本国内においても，気候変動に起因すると考えられる植生帯や植物種の分布変化が報告されている．環境省が進めている生物多様性モニタリング事業であるモニタリングサイト1000（詳しくは6.2.2項を参照のこと）において継続調査されたデータを解析した研究からは，常緑広葉樹と落葉広葉樹との境界付近では，常緑広葉樹が増加していることが明らかになった（Suzuki *et al.*, 2015）．同様に落葉広葉樹と常緑針葉樹との境界付近では，落葉広葉樹が増加傾向にあり，過去からこれまでの気候変動の影響と人為影響（過去の撹乱からの回復）が作用していると考えられる．また，鹿児島県にある紫尾山の暖温帯から冷温帯への移行域における常緑広葉樹の分布変化を1975年と2008年の

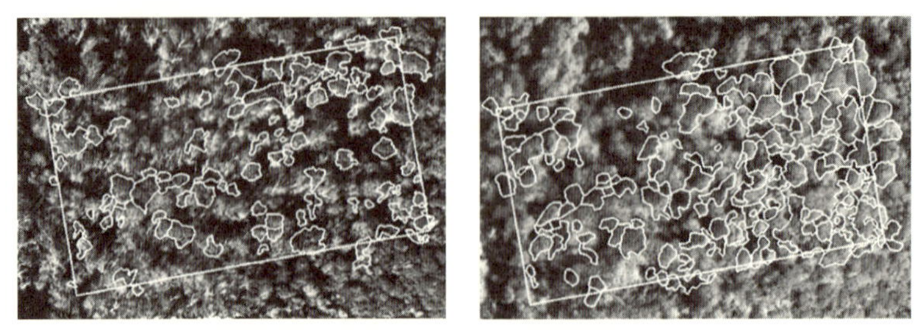

図 6.3　紫尾山における 33 年間の樹冠変化
1975 年（左），2008 年（右）の同地点の比較，白枠で囲んだ樹冠が常緑広葉樹を示す．
中園（2016）をもとに一部改定．

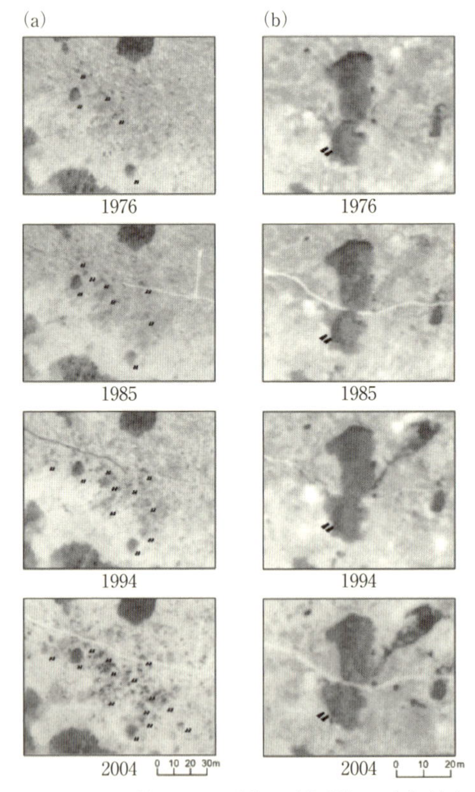

図 6.4 パッチ状ハイマツ群落の（a）増加と（b）拡大
1976 年，1985 年，1994 年，2004 年の 4 時期の変化．安田ほか（2007）をもとに一部改定．

航空写真を用いて比較した研究では，常緑広葉樹樹冠面積が1.23〜1.79倍に増加していた（中園ほか，2016）．さらに同じ手法を用いて，静岡県函南山原生林の移行帯で行った研究でも同様の傾向が確認されており，いずれの地域においても温暖化がその一因と考えられる（図6.3；中園ほか，2016）．

亜高山帯から高山帯にかけた地域においても変化が検出されている．八甲田山におけるオオシラビソ（*Abies mariesii*）の分布を過去（1967年）と現在（2003年）の航空写真とを比較した結果，1,300 m以上ではオオシラビソの個体数が増加したのに対し，1,000 m以下の分布下限付近では個体数が減少傾向にあった（Shimazaki *et al.*, 2011）．また，新潟県から群馬県にまたがる平ヶ岳では，山地湿原の面積が1971年から2004年までの33年間に約10％減少し，チシマザサ等の分布が拡大していた（図6.4；安田ほか，2007）．対象地域周辺では，湿原の生成・維持に影響を与える積雪量が近年減少しており，その結果湿原の乾燥化を招き，湿原が縮小したと考えられる．積雪量の変化に起因した分布変化は，その他の地域でも確認されている．たとえば，北海道の大雪山系では，1990年以降に高山湿性草原の主要構成種であったエゾノハクサンイチゲの個体群が激減した一方で，過去30年間でチシマザサの面積が47％増加した．温暖化による雪解けの早期化が乾燥ストレスを高め，湿性な環境を好むお花畑が衰退し，ササ類が増加したと考えられている．さらに，ササの分布拡大により地表面に届く光量が大幅に減少し，高山植物の成長等が抑制され，高山植物の種数減少を引き起こしている．このように，ある植物種の分布変化の影響は他の種へ伝播し，植物群落の相観や種組成を大きく変えてしまう可能性がある．

6.2　気候変動による分布変化を捉える

前節では，温暖化影響によると考えられる植生帯や植物種の分布変化の事例について紹介した．温暖化影響の有無に関わらず，現在の植生が過去のある時点からどの程度変化してきたかについて明らかにすることは容易ではない．これは，複数時期の比較を行う上で不可欠な調査データや資料が存在しない，もしくは存在しても調査内容が不十分であったりするなど，過去の情報を得ることの難しさに起因する．さらに，温暖化影響に着目する場合，100 年以内の比較的短い期間での変化を検出する必要があり，自然に起こる植生遷移や土地改変など気候条件以外の影響と区分して定量評価することが困難な場合もある．しかし，前節で紹介した研究成果は，様々な工夫を行うことで過去と現在を比較し，その駆動因について検証しようと試みられてきた結果とも言える．そこで，本節では，その調査デザインについて概観し，現在実際に取り組まれている国内外のモニタリングネットワークについて紹介する．さらに，野外において温暖化が進行した条件を人為的に作り出すことで，生物への温暖化影響を検証する試みである温暖化操作実験についても触れる．

6.2.1　分布変化の検出手法

最もオーソドックスな方法としては，記載事項等を手掛かりに過去の植生調査区を再現し，再調査を行う手法がある．しかし，同じ調査区を再現することは困難な場合が多いため，過去に調査されたデータを標高帯ごとの情報に集約し，現在との比較を行うことがある．航空写真から過去のある時期の植生の状態を推定する手法も試みられている．たとえば，前節で紹介した紫尾山や函南山での事例等では，過去に航空写真が撮影された場所と同じ場所の現在の航空写真をそれぞれオルソ化し，GIS 上で比較することで，樹冠面積の変化を推定する手法が提案されている．ただし，過去の航空写真の多くがモノクロであるため，湿原と森林の境界，常緑樹と落葉樹との境界等，比較的識別のしやすい移行帯や境界の変動に対象が限られる．したがってある時点での状態を網羅的に記録しておくことは，温暖化影響を含む様々な要因で今後生じる変化を抽出する上で重要である．さらに，温暖化影響の検出では，「以前は生育していなかったが，新たに生育するようになった」といった情報が重要となる．このため，“いた”という情報と同様に“いなかった”という情報の確からしさを担保する工夫が必要である．具体的には固定調査区のように再調査可能で，かつ生物種リスト等の情報が常に利用可能な状態で管理されていることが望ましいと考えられる．

6.2.2　国内におけるモニタリングネットワーク

日本国内では，既にモニタリングサイト1000や日本長期生態学研究ネットワーク（JaLTER）などの枠組みを活用した温暖化モニタリングが試みられている．モニタリングサイト1000は，環境省自然環境局生物多様性センターが中心となり2003年から開始されたモニタリングプログラムである．国内に約1000箇所のモニタリングサイトが設定され，動植物の生育に関する基礎的な情報を収集している．さらに，日本長期生態学研究ネットワークは，2017年6月現在，森林，草原，湖沼等の生態系を対象としたコアサイト21，準サイト36が設置され，継続的に詳細な観測が行われている．なお，モニタリングサイト1000とJaLTERのサイトのいくつかは共同で観測されているサイトもある．このように，国内においては，温暖化を含む環境の変化に対する生態系の変化を捉えるための観測網が整備され，情報が蓄積されつつある．しかし，モニタリング体制は必ずしも万全ではない．たとえば，高山帯や亜高山帯に成立する山岳生態系は，温暖化に対し脆弱性が高いと危惧されているが，定期的な調査に多大な労力を要するため現状ではモニタリングサイトが少なく，さらに気象データの観測地点も限られている．温暖化影響のモニタリングという側面においては，今後このような場所へのモニタリングサイトの拡充が重要になると思われる．

6.2.3　市民参加型モニタリングネットワーク

市民を巻き込んだモニタリングネットワークの構築も試みられている．市民参加型のモニタリングシステムとして，韓国では温暖化に対して脆弱な種や移動性の高い動植物100種を研究者らのエキスパートジャッジに基づいて“温暖化指標種100”として抽出し，公表している（図6.5）．さらに，対象種の分布情報について，NGOなどの市民団体が主体となり調査が行われている．調査されたデータは，専用サイトを介して研究機関（National Institute of Biological Resources, Korea）に集約される仕組みになっており，集まったデータをもとに研究者が温暖化影響について検討するモニタリングネットワークが2010年代から試みられている．国内においても長野県では，「信州温暖化ウオ

図 6.5　韓国 NIBR 作成の市民参加型温暖化モニタリングの指標種（Indicator 100）を紹介するポスターの一部
資料提供 Park Chan Ho (NIBR).

ッチャーズ」と題して，一般市民にトンボやセミなどの生物種の分布や鳥の初鳴き日について専用サイトを通じて報告してもらう活動が行われている．

6.2.4　温暖化操作実験

植生帯や生物種の変化を観測することは重要である．しかし，長期間にわたる過去からのデータや過去のある時期を記録したデータを多くの場所について入手できるわけではない．このため，実験的な手法により野外において模擬的な温暖化条件を作り出し，生態系や生物種の反応を観測する実験的な手法も試みられている．ヨーロッパでは，複数の気候モデルにおいて温暖化に伴い乾燥化することが予測されている．このため，降水が減少した場合を想定した操作実験が行われている．たとえばフランスでは，降雨をコントロールするために雨よけシェードを設置した実験が行われている（図 6.6）．また，日本国内では，OTC（open top chamber）を設置した実験や電熱線を地下に埋設したり，枝に巻きつける温暖化実験が行われている．長野県にある木曽駒ケ岳では，1995 年から OTC が設置され，気象条件とともに観測が継続されている（図 6.7）．その結果，OTC 内では，ガンコウランやミネズオウの被度増加，ウラ

図 6.6　フランス Joseph Fourier Alpine Station の降水シェードの様子
写真提供：津山幾太郎.

図 6.7　木曽駒ケ岳 における OTC（open top chamber）の様子
著者撮影.

シマツツジなどの高山植物で紅葉が 1 ヶ月程度遅れる（生育期間の長期化）などの変化が観測されている．また，北海道の大雪山における OTC を使って 7 年間観測を行った研究では，温暖化による植物の成長増加が雪田では見られたが，風衝地では見られなかった（Kudo *et al.*, 2010）．さらに，高標高の雪田ではイネ科が，低標高では低木類がそれぞれ増加したという結果から，微地形や既存の植物群落タイプに応じて植生変化パターンが異なると考えられている．OTC による操作実験では，透明のパネルによる囲いが用いられる場合が多い．このため，OTC 内では，温度だけでなく風や積雪等の条件についても変化してしまうという問題点が指摘されている．しかしながら，OTC 等の擬似的な温暖化環境を用いた操作実験は，今後起こりうる影響を想定し，実際の変化が生じたとき，どのような点に注目すべきかを明らかにする上で重要であろう．

6.3　気候変動による分布変化の予測と課題

前節までは，これまでの気候変動が駆動因となり生じた分布変化と，その分布変化を捉えるための手法や観測体制について紹介した．多くの気候モデルによる将来気候予測からは，想定する温室効果ガスの濃度変化シナリオ等による程度の違いはあるが，温暖化の傾向が今後も続くことが示されている．そこで本節では，これまでに紹介した実際の分布変化パターンの情報，生態学で蓄積されてきた生理生態的な反応等に関する情報等に基づいて，今後想定される温暖化による分布変化を予測する手法とその課題について紹介する．

6.3.1　分布変化を予測する手法

生態系や生物種への気候変動影響を予測する手法には，①統計的な方法（分布予測モデル），②機械的な方法（動的（全球）植生モデルなど），③種特性情報を用いた方法，④これら三つを組み合わせた方法，⑤その場所のハビタット特性や温暖化進行速度から影響を間接的に評価する方法（InVEST や Velocity of Climate Change；VoCC）の五つに大別することができる．本節では，①分布予測モデルなどの統計的な方法（correlative approach），③種特性情報を用いた方法（trait-based approach），⑤間接的な評価方法（indirect approach）の 3 点について概観し，②動的（全球）植生モデルについては第 1 章および第 8 章を参照されたい．

6.3.2　統計的な方法

生物種の地理分布と現在の環境条件との関係を統計モデルを用いて解析する手法である．一般的には，分布予測モデル，もしくは種分布モデル，生態ニッチモデルと呼ばれている（英語では，species distribution model や envelop model と呼ばれる場合が多い）．主に，生物種を単位とした温暖化影響予測において，ローカルスケールからグローバルスケールまで，さらに陸域から海域に生育する様々な生物群を対象として幅広く用いられる手法である．分布情報

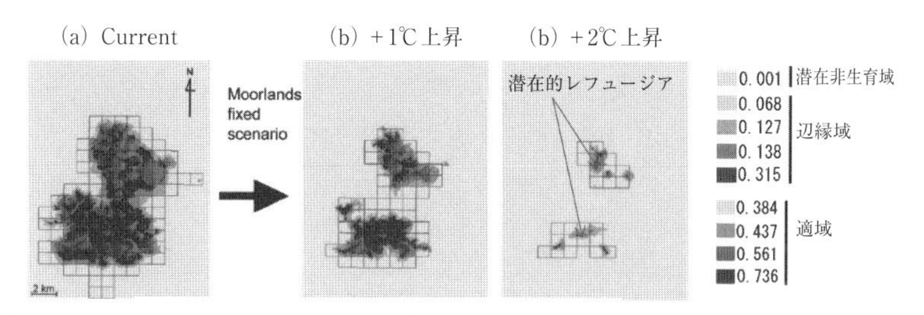

図 6.8 八甲田山における (a) 現在気候条件, (b) 1 度昇温, (c) 2 度昇温条件でのオシラビソの潜在生育域の変化
昇温が進むにしたがって潜在生育域は縮小するが, 湿原の周辺には, 持続的な潜在生育域 (潜在的レフュージア) が残る. Shimazaki *et al.* (2012) をもとに一部改定. →口絵 8

には, ある地点に対象とする生物種が“いる/いない”の在不在データ, 標本採取地点などの在データ, 優占度のデータなどを活用できるが, 希少種など分布地点数が限られる場合は, 有効な推定ができない場合もある. 用いる統計モデルは, 一般化線形モデルから機械学習モデルまで様々である. 統計モデルを用いることで, 分布規定要因の定量化, 環境条件的に生育可能な地域を示す潜在生育域の予測, さらに将来気候シナリオを組み込むことにより将来気候下における潜在生育域の予測などを行うことができる.

統計的な方法を用いた事例として, 八甲田山におけるオオシラビソの現在および 2080 年代の潜在生育域の変化を予測した研究がある (図 6.8 ; Shimazaki *et al.*, 2012). この研究では, 現在のオオシラビソの分布情報と環境要因からモデルを構築し, 将来気候下におけるオオシラビソの逃避地 (レフュージア) が池や湿地の周辺に残存することを予測した. このように, 統計的な方法を用いることで, 将来気候下では生育に適した条件から外れる脆弱性の高い場所や, 反対に将来も持続的な生育場所として保全上重要となる場所を推定することできる.

6.3.3 種特性情報を用いた方法

気候変化に対する感受性と適応力に関与する, 生物種の特性 (たとえば, 生理的な耐性, 実現ニッチの幅, 種間相互作用, 分散能力, 移動特性, ハビタット選考性) に基づいて, 気候変化に伴う絶滅リスクを評価する方法である. 種特性に関するこれらの変数は，論文や書籍に記述されている情報や植物園における栽培実験の結果に基づいている．また，研究者の経験知を数値化し用いる場合もある．このように，既存の情報から比較的簡素な要因で絶滅リスクを推定できる点，絶滅リスクを高める特性の組み合わせを特定することで類似した特性を持つ種群に対して予防的な情報を提供できる等のメリットから活用の場面も増えている（Morin *et al.*, 2007）．しかしながら，解析に用いる種特性を指標する変数の組み合わせを変更したり追加することで，推定結果が大きく異なる場合もあるため，慎重な取り扱いが必要である．

6.3.4　間接的な評価手法

生態系や生物種が生育するハビタットや生息環境を評価する方法論は，生態学の中でも古くから扱われてきた手法であり，必ずしも新しい方法ではない．また，高度な統計モデルを用いる他の方法に比べて，比較的単純な方法と言える．具体例として，InVEST や VoCC がある．InVEST は，複数時期の土地被覆データや気候データから生息環境の質を定量化する方法である（Terrado *et al.*, 2016）．環境アセスメント等で簡易的な影響予測手法として広く活用されている．VoCC は，ベースラインとなる現在の気候条件と将来のある時期の気候条件を比較し，その場所がどの程度の“速さ”で変化するのかをグリッドごとに計算する（Loarie *et al.*, 2009）．この際，将来環境が変化してもその周囲に類似した環境が残る場合は速度が遅くなる重みつけ計算を含むため，標高差の大きい山岳地形の卓越する地域などでは速度が遅く算出されやすい．年あたりの変化の大きい場所（つまり VoCC が速い場所）は，将来的にそこに生息する生物種がこれまでとは全く異なる環境に曝されるリスクが高いことを示唆し，注視する必要がある．反対に，速度の遅い場所は環境条件が安定的で逃避地もしくは保全上重要な場所となる可能性を示唆している．

演繹的なプロセスモデルや帰納的な統計モデルでは，生態系や生物種の生理生態系的な反応や分布に関する情報がモデル構築の基盤となる．しかしながら，これらの情報を多くの種で網羅的に集めることは多大な労力を要したり，得られたとしても統計解析に耐えうるサンプル数を確保できない場合も少なくない．また，大規模な計算機資源が必要な場合もあり，適用には現実的な制約がある．

このため，間接的評価手法は，気候変化により生じるリスクを簡易的に推定することができる点で活用の場面も多いと考えられる．一方で，環境変化に対する生理生態的な反応は種ごとに当然異なると考えられるため，統計モデル等を用いて生物種ごとに影響予測を行った結果と間接的評価手法の結果が相反する場合もあることは留意すべきだろう．

6.3.5 不確実性

生態系や生物種への温暖化影響予測には，不確実性が内在している．不確実性の主な要因としては，観測誤差や分布データの誤差，気候モデルや統計モデルに含まれるモデルパラメータの不確実性が挙げられる．

分布データの問題は，解析対象範囲よりも広い分布域を持つような生物種の場合，対象範囲外の環境条件に対しては予測結果が外挿になってしまうことで生じる．また，空間的に偏りのある分布データでは，空間自己相関の影響を受けて，偏った推定になってしまう等が例としてあげられる．気候モデルの問題は，開発されている気候モデルの構造の違いに起因する．つまり，気候モデルによって，気候場を再現するために仮定する物理過程やそのパラメータ設定が異なっているため，数多くの気候モデルが公表されているにも関わらず予測結果には幅がある．たとえば，IPCC の国際的なモデル比較実験である CMIP5 における温室効果ガスの濃度変化シナリオ（詳しくは第 8 章 8.1.1 節参照）の一つである RCP4.5（Representative concsentration Pathway：RCP）における 2030 年代の中部日本の冬季気温は，気候モデルによって最大で 2℃ 以上の差がある．予測結果に幅のある複数の気候モデルを使うことで，結果として生態系や生物種の温暖化影響予測に幅が生じる．一方で，統計モデルは，種類により予測精度に差があるが，統計モデルの種類による不確実性は気候モデルに由来する不確実性に比べ相対的に小さいとされている（Higa *et al.*, 2013）．このように，様々な原因から生じる不確実性は解析過程で伝播してしまう点に留意しなければならない．また，将来の情報を得ることはできないため，不確実性の程度を把握することも難しい．そのため，予測結果には不確実性が含まれることを認識し，結果を示す際は不確実性込みでの予測幅を示すなどして利用する必要がある．

おわりに　気候変動影響への自然生態系の適応策

地球温暖化は，今後，最大限の努力を行い温室効果ガスを抑制しても完全に進行を止めることは難しいと予測されている．このため，温室効果ガスの排出削減のための緩和策と，不回避の影響に対する適応策が温暖化対策の両輪として大切となる．適応策とは，気候変動の影響に対し社会の仕組みや環境を調整することで，その影響を防止もしくは低減する施策のことを指す．なお，温暖化の文脈で用いられる“適応”や“適応策”と，生態学で一般に使用する“適応”とは意味が異なることに留意する必要がある．2010 年代に入り，世界各国は温暖化の適応策の策定に取り組んでいる．国内に目を向けると，日本政府は 2015 年に「気候変動の影響への適応計画」を閣議決定し，2018 年に「気候変動適応法」が施行された．これらを受けて各省庁や地方自治体では適応計画の策定が進んでおり，生態系や生物種に関する適応策についても環境省が「生物多様性分野における気候変動への適応の基本的な考え方」（2015 年 7 月）とする指針を示している．

これまでに述べてきた通り，自然生態系やそこに生育する生物種は，かつての気候変動に対して分布移動，生理生態的な特性の変化，相互作用系の変化，進化等により環境に“適応”しながら生存してきた．このため，気候変動の進行に対しても，生物種は適応して生存すると考えられる．しかし，今後予測される気候変動の速度は非常に速く，人為的な土地改変の影響から生息域の分断化が進行しているなどの点でこれまで生物種が経験してきた気候変動とは異なっている．適応できる閾値を超えてしまう可能性のある生態系や生物種の保全には，人間による適応策を検討する必要がある．

前段で述べた分布予測モデルによる気候変動影響予測の結果からは，生態系における適応策についても検討されている．日本の冷温帯の優占樹種である落葉広葉樹のブナ（*Fagus crenata*）の現在および将来の潜在生育域と現在の自然保護区との位置関係を比較したところ，気候変動により保護区内外に関わらず潜在生育域の縮小が予測された．しかし，北海道や東北地方では，現在の保護区周辺に潜在生育域が残存することも予測されたので，このような地域が保護

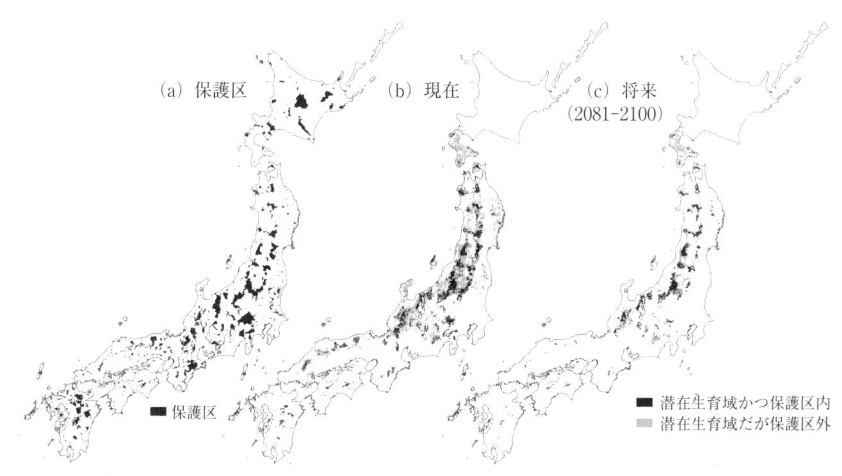

図 6.9 (a) 保護区（国立公園，国定公園，地方自治体指定の保護区を含む)，(b) 現在気候条件におけるブナの潜在生育域，(c) 将来（2081〜2100）気候条件におけるブナの潜在生育域
Nakao *et al.* (2013) をもとに作成.

区の見直しという適応策を行う際の候補地になると考えられている（図 6.9：Nakao *et al.*, 2013)．一方，亜寒帯の優占樹種である常緑針葉樹のコメツガ（*Tsuga diversifolia*）とシラビソ（*Abies veitchii*）において同様の解析を行った結果からは，気候変動により両種共に潜在生育域が大幅に縮小し，新たな保護区の候補地は限られると予測され，この傾向は高濃度の濃度変化シナリオ（RCP）でより顕著だった（Tsuyama *et al.*, 2015)．これらの結果は，気候変動の進行具合によって取りうる適応策の選択肢が限られることを示しており，気候変動影響を適応策のみでは回避できない可能性を示唆している．

前段で示した適応策としての保護区の見直し以外に，自然生態系における適応策として，気候条件以外のストレスの低減（たとえば，シカ食害の軽減)，気候変動に伴う分布移動をスムーズに行うための移動経路となるコリドーの整備，脆弱性が高いにもかかわらず隔離分布する種類や移動能力の極端に低い種類を生育に適する条件へ移植する人為的な移動，自然条件下での生存や生育が厳しい場合，生息域内の圃場や植物園等で栽培する生育域内もしくは域外での保存などが提案されている．さらに，このような適応策を計画・実施する上では，基礎情報となる生物種への影響をきめ細かに検出するためのモニタリングの拡充が重要である．なお，適応策については，環境省や国立環境研究所が主体として運営する「気候変動適応情報プラットフォーム」（URL：http://www.adaptation-platform.nies.go.jp/）にとりまとめられており，同サイトから最新の情報を入手することができる．

謝辞

本章の作成にあたり，国立研究開発法人 森林研究・整備機構の松井哲哉氏，津山幾太郎氏，長野県環境保全研究所の高野（竹中）宏平氏より有益なコメントをいただいた．また，環境省の環境総合推進費 S-14，地域適応コンソーシアム事業，ならびに文部科学省の気候変動適応技術社会実装プログラム（SI-CAT）の協力を得た．

引用文献

Cavanaugh, K. C. *et al.* (2014) Poleward expansion of mangroves is a threshold response to decreased frequency of extreme cold events. *PNAS*, **111**, 723–727.

Higa, M., Nakao, K. *et al.* (2013) Indicator plant species selection for monitoring the impact of climate change based on prediction uncertainty. *Ecological Indicators*, **29**, 307–315.

Kelly, A. & Goulden, M. L. (2008) Rapid shifts in plant distribution with recent climate change. *PNAS*, **105**, 11823–11826.

Kudo, G., Kimura, M. *et al.* (2010) Habitat-specific responses of alpine plants to climate amelioration: comparison of fellfield and snowbed communities. *Arctic, Antarctic and Alpine Research*, **42**, 438–448.

Lenoir, J. & Svenning, J. C. (2015) Climate-related range shifts——a global multidimensional synthesis and new research directions. *Ecography*, **38**, 15–28.

Lenoir, J., Gegout, J. C. *et al.* (2008) A significant upward shift in plant species optimum elevation during the 20th century. *Science*, **320**, 1768–1771.

Loarie, S. R., Duffy, P. B. *et al.* (2009) The velocity of climate change. *Nature*, **462**, 1052–1055.

Morin, X., Augspurger, C. & Chuine, I. (2007) Process-based modeling of species' distributions: What limits temperate tree species' range boundaries? *Ecology*, **88**, 2280–2291.

Nakao, K., Higa, M. *et al.* (2013) Spatial conservation planning under climate change: using species distribution modeling to assess priority for adaptive management of *Fagus crenata* in Japan. *Journal for Nature Conservation*, **21**, 406–413.

中園悦子・田中信行（2016）空中写真判読による紫尾山常緑広葉樹の 33 年間の林冠変化．関東森林研究，**67**，1–4.

Parmesan, C. & Yohe, G. (2003) A globally coherent fingerprint of climate change across natural systems. *Nature,* **421**, 37–42.

Savage, J. & Vellend, M. (2014) Elevational shifts, biotic homogenization and time lags in vegetation change during 40 years of climate warming. *Ecography,* **37**, 1–10.

Svenning, J. C. & Skov, F. (2004). Limited filling of the potential range in European tree species. *Ecological Letters,* **7**, 565–573.

Suzuki, S., Ishihara, M. & Hidaka, A. (2015) Regional-scale directional changes in abundance of tree species along a temperature gradient in Japan. *Glob. Change Biol.,* **21**, 3436–3444.

Shimazaki, M., Sasaki, T. *et al.* (2011) Environmental dependence of population dynamics and height growth of a subalpine conifer across its vertical distribution: an approach using high-resolution aerial photographs. *Glob. Change Biol.,* **17**, 3431–3438.

Shimazaki, M., Tsuyama, I. *et al.* (2012) Fine-resolution assessment of potential refugia for a dominant fir species (*Abies mariesii*) of subalpine coniferous forests after climate change. *Plant Ecology,* **213**, 603–612.

Terrado, M., Sabater, S. *et al.* (2016) Model development for the assessment of terrestrial and aquatic habitat quality in conservation planning. *Science of The Total Environment,* **540**, 63–70.

Tsuyama I., Higa, M. *et al.* (2015) How will subalpine conifer distributions be affected by climate change? Impact assessment for spatial conservation planning. *Regional Environmental Change,* **15**, 393–404.

安田正次・大丸裕武・沖津 進（2007）オルソ化航空写真の年代間比較による山地湿原の植生変化の検出．地理学評論，**80**，842–856.

Yun, J. H., Kim, J. H., *et al.* (2011) Distribution change and climate condition of warm-temperate evergreen broad-leaved trees in Korea. *Korean Journal of Environmental and Ecology,* **25**, 47–56.

Walther, G. R., Berger, S. & Sykes, M. T. (2005) An ecological 'footprint' of climate change. *Proceedings of the Royal Society London Series B.,* **272**, 1427–1432.

地球規模の観測データに基づく森林環境の変化の把握

市井和仁・近藤雅征

はじめに

森林に代表される陸域生態系は，大気との間に水，二酸化炭素（CO_2）などの物質循環を形成し，地球環境，ひいては生命活動に大きな影響を及ぼす（第1章を参照）．この大気，生態系の間に形成される物質循環は，過去においては，酸素・窒素を主成分とする現在の大気組成の形成を促し，また近年においては，CO_2 に代表される温室効果ガスの増加を抑制し，地球温暖化現象を緩和する重要な役割を担っている．特に，地球温暖化現象が生物圏にとって緊迫の問題として認識されてからは，生態系が吸収する CO_2 の定量測定を目的としたサイト観測が世界の各地で進められている．

サイト観測は，渦相関法，インベントリ法，チャンバー法などさまざまな観測手法を用いることによって，生態系による物質循環の詳細を明らかにすることができるため，植物生態や地表面の影響を受ける大気境界層の動態把握において重要な役割を担っている（第3～5章を参照）．一方，地球温暖化現象に代表される地球環境問題においては時空間スケールにおいて長期・広域に評価することが重要であるため，単一の観測サイトでは不十分であり，大陸スケールで広く分布する複数の観測サイトデータを統合的に解析することが必要となる．近年になり，亜大陸ごとに観測ネットワークが確立され，多数の観測サイトデータが容易に取得できるようになってきた．また，複数の観測サイトデータに同一の精度処理を施した観測データベースが確立され，広域における物質循環の変動パターンを把握することが可能になっている．

さらに最近では，衛星観測データなどの空間データと機械学習モデルを取り入れることにより，複数の観測サイトデータを空間的に内挿し，広域（たとえば地域・国・大陸・全球スケールなど）における物質循環を推定する手法が確立された（Papale *et al.*, 2003, Yang *et al.*, 2007）．詳しくは後述するが，世界中の観測サイトで取得された物質循環データと，衛星観測などによる気象，植生活動の空間データとを組み合わせ，たとえば空間解像度1〜10 km程度のグリッドごとに物質循環量（光合成量やCO_2交換量）を推定する手法である．この手法から，より詳細な物質循環の時空間パターン，エルニーニョ現象に代表される地球規模の変動とそれに伴う極端気象に対する応答など，さまざまな気候変動と生態系に関する諸問題を解明することができるようになった．この広域化されたデータは，従来広く用いられてきた陸域生態系プロセスモデル（第8章を参照）と異なり非常に多くの観測サイトデータが基になっていることから信頼性が高い．過去から現在の物質循環の変動メカニズムを解明するにおいて主要なデータの一つと考えられている．

本章では，近年における観測ネットワークの進展により確立された観測サイトデータベース，および，広域化データの概略，それらデータの応用解析を最近の研究の成果を交えて解説する．

7.1　陸域生態系物質循環における地上観測データベースの役割

7.1.1　フラックス観測データベース

生態系の物質循環において，渦相関法は生態系と大気のCO_2交換量を直接的に微気象学的手法に基づき測定する観測手法であり，現在の植生群落の物質循環研究において最も標準的に用いられている手法の一つである．また，CO_2交換量を総一次生産量（光合成により植生群落に吸収されるCO_2の量），生態系呼吸量（植生の呼吸，土壌微生物の分解により植生群落から放出されるCO_2の量）に分離することが可能である（第3章を参照）．これら3種のCO_2

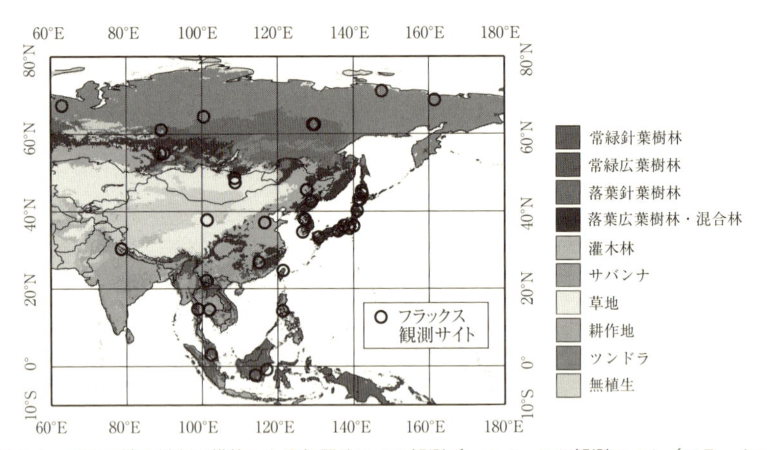

図 7.1　アジア域を対象に構築した渦相関法による観測データベースの観測サイト（フラックス観測サイト）分布の一例
背景は MODIS 土地被覆データ（MCD12Q1；Friedl *et al.*, 2010）を基にした植生区分を示す．Ichii *et al.*（2017）より引用．→口絵 9

フラックスは，渦相関法を用いている観測サイト（以下，フラックス観測サイト）で標準的に推定されている．

フラックス観測サイトは，近年，データ整備が非常に進んでおり，多くのサイトデータが利用できるようになってきた．世界各地のフラックス観測データを集約した観測ネットワーク「FLUXNET」（第１章 Box 1.3 参照）では，2007 年に the FLUXNET LaThuile データセットが公開され，さらに 2015 年に FLUXNET2015 データセットとして更新された．現在は 200 を超える観測サイトのデータを包含している．この「FLUXNET」データセットは，現在，最も多くのサイトを包含しているデータベースであるが，欧米のフラックス観測ネットワーク（AmeriFlux，CarboEurope）を中心に構成されているため，アジア域や熱帯域などにおいてはデータが大幅に欠如している．

一方，アジア域では独自に観測サイトデータを集約したフラックス観測ネットワーク「AsiaFlux」が存在し，主に日本のグループが中心となってデータの収集を進めている．「AsiaFlux」が発足した当初は，約 10 のサイト程度のデータが収集されたのみであったが（Saigusa *et al.*, 2008，Hirata *et al.*, 2008），日中韓の合同プロジェクト（A3 Foresight Program）により東アジアを中心に 26 サイトまでネットワークが拡張した（Saigusa *et al.*, 2013）．さらに近年では，東アジアから西アジア・ロシア域にわたる54サイトのデータを収集し，統一的な処理（品質確認や，欠損値の補間などの処理）を施したフラックス観測データセットが構築された（Ichii *et al.*, 2017）．一例として，このネットワークの観測サイト分布の一覧を示す（図 7.1）．

7.1.2 生態系観測データベース

渦相関法で推定される CO_2 フラックスは総一次生産量，生態系呼吸量，CO_2 交換量に限定されるため，生態系における炭素循環を詳細に把握するためには不十分である．そのため，インベントリ法やチャンバー法（第4章を参照）を用い，さらに詳細な CO_2 フラックス（純一次生産，リターフォール，根呼吸，微生物呼吸，土壌呼吸），また，炭素蓄積量（バイオマス量，リター量，土壌有機炭素量）などの生態系観測データを包括的に取りまとめる必要がある．インベントリ法は，森林生態系の純一次生産，リターフォール，炭素蓄積の推定において，最も古くから用いられてきた観測手法であり，そのため，全世界にわたって最も多くの観測サイトで測定されている．チャンバー法は，土壌呼吸を直接測定し，さらにトレンチ法を併用することで根呼吸と微生物呼吸に分離することが可能である．これら観測手法から，光合成により吸収された CO_2 が，どのような過程を経て生態系内で分配されるのか（炭素分配量），詳細に把握することができる． しかし，多数の観測サイトでこれら複数の生態系観測を取りまとめデータベースを作成するには，甚大な労力が求められる．サイト管理者との密な連携から始まり，過去から蓄積した膨大なデータの同一処理など課題は多く，未だ直接観測データから作成した生態系観測データベースは存在しない．このため，既存の生態系観測データベースは文献調査により収集したメタデータにより構成されている．

現在の生態系観測データベースは，生態系に関わる環境情報（樹高，森林密度，林齢，葉面積指数，光合成有効放射，気候条件など）を包含し，植生特性・環境に依存する炭素分配量の変化も把握できるようになっている．最も規模の大きいデータベースは，世界各地を対象に収集された約170観測サイトのメタデータが基になっているが（Luyssaert *et al.*, 2007），フラックス観測データベースの場合と同様に，アジア域・熱帯域のメタデータが大きく欠如している．この問題に対し，近年，アジア域に特化した生態系観測データベース（The compilation data set of ecosystem functions in Asia version 1.1）が作成され，今後，独自の役割を担うことが期待されている（Kondo *et al.*, 2017）．

7.1.3　異なる観測データベースの長所・短所

観測データベースの充実にともない物質循環研究が大きく進展することが期待されるが，それと同時に，異なる観測手法で構築されたデータベースの長所・短所をそれぞれ理解しておかなければならない．7.1.1項で記したように，フラックス観測データベースは，渦相関法による測定が基になっているため，対象となるCO_2フラックスは総一次生産量，生態系呼吸量，CO_2交換量のみに限定されている．しかし，渦相関法では乱流拡散によるCO_2輸送を直接測定することから観測精度が高いことに加え，長期間にわたる均質で連続的なデータが取得できるといった長所がある．生態系観測データベースは，さらに複数のCO_2フラックスに加え炭素蓄積量まで網羅していることが長所である一方で，多くの観測サイトではデータは連続的ではなく，単年，または複数年の平均値に限定されている．つまり，フラックス観測データベースでは，総一次生産量，生態系呼吸量，CO_2交換量の時間・空間変動の両方に適応できるが，生態系観測データベースでは，生態系物質循環の空間変動にのみ適応できる．これらデータベースの長短所を理解したうえで，研究の目的に応じ適材適所に活用し，必要によっては併用することが重要である．

7.2　地上観測データベースを利用した森林環境変動の把握

このような観測データベースを用いた研究がこれまでに広く行われてきており，地球環境変動の理解に大きく寄与してきた．近年の主要な成果として，老齢の森林のCO_2吸収能力が生態学的理論から示唆されるより大きいこと（Luyssaert *et al.*, 2008），森林バイオマスの生産効率が過去の土地管理に依存すること（Campioli *et al.*, 2015），などが挙げられる．多々ある研究成果の中から，本章では，近年に大きく飛躍したアジア域の地上観測ネットワークデータと，その応用解析について解説する．

7.2.1　CO_2 フラックスと気候条件の関係性

物質循環において，生態系をとりまく気温，降水量，日射量などの気候条件は基礎的，かつ，最も重要な変動要素の一つである．観測データベースを利用した研究の多くは，アジア域における森林生態系の総一次生産量，生態系呼吸量の空間変動は主に気温により決定されると示唆している（Hirata *et al.*, 2008, Kato *et al.*, 2008，Saigusa *et al.*, 2008，Chen *et al.*, 2013，Yu *et al.*, 2013）．これは，シベリアから東南アジアを跨ぐアジア域では，気温の地域的勾配が日射量，降水量よりも強いため，生態系がより気温に敏感に反応するためであると説明されている（Kato *et al.*, 2008）．また，純一次生産，リターフォール，微生物呼吸，土壌呼吸の空間変動においても気温が支配的要素であるという結果から，気温に特徴づけられた CO_2 フラックスの空間変動がアジア域生態系の特性であると考えられている（Kondo *et al.*, 2017）．

しかし，この結論に至るには尚早であり，異なる可能性も考慮する必要が生じてきた．有力な候補として挙げられる一つの説は，気温が支配的要素であるのは CO_2 吸収の入り口である総一次生産量の空間変動のみであり，その他の炭素循環に伴う CO_2 フラックスは総一次生産量の空間変動に伴って変化しているといった説明である．実際，総一次生産量に伴って，純一次生産，リターフォールの総量は変化し，また，微生物呼吸，土壌呼吸も同様に変化する場合が多い．過去の研究結果においても，気候条件より総一次生産量に伴う変動が，より強く CO_2 フラックスの変化に影響を及ぼすこと報告されていることから(Janssens *et al.*, 2001，Liu *et al.*, 2004，Piao *et al.*, 2010)，後者がより有力な説明である可能性が高いといえる（Kondo *et al.*, 2017）．

7.2.2　環境条件・植生成長が及ぼす CO_2 交換量の変動パターン

総一次生産量と生態系呼吸量の差である生態系の正味 CO_2 吸収量においては，気象条件よりも植生成長がより強く空間変動に影響を及ぼすと考えられる．世界各国の生態系を対象とした観測データベースから，亜寒帯・温帯地域の森林生態系では，総一次生産量と CO_2 吸収量は正の相関関係を形成すると報告されており（Law *et al.*, 2002），最新の観測データベースから，アジア域の森

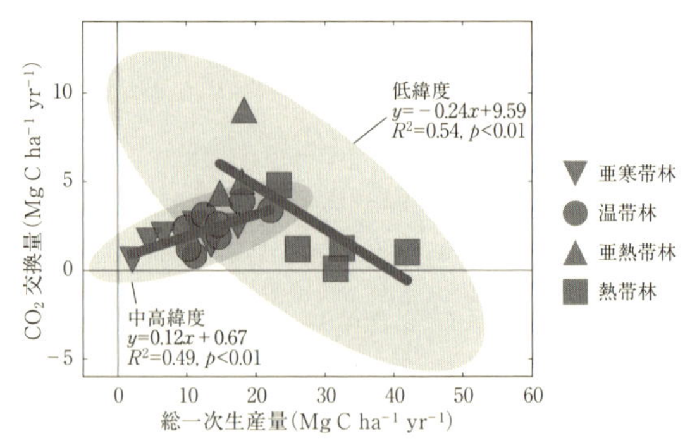

図7.2　アジア域における森林生態系の総一次生産量と CO_2 交換量の関係
Kondo *et al.* (2017) より引用.

林生態系も例外ではないことがわかっている (Chen *et al.*, 2013, Kondo *et al.*, 2017). これらの観測データベースは, 総一次生産量が増加するにつれ, 生態系呼吸量を凌駕し, 正味の CO_2 交換量が増加することを示唆している (図7.2).

しかし, アジア域の観測サイトを広く網羅する観測データベースから, 亜熱帯・熱帯域の生態系ではこの傾向が大きく変化することがわかってきた. 亜熱帯域では, 熱帯域の生態系に比べ総一次生産量は低いが, 植林により効率良く CO_2 を吸収する若年林が広く分布することに加え, 森林生産を促進する窒素化合物が大気から地表面へ多く沈着するため, CO_2 吸収量がはるかに大きい. 一方, 熱帯域では, 亜熱帯域の生態系に比べ総一次生産量は高いが, 高齢の樹木の比率の高い森林生態系が分布するため, CO_2 吸収量がはるかに低い. これらアジア域の亜熱帯・熱帯域の環境条件・植生成長の違いが, 総一次生産量と CO_2 吸収量の間に負の相関関係を形成する要因と考えられている (図7.2).

7.3　地上観測データと衛星観測データを利用した広域化による現状把握

7.3.1.　広域化の概念

地上におけるサイト観測は, 対象となる森林生態系などの中で, 集中的に,かつ，正確に測定することを念頭に観測が実施されることから，現存する様々な手法の中でも最も信頼できる値を提供するものである．広域スケールにおいて大気-森林-土壌間での物質循環や水循環を把握するためには，観測サイトを空間的に密に設置することが望ましいが，地上観測には莫大なコストや時間が必要となるために現実的ではない．したがって，地域スケールや大陸スケールでの森林における物質循環や水循環を把握するためには，地上観測値と気象・衛星観測などの広域データとの関連式を構築した上で，広域推定に拡張することが必要である．このように，地点の観測データに基づき，関係式から空間的に拡張することを広域化（spatial upscaling）と呼ぶ．

7.3.2. 代表的な広域化手法

広域化をする際には，一般には，回帰モデル，診断型簡易モデル，診断型プロセスモデル，予測型プロセスモデル（詳細は第8章を参照）を適用することが多い．広域化の際の代表的な手法やモデル，その特徴を表7.1に示す．

まず，古くから利用されているモデルに，回帰モデルがある．たとえば，Miamiモデル（Lieth, 1973）や筑後モデル（Uchijima & Seino, 1985）は，気候データを含む広域観測データを用いて広域の CO_2 フラックス（主には純一次生産量）を算出することができる．この手法は非常に簡便なために，広く利用されてきた．また回帰モデルの発展版として，機械学習を用いた手法も広く適用されている（Papale & Valentini, 2003；Yang *et al.*, 2006；Jung *et al.*, 2011）．

別のアプローチとして，森林の光合成プロセスに基づき衛星観測データを利用した診断型簡易モデルによる広域化も広く行われてきた．衛星観測データを利用することにより植生の状態をより高い空間分解能で把握することができるため，たとえば1 km程度などの衛星観測データの空間解像度に応じた CO_2 フラックスの空間分布を推定するには強力なツールとなる．たとえば，総一次生産量や純一次生産量を簡易推定する方法として，光利用効率（light use efficiency：LUE）モデルなどの簡易モデルがある．その代表格としては，MODIS-GPPモデル（Heinsch *et al.*, 2006）やVPRM（Vegetation Photosynthesis and Respiration Model；Mahadevan *et al.*, 2008）がある．光利用効率モデルで

表 7.1　地上観測データの広域化アプローチとその特徴

種類	モデル名	主な出力項目	アルゴリズム	文献
回帰モデル	Miami モデル 筑後モデル	NPP	半経験式	Lieth（1973） Uchijima & Seino（1985）
	サポートベクタ回帰 モデル木アンサンブル	ET, GPP, NEE ET, GPP, NEE	機械学習	Yang *et al.*（2007） Jung *et al.*（2011）
診断型簡易モデル	MODIS-GPP VPRM	GPP, NPP GPP, NPP, NEE	簡易モデル	Heinsch *et al.*（2006） Mahadevan *et al.*（2008）
診断型プロセスモデル	BEAMS CASA BESS	GPP, NPP, NEE NPP, NEE ET, GPP	プロセスベース	Sasai *et al.*（2005） Potter *et al.*（1993） Ryu *et al.*（2011）
予測型プロセスモデル	Biome-BGC CLM LPJ SEIB-DGVM VISIT	GPP, NPP, NEE GPP, NPP, NEE GPP, NPP, NEE GPP, NPP, NEE GPP, NPP, NEE	プロセスベース	Thornton *et al.*（2002） Lawrence & Fisher（2013） Sitch *et al.*（2003） Sato *et al.*（2007） Ito & Inatomi（2012）

出力項目の略語の意味は以下の通り．GPP：gross primary productivity（総一次生産量），NPP；net primary productivity（純一次生産量），NEE：net ecosystem exchange（純生態系 CO_2 交換量），ET：evapotranspiration（蒸発散）．

は，吸収した日射エネルギーを植物体に変換する効率を表現する「光利用効率」という概念を用いて，衛星観測などから得られる光合成有効放射（Photosynthetically Active Radiation：PAR）とその植生による吸収率（Fraction of PAR absorbed by a canopy；FPAR）の積を取ることにより，光合成量を推定する．また，診断型簡易モデルに対して，バイオマスや土壌炭素などの炭素蓄積量を付加したり，光合成の計算において光利用効率モデルよりもより素過程に基づいた群落スケールの光合成モデルを利用するなどして上述の簡易モデルを発展させた診断型プロセスモデルも存在する．具体的には，CASA（Carnegie-Ames-Stanford Approach）モデル（Potter *et al.*, 1993）や BEAMS（Biosphere Model integrating Eco-physiological And Mechanistic approaches using Satellite data）モデル（Sasai *et al.*, 2005），BESS（Breathing Earth System Simulator）モデル（Ryu *et al.*, 2011）などが挙げられる．

予測型プロセスモデルを用いた広域化も広く行われてきた．この種のモデルは，時間的に変化する衛星観測データを利用しない手法であるために，衛星観測が行われていなかった過去や将来の推定が可能になる．一方で時間変化をする衛星観測データに頼らない手法であるために，衛星観測の空間分解能（たとえば1 km）の利点を生かすことができずに，比較的空間分解能が粗い（たとえば0.5度グリッド）推定になる．予測型プロセスモデルの詳細については，第8章を参照されたい．

7.3.3. 機械学習による広域化手法

A. 手法の概略

上述の種々の広域化手法のうち，本節では，機械学習による広域化手法について，より詳細に述べる．広域化手法によりCO_2交換量などを推定するには，地上観測サイトにおける観測値と衛星観測などの広域で観測されるデータとの間の統計的なモデルの構築が必要である．次に構築されたモデルと広域で観測されるデータを用いてCO_2交換量の広域推定を行う（図7.3）．この手法の適用には，広域推定が可能な経験モデルを作成できる程度に観測点の数が十分にあること，観測されたCO_2交換量を説明できる広域観測量が存在すること，の2点が必須である．

観測データとしては，大気と陸域生態系間の物質・エネルギー交換量を測定するサイトが多く展開されており，広域化にも利用しやすいデータがいくつか整備されている．たとえば，7.1章に紹介したFLUXNETやAsiaFluxなどのデータはそのよい一例であり，多くの広域化研究において，これらのデータベースが利用されている．

モデルに入力するための広域データとしては，全球気象データや衛星データなどの様々な広域データが提供されており，広域化の入力データとして有用である．特にいくつかの衛星データや気象再解析データなどは準リアルタイムで提供されている．たとえば，Terra衛星に搭載されているMODISセンサーでは，250 mから1 km程度の空間分解能で様々な地表面物理量データが準リアルタイムで公開されている．生態系のCO_2交換量を推定するうえでの説明変数の候補になりうる物理量としては，地表面温度，土地被覆分類，植生指数，葉面積指数などが挙げられる．衛星観測データを用いた地表面物理量データの一例を図7.4に示す．これらのデータは，主に2000年以降の期間において利用可能であり，経験モデルを用いた広域化において重要な入力データである．

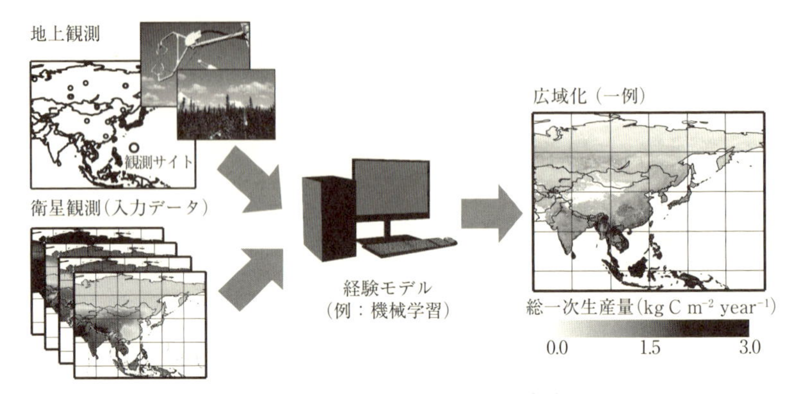

図 7.3　機械学習による広域化手法の概念図

回帰モデルを構築するための統計的なアルゴリズムとしては様々な選択肢がある．回帰モデルの主目的は，観測を可能なかぎり正確に再現できるようなモデルを選択することであり，近年の情報科学の発展の恩恵を受けて機械学習が広く用いられている．機械学習とは，明示的なアルゴリズムの組み込みを行わずに，コンピュータに学習動作をさせる人工知能の一種である．様々な入力・出力に対して，コンピュータがデータに潜むパターンや規則性を見つけ学習することでモデルを構築する．機械学習の一例として，近年は深層学習（ディープラーニング）という用語をよく耳にする．これら技術は陸域生態系の画像判別にも応用され，たとえば，コケの識別に利用されている（Ise *et al.*, 2017）．

森林の CO_2 交換量の広域化においては，これまでも様々な機械学習法を利用した手法が提案されてきた．たとえば，ニューラルネットワーク（Papale & Valentini, 2003），サポートベクタ回帰（Yang *et al.*, 2006），モデル木アンサンブル（Jung *et al.*, 2011）などが挙げられる．どの手法が最適であるかの結論は出ていない．ただし，これらの機械学習法では，重回帰分析などの比較的単純な回帰モデルと比較して精度の高い回帰能力を持つことが明らかになっており（Yang *et al.*, 2006），モデルの精度向上を目指すには，何らかの機械学習法を用いることが望ましい．また複数の異なる機械学習の手法を用いて，これらの統計的な平均値を用いるといったアプローチも試みられている（Tramontana *et al.*, 2016）．

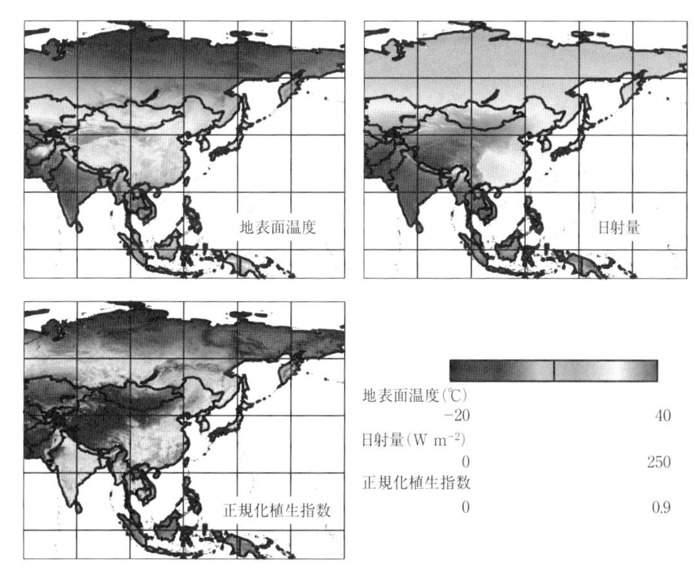

図 7.4　衛星観測データを用いた地表面物理量データの一例
市井・植山（2015）を改変．→口絵 10

B. 推定された CO_2 フラックスの空間分布

上述のデータや手法を用いて CO_2 や水・エネルギーのフラックスが広域で算出できる．これまでの研究においては，熱フラックス（正味放射，地中熱流量，顕熱，潜熱），水フラックス（蒸発散），CO_2 フラックス（光合成量，生態系呼吸量，純生態系 CO_2 交換）が推定されており，研究対象地域についても，アメリカ（Yang *et al.*, 2007；Ueyama *et al.*, 2013），アジア（Saigusa *et al.*, 2010；Ichii *et al.*, 2017），ヨーロッパ（Papale & Valentini, 2003），全球（Jung *et al.*, 2011；Kondo *et al.*, 2015；Jung *et al.*, 2017）など多岐に渡る．

一例として，全球における光合成量の空間分布（Kondo *et al.*, 2015）を図 7.5 に示す．現段階においては，機械学習による推定結果は，他の衛星プロダクト（MODIS-GPP プロダクトなど）や，プロセスモデルと比較して観測データに対する精度がよいと考えられている（Ichii *et al.*, 2017）．また多くの観測点を容易に取り込むことができるので観測データに則した広域データを構築することができる．

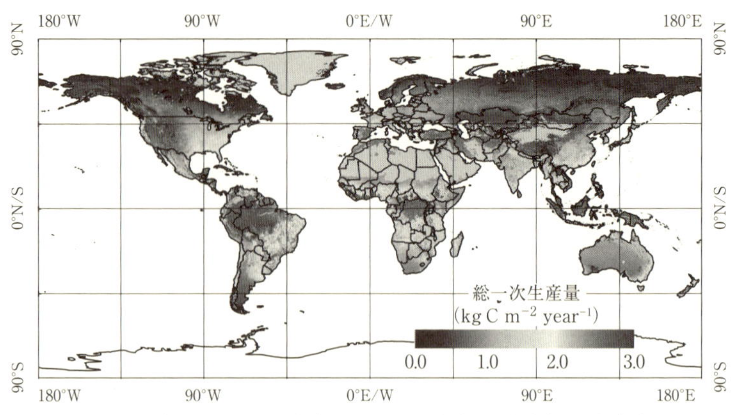

図 7.5　機械学習を用いた広域化手法による全球総一次生産量の推定結果
2001〜2011 年平均．Kondo *et al.*（2015）の結果より．→口絵 11

C. 広域化プロダクトの応用例

本節で述べた機械学習による広域化手法で構築された CO_2 交換量や水，エネルギーフラックスは，観測データを大量に利用した回帰モデルに基づく結果（データ駆動型の推定結果）である．したがって，既存のプロセスモデルによる推定結果とは独立した手法による結果であり，プロセスモデルの検証材料としても有効である．

異常気象が CO_2 交換量に与える影響の大きさの評価など，気象の経年変動に対する CO_2 フラックスの変動を評価する試みは広く実施されている．たとえば，Saigusa *et al.*（2010）は，AsiaFlux データと衛星データを用いてサポートベクタ回帰によってアジアにおける総一次生産量を推定した．複数年のデータを用いることにより，異常気象がアジア地域の総一次生産量に及ぼす影響を評価したところ，2003 年の夏季（7〜8 月）に，日本の本州では異常な日照不足のため平年に比べ生産量が 2〜3 割低下した一方で，中国南東部では異常高温に伴う乾燥ストレスのため 3〜4 割低下するなど，生産量の高い領域と低い領域が強い偏差をもって現れたことが明らかになった．

10 年程度のより長期的な変動に関しても，広域化で構築したデータでとらえることが可能である．Ichii *et al.*（2017）はアジアで収集された様々な生態系の地上観測データと衛星データを入力とする機械学習による広域化を用いて，

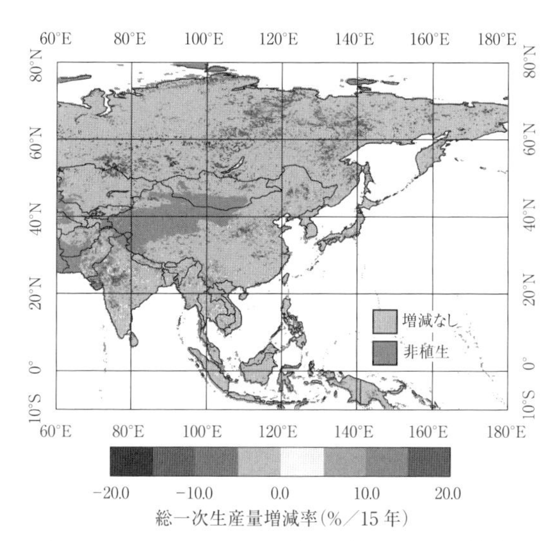

図 7.6　アジアにおける 2000〜2015 年の総一次生産量の増加減少傾向の空間分布
統計的に有意な増減（$p<0.05$）を示す地域のみを色付けした．Ichii *et al.*（2017）より．→口絵 12

2000 年から 2015 年についての CO_2 フラックスの広域化プロダクトを構築した．それら時系列データの解析により，アジアにおいては 2000 年以降に光合成活動は増加している地域が多いことが明らかになった．特に，インドや中国，シベリアなどで顕著な増加傾向を示した（図 7.6）．

大気と陸域の CO_2 交換量を正確に把握することは，気候変動の予測や対策のために重要である．広域化により推定された大気と陸域の CO_2 交換量は約 1 km 程度での高空間分解能での推定ができるために有用である．しかしながら，大気と陸域の CO_2 交換量の把握自体が様々な不確実性を含むことから広域化された CO_2 交換量の検証も必要となる．2009 年に打ち上げられた温室効果ガス観測技術衛星「いぶき」（GOSAT）は，衛星観測による大気 CO_2 濃度の把握を実現させた衛星である．この大気 CO_2 濃度と大気輸送モデルを用いることにより，大気と陸域の CO_2 交換量を推定することができる（Maksyutov *et al.*, 2013）．この手法は，大気 CO_2 濃度と大気の輸送場を用いて大気と地表の CO_2 フラックスを逆問題として推定することからインバースモデル解析と呼ばれる（高木，2009）．機械学習による広域化により推定された陸域 CO_2 交換量と GOSAT 衛星により推定された陸域 CO_2 交換量の比較は，独立な二つ

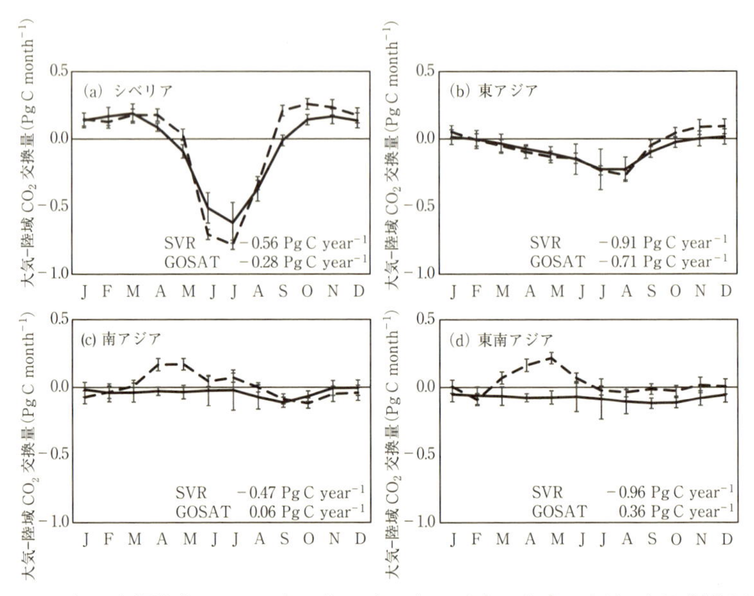

図7.7　アジアの各領域（シベリア・東アジア・南アジア・東南アジア）における大気–陸域 CO_2 交換量の比較

機械学習による広域化の結果（実線；SVR）と温室効果ガス観測技術衛星「いぶき」（GOSAT）からの推定結果（点線；GOSAT）を月別に比較した．陸域による吸収を負で示した．Ichii *et al.* (2017) より．

の手法を相互比較することを通して双方の信頼性の確認や問題点の検出が可能になる．

亜大陸スケールにおける両者の大気–陸域の CO_2 交換量の季節変化の比較結果を図7.7に示す．機械学習による広域化（Ichii *et al.*, 2017）とGOSATによる推定（Maksyutov *et al.*, 2013）は，シベリアや東アジアで季節変動が非常によく一致しており，これらの地域では両者ともに推定結果に信頼をおくことができる．一方で，南アジアや東南アジアなどでは両者の違いが大きい．南アジアや東南アジアにおける両者の推定結果の違いについては，衛星観測による熱帯地域の観測の難しさに起因する部分，各手法独自に起因する問題，それぞれの CO_2 収支に含まれるフラックスの違いなど，様々な原因が考えられており，今後の研究が必要な部分である．

D．機械学習による広域化手法の長所と短所

機械学習による広域化手法の長所としては，①構築が比較的容易であり多くの観測データを利用可能，②観測データの再現性が高く観測結果に基づいた広域評価が可能，③プロセスモデルとは独立したデータが提供可能，などが挙げられる．①については，近年機械学習という用語を耳にする機会も増えてきており，機械学習をコンピュータ上で実装するための入門書も多く出版されている．したがって，本章で述べたような機械学習による広域化手法の構築に関しても実装も含めて容易になってきた．②については，従来の重回帰などの回帰モデルと比較して機械学習による推定のほうが高い精度を得られることが示されている（Yang *et al.*, 2007）．③については，素過程に基づく定式化を行うプロセスモデルとは違い，機械学習の場合は定式化を必要としないことから，プロセスモデルと機械学習による広域化手法はアプローチが異なる．したがって両者の結果は独立性が高いといえる．

一方で，機械学習による広域化の手法の欠点としては，①内在するプロセスに関しての考察が難しい，②多くの観測値（観測サイトのデータ）を必要とする，③CO_2 交換量の推定に関しては適切な入力データが少ない，などが挙げられる．①については，機械学習では現象をブラックボックスとして扱うために，内部のプロセスの理解が極めて難しい．②については，観測値が十分でない状態で広域推定をすると妥当な結果が得られない場合がある．特にモデルの外挿（モデルを構築した観測サイトではカバーできていない環境条件などに適用するケース）になる場合には，推定された値の妥当性の確認が必要である．③については，CO_2 交換量のうち，光合成量の推測は可能となってきているが，生態系の呼吸量については，呼吸量を説明できる広域データ（たとえば，バイオマス量，土壌炭素量，林齢など）が乏しいために，高い精度で推定するのは困難である．

E．今後の展開の可能性

機械学習による広域化手法により構築された広域プロダクトは，観測データに基づいた現状のプロダクトの中で観測データの再現精度が最も高い．これまでのプロセスモデルを用いた研究では，モデル推定結果と観測値の CO_2 フラックスの間に大きな開きがあることが知られており（Schwalm *et al.*, 2010；

Ichii *et al*., 2013)，プロセスモデルの改善が急務であった．そのため機械学習による広域プロダクトをプロセスモデルに適用し，モデルを改善することが重要である．実際には，この種のプロダクトをプロセスモデルのパラメータの改善に用いる試みもいくつか行われており（Ichii *et al*., 2009；Yang *et al*., 2007)，プロセスモデルの改善に貢献してきた．これまでの研究では主に光合成量や蒸発散量の広域化の結果が用いられてきた．今後は生態系呼吸量や純生態系 CO_2 交換などのデータを利用することにより，陸域による CO_2 吸収量の推定の精度を向上させることが必要である．

おわりに 

現在は様々な地上観測データベースが整備されつつあり，地点スケールから地域，大陸などの空間スケールにおける森林の挙動の把握も可能になってきている．微気象学的な観測データは FLUXNET や AsiaFlux などの観測データベースが整備されており，利用しやすくなっている．生態系観測データのデータベースについては，いくつかは整備されつつあるが，今後のさらなる整備が期待されるところである．

一方で現在の地上観測ネットワークが北米やヨーロッパ，日本などの地域に偏っているため，広域での解析を行う際にはサイトの空間的な偏りを考慮しなければならない．地上観測データを広域化する際においても観測データが少ない地域は精度も下がってしまう．空間的な偏りを改善できるような最適な観測点の配置を模索する必要があるだろう．

近年は機械学習などを用いた広域化が発展しつつあり，主には微気象学的な観測ネットワークと衛星データを利用した広域化研究が進みつつある．これらのプロダクトは森林の物質・エネルギー循環の把握のための新たな拘束条件となりうるので，森林などの生態系研究の発展にも大きく貢献することが期待される．特に生態系プロセスモデルについては，広域化されたデータと比較することにより，既存のサイト観測によるモデル検証と比較して格段に広いエリアでの拘束条件を与えることになる．それらは大気–陸域の物質循環・エネルギー循環研究を発展させるだけでなく，気候変動の予測などの地球規模の環境問題にも貢献できる．

現状では，地上観測ネットワークデータ，衛星観測データ，機械学習による広域化プロダクト，プロセスモデル，インバースモデル解析などの様々な森林における物質循環の推定手法が存在する．これら種々の推定結果を統合することにより物質循環の推定がより信頼できるものとなる．陸域 CO_2 収支に関しては，国際的にも Global Carbon Project（グローバル・カーボン・プロジェクト；http://www.globalcarbonproject.org/）の一つのサブプロジェクトとして，RECCAP（Regional Carbon Cycle Assessment and Processes；地球炭素収支評価）プロジェクトが実施され，亜大陸スケールにおける温室効果気体の収支を推定した．たとえば，東アジアについては Piao *et al.*（2012）に記載されている．この時点では，主にプロセスモデルの結果とインバースモデル解析による結果，インベントリ推定結果（化石燃料による CO_2 排出量や土地利用変化による CO_2 収支）を利用するにとどまっていた．したがって，地上観測ネットワークデータや機械学習による広域化プロダクト等の地上観測データに深く関わるデータセットは十分に利用されていなかった．これらのデータセットを温室効果気体の収支の推定の際の統合解析に導入することで，現状から一段階進んだ精度の高い物質循環の推定が可能となるだろう．

引用文献

Campioli, M., Vicca, S. *et al.* (2015) Biomass production efficiency controlled by management in temperate and boreal ecosystems. *Nat. Geosci.*, **8**, 843.

Campioli, M., Malhi, Y. *et al.* (2016) Evaluating the convergence between eddy-covariance and biometric methods for assessing carbon budgets of forests. *Nat. Commun.*, **7**, 13717.

Chen, Z., Yu, G. R. *et al.* (2013) Temperature and precipitation control of the spatial variationof terrestrial ecosystem carbon exchange in the Asian region. *Agric. For. Meteorol.*, **182–183**, 266–276.

Friedl, M. A., Sulla-Menashe, D. *et al.* (2010) MODIS Collection 5 global land cover: Algorithm refinements and characterization of new datasets. *Remote Sens. Environ.*, **114**, 168–182.

Hirata, R., Saigusa, N. *et al.* (2008) Spatial distribution of carbon balance in forest ecosystems across East Asia. *Agricultural Forest Meteorology*, **148**, 761–775.

Ichii, K., Kondo M. *et al.* (2013) Site-level model-data synthesis of terrestrial carbon fluxes in the CarboEastAsia eddy-covariance observation network: toward future modeling efforts. *Journal of Forest Research*, **18**, 13–20.

Ichii, K., Ueyama, M. *et al.* (2017) New data-driven estimation of terrestrial CO_2 fluxes in Asia using a standardized database of eddy covariance measurements, remote sensing data, and support vector regression. *J. Geophys. Res. Biogeosci,* **122**, 767–795. doi: 10.1002/2016JG003640

市井和仁・植山雅仁（2015）地上観測データと衛星観測データの統合による広域の陸域二酸化炭素収支の推定，海外の森林と林業，**92**，1–6.

Ise, T., Minagawa, M. & Onishi, M.（2017）Identifying 3 moss species by deep learning, using "chopped picture" method. *arXiv*, 1708.01986.

Ito, A. & Inatomi, M.（2012）Water-use efficiency of the terrestrial biosphere: A model analysis focusing on interactions between the global carbon and water cycles. *Journal of Hydrometeorology,* **13**, 681–694.

Janssens, I. A., Lankreijer, H. *et al.*（2001）Productivity overshadows temperature in determining soil and ecosystem respiration across European forests. *Glob. Change Biol.,* **7**, 269–278.

Jung, M., Reichstein, M. *et al.*（2011）Global patterns of land-atmosphere fluxes of carbon dioxide, latent heat, and sensible heat derived from eddy covariance, satellite, and meteorological observations. *Journal of Geophysical Research,* **116**, G00J07. doi: 10.1029/2010JG001566

Jung, M., Reichstein, M. *et al.*（2017）Compensatory water effects link yearly global land CO_2 sink changes to temperature. *Nature,* **541**, 516–520.

Kato, T. & Tang, Y.（2008）Spatial variability and major controlling factors of CO_2 sink strength in Asian terrestrial ecosystems, evidence from eddy covariance data. *Glob. Change Biol.,* **14**, 1–16.

Kondo, M., Ichii, K. *et al.*（2015）Comparison of the data-driven top-down and bottom-up global terrestrial CO_2 exchanges: GOSAT CO_2 inversion and empirical eddy flux upscaling. *J. Geophys. Res. Biogeosci.,* **120**, 1226–1245.

Kondo M., Saitoh T. M. *et al.*（2017）Comprehensive synthesis of spatial variability in carbon flux across monsoon Asian forests. *Agric. For. Meteorol.,* **232**, 623–6344.

Law, B., Falge, E. *et al.*（2002）Environmental controls over carbon dioxide and water vapor exchange of terrestrial vegetation. *Agricultural Forest Meteorology,* **113**, 97–120.

Lawrence, D. M. & Fisher, R.（2013）The Community Land Model Philosophy: model development and science applications. *iLEAPS Newsletter,* **13**, 16–19.

Lieth, H.（1973）Primary production: Terrestrial ecosystems. *Human Ecology,* **1**, 303–332.

Luyssaert, S., Inglima, I. *et al.*（2008）CO_2 balance of boreal, temperate, and tropical forests derived from a global database. *Glob. Change Biol.,* **13**, 2509–2537.

Maksyutov, S., Takagi, H. *et al.*（2013）Regional CO_2 flux estimates for 2009–2010 based on GOSAT and ground-based CO_2 observations. *Atmospheric Chemistry and Physics,* **13**, 9351–9373.

Papale, D. & Valentini, R.（2003）A new assessment of European forests carbon exchanges by eddy fluxes and artificial neural network spatialization. *Glob. Change Biol.,* **9**, 525–535.

Piao, S. L., Ito, A. *et al.*（2012）The carbon budget of terrestrial ecosystems in East Asia over the last two decades. *Biogeosciences,* **9**, 3571–3586.

Potter, C. S., Randerson, J. T. *et al.*（1993）Terrestrial ecosystem production: A process model based on global satellite and surface data. *Glob. Biogeochem. Cycles,* **7**, 811–841.

Piao, S. L., Luyssaert, S. *et al.*（2010）Forest annual carbon cost, a global-scale analysis of autotrophic respiration. *Ecology*, **91**, 652–661.

Ryu, Y., Baldocchi, D. D. *et al.* (2011) Integration of MODIS land and atmosphere products with a coupled-process model to estimate gross primary productivity and evapotranspiration from 1 km to global scales. *Glob. Biogeochem. Cycles*, **25**, GB4017. doi: 10.1029/2011GB004053

Saigusa, N., Yamamoto, S. *et al.* (2008) Temporal and spatial variations in the seasonal patterns of CO_2 flux in boreal, temperate, and tropical forests in East Asia. *Agricultural Forest Meteorology*, **148**, 700–713.

Saigusa, N., Li, S. G. *et al.* (2013) CO_2 Flux measurement and the dataset in CarboEastAsia. *Journal of Forest Research*, **18**, 41–48.

Saigusa, N., Ichii, K. *et al.* (2010) Impact of meteorological anomalies in the 2003 summer on Gross Primary Productivity in East Asia. *Biogeosciences*, **7**, 641–655.

Sasai, T., Ichii, K. *et al.* (2005) Simulating terrestrial carbon fluxes using the new biosphere model "biosphere model integrating eco-physiological and mechanistic approaches using satellite data" (BEAMS). *Journal of Geophysical Research*, **110**, G02014. doi: 10.1029/2005JG000045

Sato, H., Itoh, A. & Kohyama, T. (2007) SEIB-DGVM: A new dynamic global vegetation model using a spatially explicit individual-based approach. *Ecological Modelling*, **200**, 279–307.

Schwalm, C. R., Williams, C. A. *et al.* (2010) A model-data intercomparison of CO_2 exchange across North America: Results from the North American Carbon Program site synthesis. *Journal of Geophysical Research*, **115**, G00H05. doi: 10.1029/2009JG001229

Sitch, S., Smith, B. *et al.* (2003) Evaluation of ecosystem dynamics, plant geography and terrestrial carbon cycling in the LPJ dynamic global vegetation model. *Glob. Change Biol.*, **9**, 161–185.

高木宏志（2009）人工衛星のデータから世界各地域での二酸化炭素の吸収・排出量をどのように推定するか？——インバースモデル解析について——．国立環境研究所ニュース，**28**，7–10.

Thornton, P. E., Law, B. E. *et al.* (2002) Modeling and measuring the effects of disturbance history and climate on carbon and water budget in evergreen needleleaf forests. *Agric. For. Meteorol.*, **113**, 185–222.

Tramontana, G., Jung, M. *et al.* (2016) Predicting carbon dioxide and energy fluxes across global FLUXNET sites with regression algorithms. *Biogeosciences*, **13**, 4291–4313.

Uchijima, Z. & Seino, H. (1985) Agroclimatic evaluation of net primary productivity of natural vegetations (1) Chikugo model for evaluating net primary productivity. *Journal of Agricultural Meteorology*, **40**, 343–352.

Ueyama, M., Ichii, K. *et al.* (2013) Upscaling terrestrial carbon dioxide fluxes in Alaska with satellite remote sensing and support vector regression. *Journal of Geophysical Research: Biogeosciences*, **118**, 1266–1281. doi: 10.1002/jgrg.20095

Yang, F., White, M. A. *et al.* (2006) Prediction of continental-scale evapotranspiration by combining MODIS and AmeriFlux data through support vector machine. *IEEE Transactions on Geoscience and Remote Sensing*, **44**, 3452–3461.

Yang, F., Ichii, K. *et al.* (2007) Developing a continental-scale measure of gross primary production by combining MODIS and AmeriFlux data through Support Vector Machine approach. *Remote Sens.*

Environ., **110**, 109–122.

Yu, G. R., Chen, Z. *et al.* (2014) High carbon dioxide uptake by subtropical forest ecosystems in the East Asian monsoon region. *Proceedings of the National Academy of Sciences of the United States,* **111**, 4910–4915.

Yu, G. R., Zhu, X. J. *et al.* (2013) Spatial patterns and climate drivers of carbon fluxes in terrestrial ecosystems of China. *Glob. Change Biol.*, **19**, 798–810.

陸域生態系モデルに基づく世界の森林環境の将来予測

伊藤昭彦

はじめに

森林は水やエネルギー，そしてCO_2に代表される温室効果ガスなどの微量物質のグローバルな循環において重要な役割を果たしている．日本のように国土の半分以上が森林に覆われる国はもちろん，乾燥地や荒原が大半を占める国においても，森林は機能的にも存在価値としても貴重な存在となっている．

しかし，森林の未来は必ずしも明るいものではない．過去に森林が辿ってきた経過を見れば，都市や農耕地などへの転換により広大な面積が失われてきたことは明白であり，将来の人口増加に際して森林資源の利用や収奪がさらに進む可能性が高い．実際に，産業革命や人口爆発期を経て，世界の陸地で原生林が残されているのはごく一部の保護地や僻地に限られているのが現状であり，植林により森林が回復する場合もあるが，なおも全体として森林面積は減少し続けている（Hurtt *et al.*, 2011 など）．

気候変動は，森林の存続にさらなる脅威を与える可能性がある．森林の成立条件として一定以上の湿潤さが求められるが，気候変動が進行して降水量（降雨および降雪量）が減少する地域では，森林の適地ではなくなる場合もある（第6章参照）．逆に，高緯度域のように低温が制限要因となって森林が分布していなかった地域では，温暖化によって樹木種が分布を拡大することもありうる．いずれにしても，近年の研究は，気候変動による森林（およびその他の植生）の分布変化は単純なものではなく，様々な環境・生物的要因が絡む複雑なものであることを示唆している．

近年の地球環境変動問題は，気候変動枠組み条約による温暖化防止（そのために採択された2015年のパリ協定）と，生物多様性条約による多様性衰退の防止（そのための名古屋議定書）を軸として論じられている．森林は，気候変動と生物多様性の両面で，鍵となる要素の一つである．森林の構造や機能に関して，各地で膨大な調査研究が行われてきたが，国・地域さらにはグローバルに森林の変化を把握し予測することは簡単ではない．それは，生態系サービスのように人間にとっての利用価値を加味する場合には尚更である．

本章では，森林の主要な機能をシミュレートする生態系モデルを用いた，将来の気候変動に伴う影響予測に関する研究例を紹介する．森林を対象とする場合，予測を行う主な時間スケールは数十年以上となるが，これは二つの意味で重要である．一つは，この時間スケールでは異常気象などの短期的な変動よりも，大気 CO_2 増加や平均気温上昇などの中長期的な環境変動による影響が卓越して現れると考えられる点である．もう一つは，森林管理や温暖化に対する緩和・適応策の実施といった社会経済的要因が無視できないスケールだという点である．現在の温暖化問題に関する研究では（そして生物多様性に関する研究でも），将来的に社会が進みうる方向をいくつかに類型化し，それぞれに対応した温室効果ガス排出と気候変動の予測を行っている．そのため，他の要因と切り離して森林だけの予測を行うことは現実的でなく，様々な要因を極力整合させたいくつかの「シナリオ」に基づいた評価を行うことになる．とはいえ，その方法論は確立されているわけではなく，世界の研究者が実社会の要請を受けて「走りながら考えている」状況である．ここではそのようにして行われている研究の近況を紹介することで，ある種のライブ感を感じ取っていただければ幸いである．

8.1　将来の森林環境 

8.1.1　大気と気候の変動

気候変動はグローバルな現象であり，森林に限らず全ての陸域植生は，程度の差はあれ影響を被ることが予想される．そもそも，人為的な気候変動の主な原因となっている大気中の CO_2 濃度増加によるものだけでも相当の影響がもたらされるであろう．CO_2 は植物による光合成の基質の一つであり，現在の濃度レベルは過去より上昇したとはいえ，なおも生産の制限要因となっている．そのため，大気中の CO_2 増加は植物の光合成生産と成長を促す「CO_2 施肥効果」を生じさせる（第1章参照）．ここで問題なのは，この CO_2 施肥効果は植物の種類や環境条件によって起こる程度が異なり，特に空間スケールが大きい場合には決定要因も十分に解明されていないため，未だに量的な予測が非常に難しい点である．光合成経路が異なる C_3 植物と C_4 植物では，CO_2 施肥効果の現れ方は明らかに異なる（C_4 植物で小さい）ことがわかっているが，大部分が C_3 植物で構成される森林においても栄養状態や温度・水分環境によって応答は変化しうると考えられる．野外での高 CO_2 濃度曝露実験が実施されているが，短期的応答だけでなく，長期的には応答の性質が変わりうる（順化が起こる）ことも示唆されている（Norby *et al.*, 2010）．長期的な変化を検出し予測するには実証データが不足しているのが現状である．

将来的に，大気中の CO_2 など温室効果ガス濃度がどの程度まで上昇するかは，気候変動問題を考える上で本質的に重要である．しかし，濃度上昇は気候変動をもたらし，それがさらに陸域・海洋・人間社会の温室効果ガス交換を変化させる，という地球システムにおけるフィードバック関係は極めて複雑かつ非線形である．そのため，近年の気候変動研究では，いくつかの社会の将来像を想定した上で，人口増加や経済活動に関して整合的な前提条件を導きだし，それに基づいたシナリオ（専門的には「代表的濃度パス（Representative Concentration Pathway：RCP）」と呼ばれる）をベースに用いることが主流となっている．現在使用されているのは主に4種類のシナリオであり，それぞれ RCP 2.6，RCP 4.5，RCP 6.0，RCP 8.5 と呼ばれている（最近ではパリ協定をうけてさらに低い目標で温暖化抑制を目指すシナリオも提案されている）．ここで 2.6 などの数字は，将来的に気候を安定させる水準の違いを，温室効果の強さ（専門的には放射強制力と呼ばれる）で示したものである．つまり RCP 2.6 は様々な対策によって温室効果ガス濃度を低くとどめようとするシナリオであり，RCP 8.5 は温暖化防止に消極的で大気中の温室効果ガスが大幅に増加する

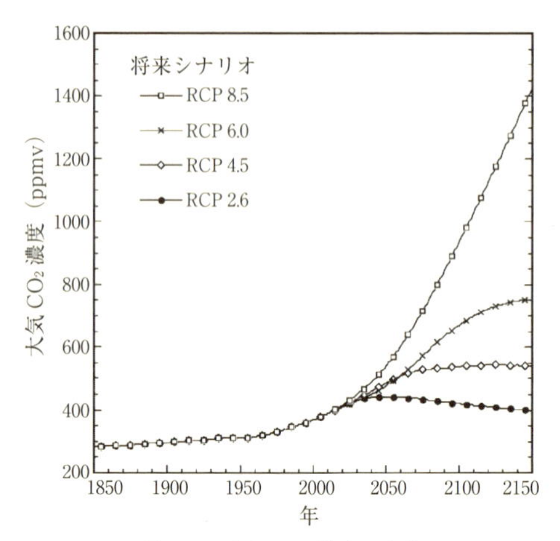

図 8. 1　大気 CO_2 濃度の変化
過去は観測値で将来は代表的な 4 種類のシナリオ（RCP 2.6 から 8.5）の変化パターンを示す．

シナリオを表している．それぞれのシナリオには，背景となる産業活動や生物地球化学的循環が考慮されており，2500 年までの CO_2 など温室効果ガスの濃度変化が設定されている．図 8. 1 はそのうち 2150 年までの経路を示しており，最も低いシナリオ（RCP 2.6）では 2050 年代に 443 ppmv に達した後，徐々に低下している．一方，最も高いシナリオ（RCP 8.5）では，現在から 21 世紀末まで大気 CO_2 は増加し続け，2100 年時点で 936 ppmv に達している（CH_4 や N_2O の濃度も大幅に上昇する）．大気中で CO_2 は寿命が長くよく混合されるため，シンクやソース付近の局所を除くと，世界中で地表付近の濃度差はせいぜい数 ppmv である．つまり，世界の森林はほぼ均一に，上記のような大気 CO_2 濃度環境に置かれると考えてよいだろう．

一方，温室効果ガス濃度が上昇する結果として生じる気候変動に関しては地域差が大きい．また，気候の将来予測を行うモデルの間でも，計算結果に不整合が見られる場合がある．最も低いシナリオを用いる予測ケースでは，21 世紀末には平均気温が 0.9〜2.3℃ 上昇し，最も高いシナリオのケースでは 3.2〜5.4℃ 上昇すると予測されている．図 8. 2 は IPCC 第 5 次評価報告書に示された温度と降水量の変化パターンである．一般には，周極域に代表される高緯度側で温度上昇がより強く進行し，低緯度側では相対的に温度上昇幅は小さいと

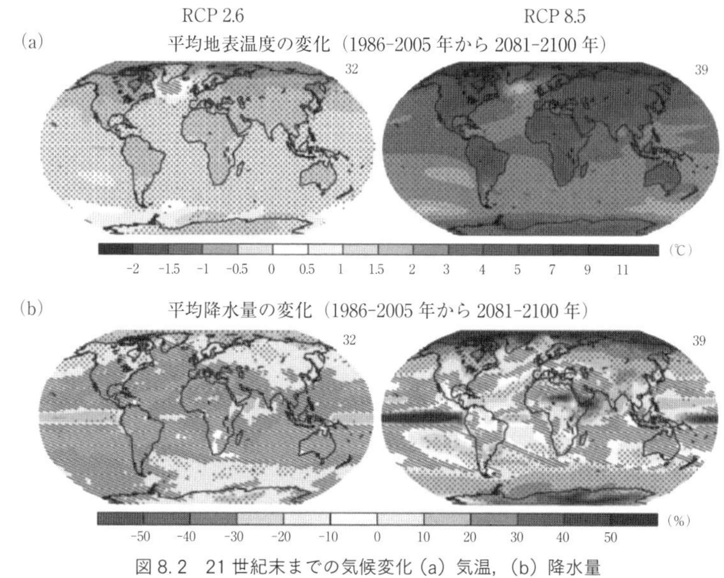

図 8.2　21 世紀末までの気候変化（a）気温，（b）降水量
左が最も濃度上昇が低いシナリオ（RCP 2.6），右が高いシナリオ（RCP 8.5）についての複数気候モデルの平均的結果．IPCC（2013）より．→口絵 13

推定されている．特に冬季に積雪で覆われている地域では，降雪・積雪の量が減ることで地面が露出し，その部分が日射を吸収することでより温度が上がりやすくなる．温帯から熱帯にかけては，温度上昇幅に大きな差はないが，傾向としては内陸部ほど比較的大きな昇温が起こりがちである．降水量の将来予測は，現在のスーパーコンピュータを用いた気候モデルでも高い信頼度で行うことは難しい．降水に関係する大気の循環や雲のはたらきは複雑で，モデル間で推定結果が異なる場合も多い．それでも，一般的な傾向として，赤道域の収束帯と呼ばれる地域，アジアモンスーンが卓越する地域，そして極域では降水量が平均的に増える傾向が現れている．逆に，アジアモンスーン地域以外の温帯，たとえば地中海沿岸などは降水が減少する傾向が現れている．また，南米のアマゾン河流域についても降水量がやや減少する推定があるが，多数の気候モデル予測で共通した結果というわけではない．中米，アフリカ，オーストラリアなどの半乾燥地域でも降水量が減少する可能性が示されている．森林の成立において降水量などの水分条件が決定要因の一つであることは経験的に知られて

おり，生理生態学的にもそれが裏付けられているため，将来の降水変化が森林の存亡に影響を与えることは十分考えられる．しかし，乾燥による森林の衰退が，枯死率の増加として引き起こされるか，森林火災の増加として現れるかはなおも予測が難しい．また，降水の年間総量としては十分であっても，冬季の降雪・積雪量のように季節性が鍵となる場合もあるなど，生物種ごとの個別要因を考えるとさらに予測は難しくなる点に注意が必要である．

8.1.2　土地利用変化

森林の面積やバイオマス，生物多様性についての歴史的な変化の過程で，多くの地域では耕作地化や伐採などの人為的な土地利用が強い影響を与えてきた．森林資源枯渇への危機が叫ばれ，違法伐採の取り締まりや保全，そして植林による回復が図られているとはいえ，現存する森林が将来的にも存在し続けられる保証はない．今後の人口増加や食習慣の変化（たとえば肉消費の増加）に伴い，食料増産へのプレッシャーが高まれば，さらに森林を伐り開いて耕作地や放牧地に転換されることも考えられる．また，食料以外にも，化石燃料を代替する再生可能エネルギーの一つであるバイオ燃料の生産には，原料となる作物栽培のための土地が必要であり，それが森林減少を促す因子ともなりうる．

将来の森林面積とその構造（たとえば炭素ストック）や機能は，多くの要因から影響を受けるため，その予測は簡単ではない．一つのケースとして，前記の温室効果ガス濃度シナリオにおいて，さらにその基礎情報となっていた社会経済活動シナリオ（専門的には共有社会経済パス（Shared Socioeconomic Pathway：SSP）と呼ばれている）の中で森林などの土地利用面積が推定されている．これらは，社会経済要素を扱う統合評価モデルと呼ばれる方法を用いて得られたものである．現在，代表的な社会経済シナリオは5種類が提示されており，それらがいくつかの温室効果ガス濃度シナリオのベースとして対応している．社会経済シナリオの中では，人間活動の一環として森林，耕作地，放牧地などの面積変化が示されているが，それは想定する社会像に応じて大きな差がある．持続可能社会を目指すシナリオ（SSP1）では，森林は21世紀半ばから徐々に増加し，21世紀末には最大で300万 km^2 増加することが可能であるとされる（図8.3）．しかし，その他のシナリオでは森林面積が減少する

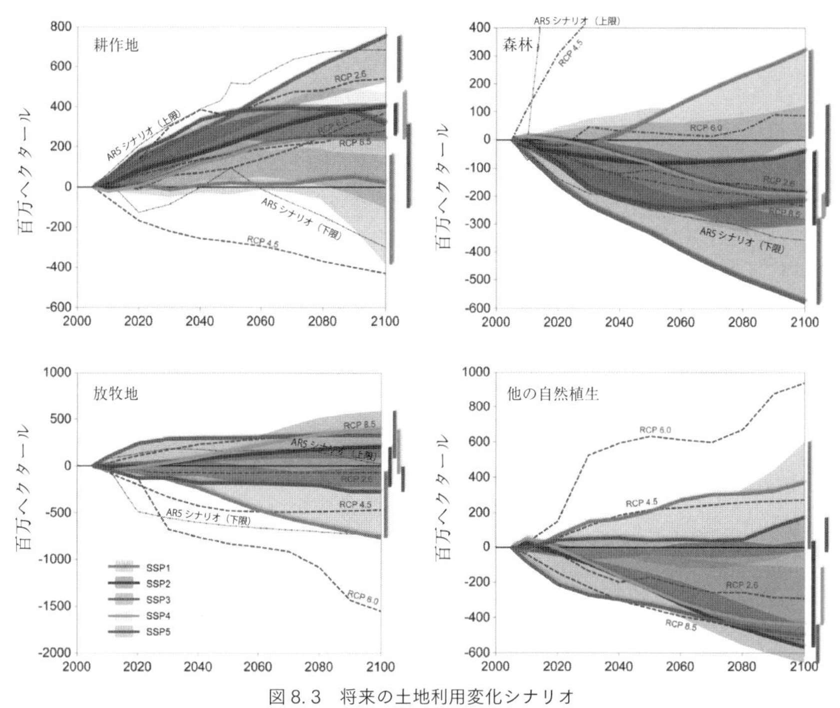

図 8.3　将来の土地利用変化シナリオ
耕作地，森林，放牧地，その他について SSP 別に色分けで示されている．排出シナリオ RCP において想定されている面積変動も点線で示されている．Riahi *et al.*（2017）より．→口絵 15

ものが多い．最も激しい森林減少が起こるのは地域対立を想定したシナリオ（SSP3）であり，グローバルな協調よりも地域的な利害を優先する結果，将来の大気 CO_2 濃度が最も低い（いわばパリ協定の世界に近い RCP 2.6 相当の）状況を実現することは困難と考えられている．地域対立シナリオの場合，森林の減少幅は，21 世紀末までに最大で 500 万 km^2 に及ぶ可能性がある（その分，耕作地は拡大する）．中庸とされるシナリオ（SSP2）や，化石燃料に依存するシナリオ（SSP3），格差社会になるシナリオ（SSP4）では中間的な状況となるが，今世紀中に 100 万～200 万 km^2 の森林減少が避けられないという結果になりがちである．当然ながら，これらの予測には社会経済的要因や技術的要因による不確実性が大きいこと，また各国や国際的な取り決めによる政策的な森林保全の効果などを反映させることは難しいことは念頭に置かなければなら

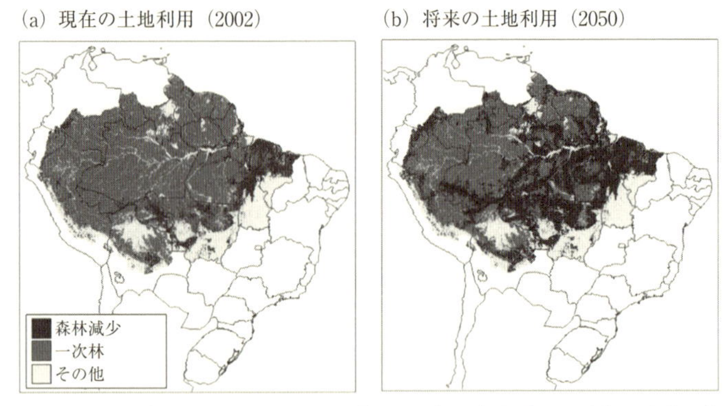

図 8.4　アマゾン河流域における現在（2002 年）と将来（2050 年）の森林分布
Swann *et al.* (2015) より．→口絵 14

ない．それでも，このような予測は将来の森林（生態系）と気候の管理を議論する上で共通の基礎として有用である．

また，地域を対象とした研究では，よりローカルな情報と要因に基づいて，詳細な森林分布の予測が行われている例がある．図 8.4 は，アマゾン河流域の森林分布を 2002 年の現状と 2050 年の予測とで比較したものである (Swann *et al.*, 2015)．ここでの 2050 年予測では将来の道路建設シナリオ（SimAmazonia）に基づいて土地利用変化の拡大が反映されている．このような森林破壊は，面積減少だけでなく分断化を伴いやすく，生物間ネットワークや遺伝的流動性を損なうことで生物多様性の保全に悪影響を与える可能性が高い．

8.2　森林生態系のシミュレーションモデル 

8.2.1　森林の分布・動態を予測するモデル

気候変動に伴う植生分布の変化（第 6 章参照）を広域スケールで推定するモデルが開発されてきた（第 1 章の Box 1.4 の表参照）．代表的なモデルとしてヨーロッパで開発された LPJ や日本で開発された SEIB-DGVM がある．植生分布が変化することで，大気と陸地表面の間のエネルギーや物質の交換は大きく変化し，生態系が社会にもたらす便益（サービス）にも変化が及ぶ

(Bonan, 2008). そのため，森林の分布変化を推定することは，気候予測，影響評価，そして緩和や適応による対策検討で重要な意味がある.

人為的な管理や気候変動がない自然状態でも，森林から別の植生へ，またその逆の推移は起こりうる. それは生態学で遷移と呼ばれる現象であり，典型的には裸地から草原，低木，陽樹の林，そして陰樹の森林へと時間経過に従って優占する植物が交代していく. 植物の種組成だけでなく，それを起点とする食物連鎖を通じて動物や微生物の構成も変わり，さらには生態系のバイオマス生産や物質循環といった機能面も同時に変化していく. これは時間が駆動要因となって進む現象であるが，気候変動によって生じる植生変化も，根本的には同様な生物間相互作用の帰結と考えることができる. つまり，気温の上昇によってある場所の最終的な生態系の状態（極相）が変化すれば，それに向かって現在の植生よりも適した新しい植生へと交代が徐々に進む. そう考えれば，これまで開発されてきた植生遷移を表すモデルを用いることで，気候変動に対する植生変化も推定できると期待される.

研究の初期（1990 年代頃）では，気候変動に対応した極相の変化推定が行われた. まず，気温や降水量といった気象要素と現存する植生分布との間の経験的な関係に基づくモデル（静的モデルや気候エンベロープモデルとも呼ばれる）による推定が行われ，Holdridge や吉良スキームと呼ばれる方法を用いた将来予測が提示された（Holdridge や吉良は開発者の名前に由来）. それらは気候変動による植生変化の潜在的リスクを示す上では有効であったが，いくつかの問題点があることも認識されていた. 第 1 に，過去に観測された気温・降水量と植生分布の関係を，単純に将来に外挿できるとは限らない. たとえば大気 CO_2 濃度が過去よりも上昇した結果，植物間の競争関係が大幅に変われば，推定モデルは正しい予測を行えないだろう. 第 2 に，経験的なモデルは基本的に極相状態しか推定できないため，そこに至るまでの途中経過やタイムラグを反映できない. 樹木は数百年からそれ以上の寿命を持つものが多く，個体の交代に長い時間がかかる. また，新しい場所に分布を拡大するには，種子が散布されて新しい個体が加入する必要があるが，その段階でも相応のタイムラグが生じる. さらに，土壌有機物の貯留や物理化学性の変化も並行して変化し，植生活動に影響を与える場合にはさらに長期的なスケールで森林の変化が進むと考えられる．

上記のような経験モデルの問題点を解消するためのよりメカニスティックな植生モデルが2000年代から開発されている．それらは動的全球植生モデル（DGVM）と呼ばれ，気候の時間変化に伴う植生分布の推移を表現することを主目的としている（佐藤，2008）．そこで用いられる手法はいくつかあるが，現在では，個体間の競争関係に基づく個体群動態モデルを用いる場合が多い．そこでは植物個体サイズの大小による光などの資源獲得が考慮されており，環境変動への応答により，競争関係が変化する効果も取り入れられる．ただし，それを個体ベースから積み上げるか，齢やサイズクラス別にまとめて扱うかのアプローチは，DGVM間で異なっている．詳細なモデルのほうが，生物間の相互作用をきめ細かく扱うことができると期待されるが，そのぶん必要な入力データやパラメータ数が増え，それが得られない場合は不確実性を伴う仮定を置いて処理することになる．また，計算量が増えるため，小面積のサイトにおける計算では問題にならなくても，広域では計算量の増大を抑えるための工夫も必要となる．

近年の植生分布，動的植生モデル関連の研究で注目されているトピックの一つが，乾燥の激化に伴う樹木の枯死である．短期間の少雨による乾燥は自然界でも起こるが，気候変動の進行に伴って長期的で極端な少雨・干ばつが起こる可能性がある．実際に，そのようにして生じた大規模な森林の枯死に関する観察例は増えており，将来のリスク要因となりうる（Allen *et al.*, 2010）．気候変動に伴う森林分布の移動においてタイムラグを生じさせる要因の一つが，樹木の寿命の長さによる交代の遅れであった．しかし，干ばつにより大面積で既存個体の枯死が起これば，予想よりも早く植生の交代が起こる可能性もある．現在のDGVMでは，このような乾燥による枯死は少数の観察例に基づく簡単な方法で取り入れられているが，その扱い方の違いが不確実性の原因ともなっている．枯死のメカニズムを解明し，より信頼性の高いモデル化を行うための研究が行われている（たとえばMcDowell *et al.*, 2015）．

8.2.2　森林機能を予測するモデル

気候変動に伴って，樹木による光合成などの環境応答が生じ，生態系全体での機能的な変化が起こると考えられる．それを予測するためのモデルでは，森林における植物の生理生態や，土壌中の生物地球化学的なプロセスを考慮する必要がある．現在までに，森林の水収支や炭素循環などのプロセスを扱うモデルは多数構築されている（第1章のBox 1.4の表参照）．代表的なモデルとして，米国で開発されたBIOME-BGCやCENTURY，日本で開発されたVISITなどがある．また動的植生モデルの中にも，これらのプロセスが含まれている場合が多い．水収支については，降水によるインプットと蒸発散および流出によるアウトプットを計算し，貯留された土壌水分量の変化を求める．炭素循環に関しては，光合成による大気からのCO_2固定から始まり，同化産物の分配と成長，植物自身の独立栄養的呼吸，枯死物の脱落，土壌の生成，そして微生物による従属栄養的呼吸のCO_2放出が計算される．また，生態系における窒素やリンなどの栄養物質の循環を導入したモデルもある．

機能を予測するモデルでは，大気CO_2濃度上昇による施肥効果，温度や水分環境への応答，そして栄養状態に基づく制限要因が考慮されている．それらは，観測された生理生態学的な関係に基づいた数式やアルゴリズムとしてモデルに取り入れられている．ここで，使用する環境応答を評価する数式・アルゴリズムとそのパラメータ値の設定により，推定される機能量が大きく変わりうる点に注意が必要である．森林の場合は，成長に応じて構造と機能が長期的に変化するため，シミュレーションにおいても林齢を考慮する必要がある（これは植生動態モデルにも該当する）．実際の手順では，まず数百年程度の十分に長い時間を設定してモデル計算を行い，成熟した森林にあたる定常状態を求める．次に，伐採や火災などの撹乱を想定して植物のバイオマスを減少させ，その状態からさらに求めたい林齢までの期間，シミュレーションを継続する．土壌に関しては，森林によっては安定化するまでに数千年を要することもあるし，亜寒帯林（第5章）や疎林のように火災が頻発する地域では，自然界では安定状態に達しにくい場合もある．このような非定常状態にある生態系のシミュレーションでは，撹乱や環境変動などの要因を適切に取り入れないと，不自然な傾向（ドリフト）が生じる場合があるので注意が必要である．

8.3　将来の森林の構造と機能の予測

8.3.1　森林サイトでのシミュレーション

ここでは筆者らが開発してきた生態系機能モデルであるVISIT（Vegetation Integrative SImulator for Trace gases）を用いた予測研究の例を紹介する．国内の代表的な森林サイトにおける計算例を図8.5に示す．落葉広葉樹林の岐阜高山サイト（第3章参照），落葉針葉樹林の北海道・苫小牧サイト，常緑針葉樹林の山梨・富士吉田サイトにおいて，1980年から2050年までのシミュレーションを行った．各サイトではCO_2フラックスや炭素動態に関する観測デ

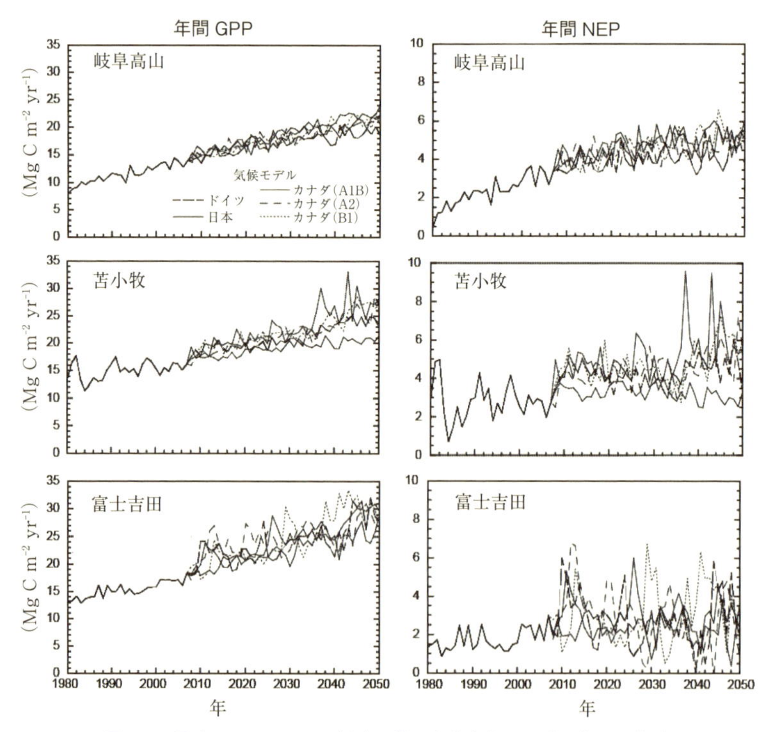

図8.5　国内サイトにおける将来の総一次生産力および正味CO_2収支
Ito（2010）より．

ータが得られており，モデルの検証に用いることができる．2007年までは観測に基づく気象データ（全球をカバーしている再解析データから抽出）を使用し，2008年以降はいくつかの気候モデル（日別の気象予測データを提供していたドイツ，日本，カナダの気候モデルを選んだ）による予測シナリオを用いている．ここではIPCC第4次評価報告書で用いられていた温室効果ガス排出シナリオ（RCPの前に使われていたSRESと呼ばれるもの）のうち，中庸なシナリオ（A1B）を主に用い，カナダの気候モデルのみ，排出量が多いものと少ないものも比較のため使用した．

年間の総一次生産量（GPP）は，いずれのサイトおよびシナリオでも増加しており，大気CO_2濃度上昇に伴う施肥効果が共通に見られたことがわかる．シナリオ間のばらつきは，岐阜高山サイトでやや小さく，富士吉田サイトで大きかったが，そこには気象の経年変動によるばらつきも含まれている点には注意が必要である．森林への正味CO_2吸収は，2000年時点で年間・ヘクタールあたり2〜3トン（炭素重換算）と推定されたが，ここには過去の撹乱の履歴効果も考慮されている．興味深いことに，将来的な純生態系生産量（NEP）はサイト間で大きな違いが見られた．中部山岳地に位置する岐阜高山サイトでは，いずれのシナリオでも経年変動を伴いつつ，正味吸収は緩やかに増加する結果となった．一方，富士山麓に位置する富士吉田サイトでは，大きな経年変動を示しながら長期的にはCO_2吸収が漸減する傾向にあった．北海道にある苫小牧サイトは，シナリオによって漸増するものと漸減するものがあったが，長期的には現在の正味吸収と大差が無いレベルであった．このように日本国内でも森林の種類や場所によって正味CO_2収支の応答が異なる原因には，優占する樹木タイプの違いや，温度環境の違いがあると考えられる．岐阜高山と苫小牧サイトは年平均気温が比較的低く，落葉性の森林が成立している．そのため，将来の温度上昇は展葉の早期化と落葉の遅延による成育期間の延長につながり，植生の成長を促したと考えられる．一方，現在でも比較的温暖な富士吉田サイトでは，常緑性のため条件が良ければ春や秋でも光合成が行われている．そして温度上昇による生態系呼吸量の増加は，このような温暖なサイトでより強くはたらき（指数関数的な温度応答を示すため），将来の温暖化が正味CO_2吸収量の抑制につながったと考えられる．

生態系モデルを用いたシミュレーションは，現地観測や操作実験が難しい数十年スケールの研究を可能にする点で，研究ツールとして有用なことがわかっていただけると思う．また，異なる複数のシナリオ・設定条件に基づく計算も容易であり，比較解析を行うことで様々な知見を得ることができる．ここでは示さなかったが，モデル計算の過程で使用される様々なパラメータや中間変数の値をモニターすることでも，生理生態的あるいは生物地球化学的な洞察が得られる．たとえば，上記の落葉樹林における成育期間延長の場合，モデル内の生物季節に関係する変数（積算温度や葉面積指数など）をチェックすることで，どのようなメカニズムで生態系スケールの変化が起こりうるかを検討することができる．ただし，生態系モデルは依然として現実世界を大幅に簡略化しつつ近似しているものなので，完璧なシミュレーションが行えるわけではなく，むしろ大きな不確実性が残されているのが現状である．現在でも，ここで計算を行ったものを含め多数のサイトで現地観測が行われており，それらの実測データを用いてモデルの検証と改良が進められている（観測データやその利用に関しては第２，３章および第７章を参照されたい）．

8.3.2　広域（アジア）でのシミュレーション

アジア地域や全世界といった広い地域を対象とする場合でも，前項と同様なモデルを用いたシミュレーションを行うことができる．つまり，このような広域評価が可能なことが，モデル研究の大きな特徴・利点の一つである．その手法は基本的にシンプルであり，対象領域に設定した格子（グリッドまたはメッシュ）それぞれについて，個別にモデル計算を行い集計することで領域全体の傾向を把握する．ほとんどの場合，格子の間で横方向の物質のやりとりは非常に小さく無視しても大きな問題はないため，地点シミュレーションを繰り返し行うのと作業的には大差が無い．ただ，格子を細かく設定すると計算する点数が何万点以上にもなるので，膨大な計算量を要することになる．近年では，計算機の性能が飛躍的に向上した上に，並列化などの技術も確立されているので，大規模計算をより容易に行えるようになった．それでも，まとまった量の計算を行うには数日から数週間かかることはざらにある．

ここでは，気候変動に対する影響評価モデルの相互比較プロジェクト（ISI–

MIP）で行われた計算結果を紹介する．このプロジェクトでは，複数のシナリオと影響評価モデルによる多数のシミュレーションを実施し，そのばらつきから推定不確実性を考慮しつつ将来の気候変動影響を検討することを目指している（たとえば Friend *et al.*, 2014）．もう一つの特徴として，参加した影響評価モデルは生態系関係だけでなく，農業，水資源，漁業，健康など多岐に及ぶことである．これら異なる分野（セクターとも呼ばれる）の影響評価の結果を組み合わせることで，共通する影響パターンや波及・相乗効果に関してさらに深く現実的な考察が可能となる．また，多数のシミュレーション結果の間に見られるばらつきを解析することで，推定不確実性の検討も行われている（たとえば Nishina *et al.*, 2015）．ISI-MIP は 2012 年から開始され，ドイツのポツダム気候変動影響研究所（PIK）が中心となってとりまとめを行い，IPCC 第 5 次評価報告書にも相当の貢献を果たしている．

ISI-MIP の第 1 期では，全球を対象にした影響評価が行われた（2019 年現在では第 2 期が進行している）．そこでは 4 種類の排出シナリオ（RCP）と 5 種類の気候モデル予測シナリオを用いて，2099 年までの影響評価シミュレーションが実施された．各影響評価モデルは，1950 年前後の状態で生態系の物質収支を安定化させた状態から出発し，年ごとの大気 CO_2 濃度と気象条件に基づいて将来までの予測を行った．空間分解能は緯度経度 0.5 度（赤道上で約 55 km 間隔）であり，全陸域では約 6 万点での計算を行うことになる．この段階では，7 種類の陸域生態系モデル（Hybrid，JeDi，JULES，LPJmL，ORCHIDEE，SDGVM，VISIT：第 1 章参照）が参加した．VISIT 以外は主にヨーロッパで開発利用されている．ここでは，湿潤な気候条件下で特徴的な森林地帯が成立しているモンスーンアジア地域（図 8.7 参照）の結果を抽出して示す．

図 8.6 は 2099 年までの純一次生産量，植生バイオマス，土壌有機炭素量の変化を，温室効果ガス濃度を低く抑えるシナリオ（RCP 2.6）と高くなるシナリオ（RCP 8.5）の結果について示したものである．それぞれ複数の気候シナリオと生態系モデルを用いた計算結果に基づくものであり，グレーの領域の広がりが推定のばらつきを示している．広域的な傾向として，純一次生産量は将来的に増加するが，その程度は高めのシナリオ（淡いグレー）の方で大きかっ

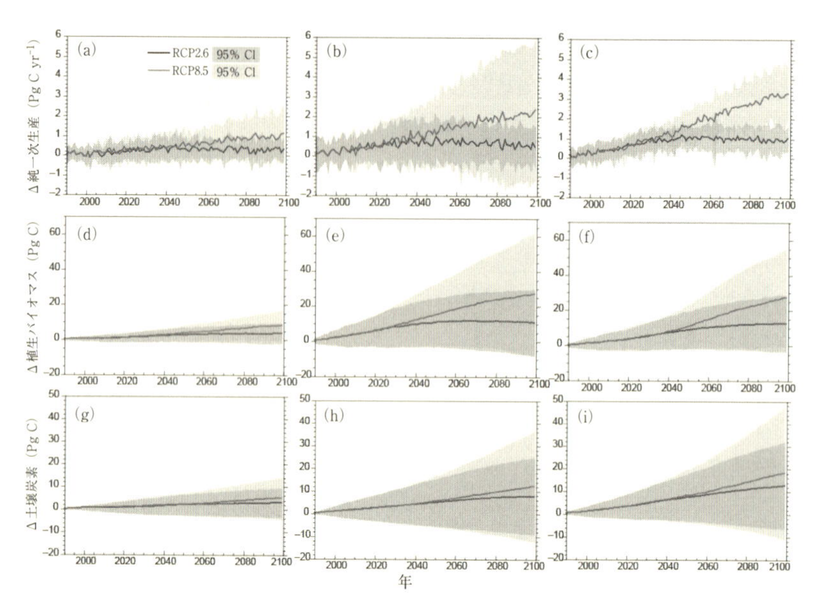

図８.６　アジア地域における（a, b, c）純一次生産量，（d, e, f）植生バイオマス，（g, h, i）土壌炭素量の将来変化

温室効果ガスが低めのシナリオ（RCP 2.6）と高目のシナリオ（RCP 8.5）について．ISI-MIP の結果に基づく．左列（a, d, g）が南アジア，中央列（b, e, h）が東南アジア，右列（c, f, i）が東アジアの結果．色の付いた領域が 95% 信頼区間（CI）を示す．Ito *et al.*（2016）より．

た．これは，大気 CO_2 濃度の上昇幅がこのシナリオで大きいことを反映していると考えられる．低めのシナリオ（濃いグレー）は温室効果ガス排出の大幅削減を想定しているため，21 世紀中盤から大気 CO_2 濃度が徐々に低下するが，モデルによる生産力の推定もそれを主に反映している．東南アジアの生産力（b）では，シナリオとモデルの間の推定間差が大きく，温室効果ガスが高めのシナリオであっても下の方の推定結果は低めのシナリオの結果よりも小さくなり，現在よりも低下する場合すらあった．植生バイオマスは，ほぼ純一次生産量の傾向をなぞっているが，大きなストックに対してはわずかな変化が長期的に蓄積されて現れるため年々の変動は大きくない．土壌有機炭素量の変化も，全体的な傾向は上記のものと共通しているが，生産力や植生バイオマスの反応と比較して将来的に現在のレベルを下回る可能性が高いという特徴がある．

　個別の結果を見ると，気候シナリオと生態系モデルそれぞれの間で大きな推

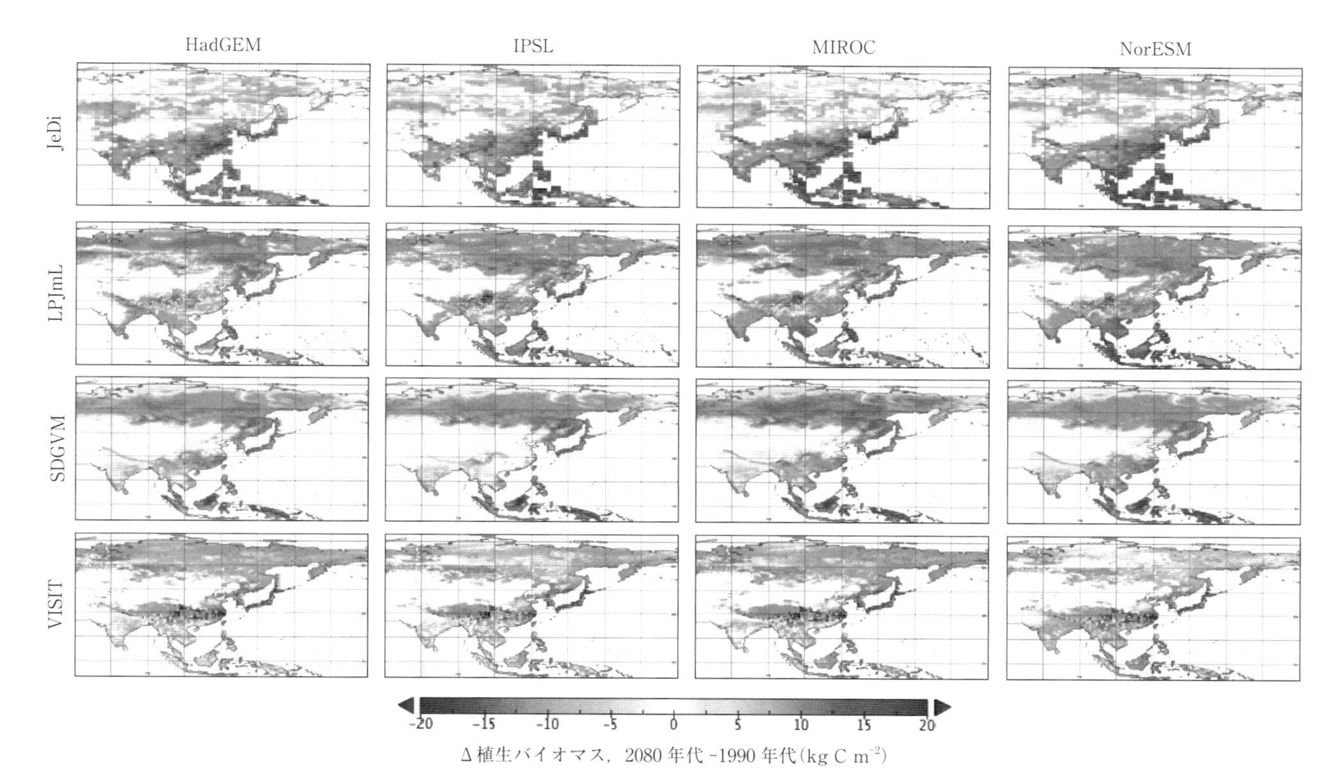

図 8.7　複数の生態系モデルと気象シナリオに基づいて推定されたアジア地域の植生バイオマスの変化分布
代表的な4気候シナリオと4モデルの結果を示す．Ito *et al.* (2016) より．→口絵16

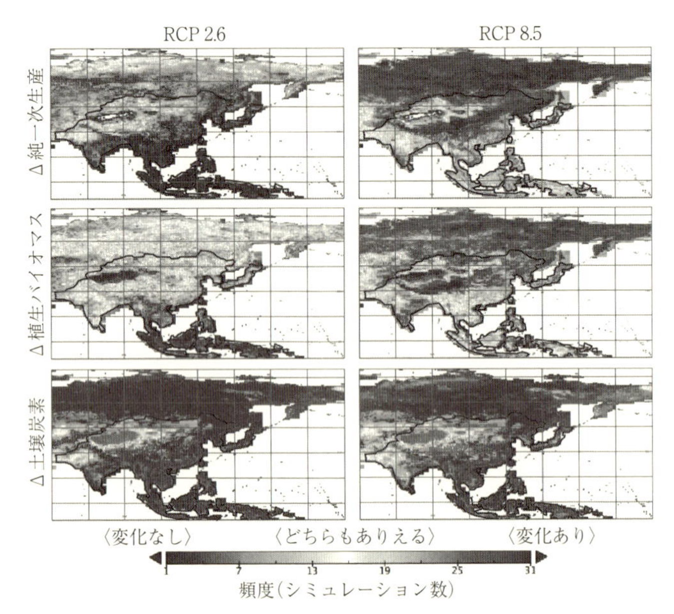

図 8.8　モデル計算に基づいて推定されたアジア地域の生態系に発生しうるリスクの分布
Ito *et al.* (2016) より．→口絵 17

定のばらつきがあることがわかる．図 8.7 は，21 世紀後期までの植生バイオマス変化の地理分布を示している．多くのモデルは，炭素を幹などに材として貯留する能力が高い森林におけるバイオマス増加を予測しているが，少数ながら北方林などで減少する結果を与えているものもある．たとえばヨーロッパのモデル（LPJmL）は，どの気象シナリオを用いた場合でも日本付近での植物バイオマスの減少を予想しており（図 8.7 参照），他の生態系モデルによる結果にはない特徴となっている．概して，気象シナリオに起因するばらつきよりも，生態系モデルの間のばらつきの方が大きいが，これは前記のようにモデルにおける環境応答の評価法における違いなどが不確実性の原因となっている．

このような個々の結果をさらに横断的に見るため，全ての結果に基づいて影響の発生リスクを評価した．図 8.8 は，温暖化対策を進める場合とそうしない場合の各シナリオについて，21 世紀末までに一定規模の影響が発生する可能性の分布を示している．ここでは現在よりも ±30% を超える規模の変化が起こるかどうかを判定基準としており，大多数の推定で起こる領域ほど赤く，ほとんど起こらない領域ほど青く示されている．低めのシナリオは温室効果ガス排出の大幅削減を想定しているが，それでも高緯度域の生産力やバイオマスには大規模な変化のリスクが残ることがわかる．逆に高めのシナリオは排出削減幅が小さいシナリオであるが，その場合には気候変動が進み，高緯度から亜熱帯までの多くの地域で大規模な影響が生じうる（換言すれば適応による対策が必要になる可能性が高い）ことが示されている．ここで東南アジアを中心とする熱帯の植物バイオマス変化は白で示された部分が多いが，これは推定ケース間で結果が分かれた，つまり不確実性が大きい領域であることを示す．土壌有機物に関しては，現在のストックに比べて枯死物の供給や分解によるフローは相対的に小さいため，炭素の平均的な滞留時間が長いという特徴があり，その量が±30% を超えて増減するような大幅な変化は起こりにくかった．むしろ南アジアなど現在の土壌炭素が比較的少なく，降水変化の影響を受けやすい半乾燥域で大規模な変化が発生する可能性が高くなっている．

おわりに

森林が人間社会にもたらす便益・サービスは多様であり，本章でモデル推定を行った生産力や炭素ストックだけでなく，遺伝子資源やレクリエーションの場の提供など多岐に及ぶ．そのため，森林の将来を予測することは持続可能な社会を考える上で非常に重要であり，それを踏まえて気候変動を防止するための緩和策，影響を和らげるための適応策を検討していく必要がある．

森林に代表される陸域生態系に起こりうる気候変動リスクは多様であり，その評価は簡単ではない．図 8.9 は IPCC 第 4 次評価報告書時点での気候予測シナリオに基づいて評価された，生態系リスク研究の一例である．ここでは温度変化別にリスクの程度がまとめられており，河川流出，野外火災，森林分布変化が対象となっている．この研究では動的植生モデルの一つである LPJ モデルを用いて森林分布の変化が推定されているが，3℃ を超える温度上昇がある場合，ユーラシアや北米の亜寒帯林のうち，南部に位置する部分で森林減少（青色部分）のリスクが高い領域が存在している．逆に極北域や亜熱帯域では，疎林や低木林から森林に移行する可能性も示されている．

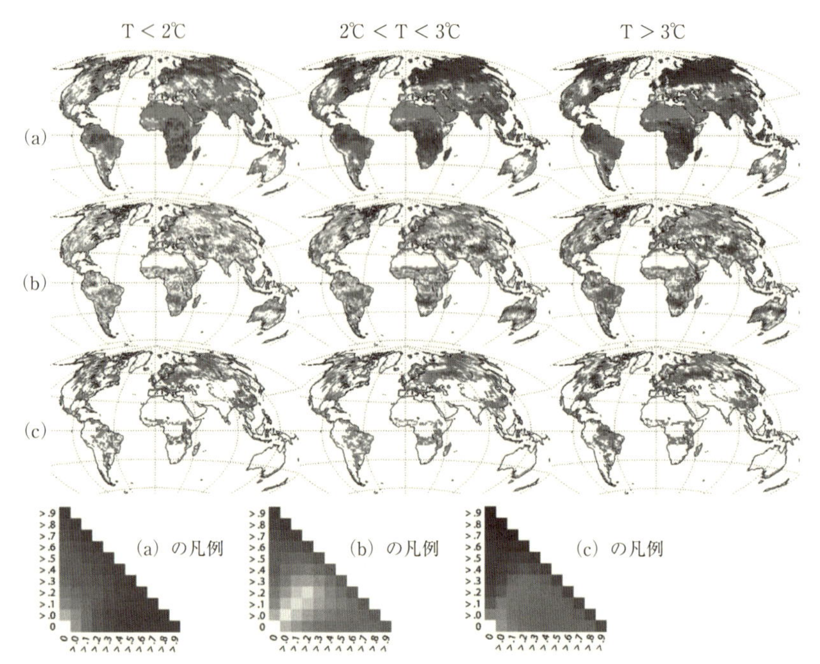

図 8.9　気候変動に伴う生態系リスク評価の例（a）流出量の変化，（b）火災発生の変化，（c）森林から他の植生への変化

凡例の横軸の値は現在から 21 世紀末までに一定以上の増加が起こる確率（リスク），縦軸の値は一定以上の減少が起こる確率（リスク）を示す．Scholze *et al.*（2006）より．→口絵 18

近年の気候変動影響評価では，長期間かけて徐々に進む影響だけでなく，短期的な極端現象（干ばつ，熱波，洪水，豪雨・豪雪など）による影響にも注目が集まっている．そのような現象は，発生する場所や時間が予想しがたいため，十分な観測データがなく，したがってモデル化も困難であった．しかし，近年では長期的なモニタリングのネットワーク化により，極端現象とその影響の把握も進んでいる．森林を含む地球システムにおける極端な変化現象は「ティッピング・エレメント」と呼ばれる場合も増えている（Lenton *et al.*, 2008：図 8.10）．これは一種の臨界現象と捉えられており，ある閾値を超える規模の気候変動影響が起こると，陸域や海洋のシステムにおいて回復可能な範囲（レジリエンス）を逸脱して，大規模で不可逆な影響が生じるというものである．顕著な例では，グリーンランドや南極の氷床融解や，大西洋の熱塩循環の停止な

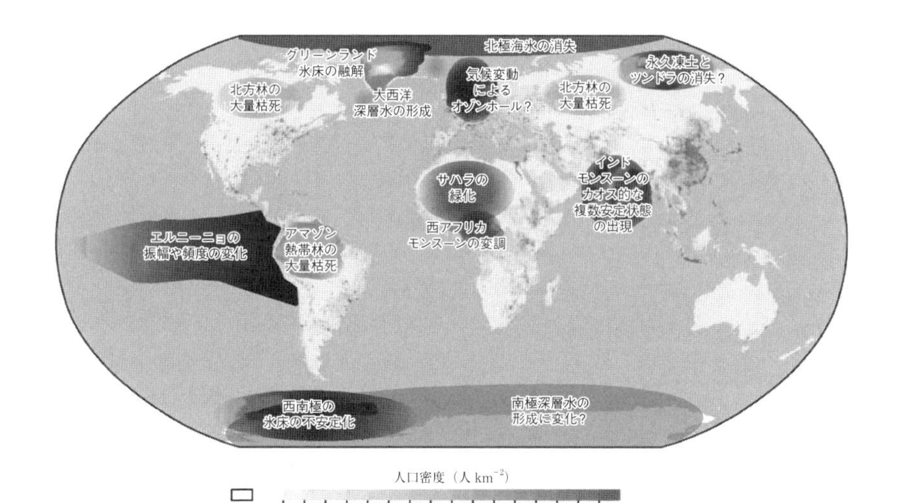

図 8.10　将来の気候変動に対して起こりうる“ティッピング・エレメント”
Lenton *et al.*（2008）より．

どが挙げられている．陸域にもティッピング・エレメントは存在しうることが指摘されており，その例として永久凍土上に分布する亜寒帯林（第 5 章）の消失や，アマゾン河流域の熱帯林における大規模枯死があげられている（熱帯林の詳細は第 4 章参照）．現在の温暖化防止に関する国際的枠組みとなっているパリ協定で設定された，温度上昇幅を 2℃（できれば 1.5℃ 未満）に抑えるという目標は，このようなティッピング・エレメントの発生を未然に防ぐという意味合いもある．

森林の将来を予測することは，人間社会を含めた陸域全体，そして地球システム全体を予測することと不可分であろう．ここで紹介したような森林（植生）の変化が，逆に気候システムに与えるフィードバック影響に関しても研究は進められている．本章では詳しく触れないが，植生プロセスを導入した気候モデル研究によると，熱帯林と亜寒帯林では異なるフィードバックを持つことなどが明らかにされつつある．また本章では気候変動の影響評価を中心に紹介したが，現在は気候変動への対策（たとえば大規模植林，バイオ燃料栽培の拡大，気候工学など）を実施することによる負の影響にも関心が払われている．このような多様なニーズに応えるためには，生態系のプロセスやダイナミクスに関する理解をより深化させてモデルの予測性を高める努力が必要である．そのための人工衛星などを用いた地球観測ネットワークは長足の進歩を遂げており，そこで得られる大量の情報（いわゆるビッグデータの一つ）の高度利用に関する研究も進められている．最近の地球環境研究は，Future Earth に代表されるように，研究者だけでなく社会の利害関係者（ステークホルダー）と意見交換を行いながら進める方向性が強化されている．森林は，林業や水源涵養といったローカルな課題だけでなく，木材輸出やプランテーション拡大といった国際的課題も抱えており，社会経済的な要因をより考慮した将来予測を行うことも今後の課題である．

引用文献

Allen, C. D. *et al.* (2010) A global overview of drought and heat-induced tree mortality reveals emerging climate change risks for forests. *For. Ecol. Manage.*, **259**, 660–684. doi: 10.1016/j.foreco.2009.09.001.

Bonan, G. (2008) Forests and climate change: Forcings, feedbacks, and the climate benefits of forests. *Science*, **320**, 1444–1449. doi: 10.1126/science.1155121

Friend, A. D. *et al.* (2014) Carbon residence time dominates uncertainty in terrestrial vegetation responses to future climate and atmospheric CO_2. *Proc. Nat. Acad. Sci. U.S.A.*, **111**, 3280–3285. doi: 10.1073/pnas.1222477110

Hurtt, G. C. *et al.* (2011) Harmonization of land-use scenarios for the period 1500–2100: 600 years of global gridded annual land-use transitions, wood harvest, and resulting secondary lands. *Clim. Chan.*, **109**, 117–161. doi: 10.1007/s10584-011-0153-2

Intergovernmental Panel on Climate Change (2013) *Climate Change 2013: The Physical Science Basis.* pp. 996, Cambridge University Press.

Ito, A. (2010) Changing ecophysiological processes and carbon budget in East Asian ecosystems under near-future changes in climate: Implications for long-term monitoring from a process-based model. *J. Plant Res.*, **123**, 577–588. doi: 10.1007/s10265-009-0305-x

Ito, A., Nishina, K. & Noda, H. M. (2016) Evaluation of global warming impacts on the carbon budget of terrestrial ecosystems in monsoon Asia: a multi-model analysis. *Ecol. Res.*, **31**, 459–474. doi: 10.1007/s11284-016-1354-y

Lenton, T. M., Held, H. *et al.* (2008) Tipping elements in the Earth's climate system. *Proc. Nat. Acad. Sci. U.S.A.*, **105**, 1786–1793. doi: 10.1073/pnas.0705414105

Nishina, K. *et al.* (2015) Decomposing uncertainties in the future terrestrial carbon budget associated with emission scenario, climate projection, and ecosystem simulation using the ISI-MIP result. *Earth System Dynamics*, **6**, 435–445. doi: 10.5194/esd-6-435-2015

Norby, R. J., Warren, J. M. *et al.* (2010) CO_2 enhancement of forest productivity constrained by limited nitrogen availability. *Proc. Nat. Acad. Sci. U.S.A.*, **107**, 19368–19373. doi: 10.1073/pnas.1006463107

Riahi, K. *et al.* (2017) The Shared Socioeconomic Pathways and their energy, land use, and greenhouse gas emissions implications: An overview. *Glob. Environ. Change,* **42**, 153–68.

佐藤 永（2008）生物地球化学モデルの現状と未来——静的モデルから動的モデルへの展開——．日本生態学会誌，**58**，11–21.

Scholze, M., Knorr, W. *et al.* (2006) A climate-change risk analysis for world ecosystems. *Proc. Nat. Acad. Sci. U.S.A.*, **103**, 13116–13120.

Swann, A. L. S., Longo, M. *et al.* (2015) Future deforestation in the Amazon and consequences for South American climate. *Agr. For. Meteorol.*, **214/215**, 12–24. doi: 10.1016/j.agrformet.2015.07.006

van Vuuren, D. P., *et al.* (2011) The representation concentration pathways: an overview. *Clim. Chan.*, **109**, 5–31. doi: 10.1007/s10584-011-0148-z

索　引

【欧文】

【あ行】

【か行】

【た行】

【な行】

【は行】

【ま行】

【や行】

【ら行】

Memorandum

Memorandum

【編者】

三枝 信子（さいぐさ のぶこ）

1993年　東北大学大学院理学研究科地球物理学専攻博士課程修了
現　在　国立環境研究所地球環境研究センター センター長，博士（理学）
専　門　気象学，陸域炭素循環
主　著　『陸域生態系の炭素動態 —— 地球環境へのシステムアプローチ』（分担執筆，京都大学学術出版会，2013），『水環境の気象学』（分担執筆，朝倉書店，1994）

柴田 英昭（しばた ひであき）

1996年　北海道大学大学院農学研究科農芸化学専攻博士課程修了
現　在　北海道大学北方生物圏フィールド科学センター 教授，博士（農学）
専　門　生物地球化学，土壌学，生態系生態学
主　著　『森林と土壌（森林科学シリーズ 7）』（共立出版，2018，編著），『森林と物質循環（森林科学シリーズ 8）』（共立出版，2018，編著），『森林集水域の物質循環調査法（生態学フィールド調査法シリーズ 1）』（共立出版，2015），『北海道の森林』（分担執筆，北海道新聞社，2011）

森林科学シリーズ 6
Series in Forest Science 6

森林と地球環境変動

Forests and Global Environmental Changes

2019 年 12 月 15 日　初版 1 刷発行

検印廃止
NDC 451.85, 653.17
ISBN 978-4-320-05822-4

編　者　三枝信子・柴田英昭 ©2019
発行者　南條光章
発行所　**共立出版株式会社**
〒112-0006
東京都文京区小日向 4-6-19
電話　(03) 3947-2511（代表）
振替口座　00110-2-57035
URL　www.kyoritsu-pub.co.jp
印　刷　精興社
製　本　加藤製本

一般社団法人
自然科学書協会
会員

Printed in Japan